中等职业学校规划教材

工业分析

· 付云红　张春艳　主编　· 姜淑敏　主审

化学工业出版社
·北京·

《工业分析》（第二版）以全新的视角从分析检测的基本操作入手，以具体的检测方法为手段，旨在掌握工业品分析的基本方法。内容包括试样的采集与制备，其中比较详细地介绍了煤质、食品、硅酸盐、钢铁、肥料、水质、石油产品、气体等方面的分析方法，并对常见生活热点项目的分析做了详细阐述。在此基础上进一步学习化学定量分析和仪器定量分析的操作技术，其中包括各种先进设备的使用及维护方法，分析操作严格、规范，理论和实践达到有机结合，使学生能很快掌握所学习的技能。

《工业分析》（第二版）为中等职业学校工业分析与检验专业及相关专业的教材，也可作为化工分析工培训教材，同时可供相关行业质检和分析人员参考使用。

图书在版编目（CIP）数据

工业分析/付云红，张春艳主编．—2 版．—北京：化学工业出版社，2017.8

ISBN 978-7-122-30079-9

Ⅰ．①工…　Ⅱ．①付…②张…　Ⅲ．①工业分析-教材　Ⅳ．①TB4

中国版本图书馆 CIP 数据核字（2017）第 158080 号

责任编辑：刘心怡　陈有华　　　　文字编辑：林　媛
责任校对：王　静　　　　装帧设计：韩　飞

出版发行：化学工业出版社（北京市东城区青年湖南街 13 号　邮政编码 100011）
印　　刷：北京京华铭诚工贸有限公司
装　　订：北京瑞隆泰达装订有限公司
787mm×1092mm　1/16　印张 14　字数 342 千字　　2018 年 5 月北京第 2 版第 1 次印刷

购书咨询：010-64518888（传真：010-64519686）　　售后服务：010-64518899
网　　址：http://www.cip.com.cn
凡购买本书，如有缺损质量问题，本社销售中心负责调换。

定　　价：36.00 元

前　言

本书第一版自2009年出版发行以来，受到广泛关注，被许多学校相关专业采用为专业教材。为适应中等职业教育形势的发展和要求，更好地发挥本教材在专业教学中的作用，编者对本书第一版进行了修订。

本书第二版与第一版相比，具有以下特点：

1. 保留了原教材的基本框架，但对内容进行了适当的调整，将原来的第十章《化工生产与产品分析》，替换为对人们生活影响较大的常见生活热点项目的分析；将第五章《金属材料分析》和第九章《气体分析》进行了删减，只保留了钢铁分析的内容和气体分析的基本方法；删减了目前不太常见的项目或与其他分析方法相似的分析项目，如食品中糖精钠的分析和复混肥中总氮含量的测定。使教材内容更精练，也更符合目前的社会实际和教学要求。

2. 更新了国家标准的内容，全部依据目前最新的国家标准，对书中相关公式、图表、操作等进行修改，对已废除的内容进行删除，使教材内容在表述上更加标准化与规范化。

3. 在第一版的基础上，第二版中又提供了填空题、选择题和判断题的答案，以方便教师和学生的使用。

4. 调整了一些章节的结构和部分内容的表述，使其更加条理化，更符合学生的认知规律。

在本次教材的修订中，第二章、第五章、第七章由本溪市化学工业学校付云红修订；第三章、第四章、第六章、第九章由本溪市化学工业学校张春艳进行修订；本溪市化学工业学校刘园园编写了新替换的第十章“生活热点项目分析”的内容，并对第一章、第八章内容进行了修订。全书的修订中，主编付云红、张春艳负责组织、统稿和整理工作，并对全书的习题修订和答案的整理等做了大量具体的工作，由本溪市化学工业学校姜淑敏任主审。同时参加本次修订工作的还有本溪化学工业学校毛丹弘。化学工业出版社对本书的修订再版给予了热情的支持和指导。在此，我们向为本书的再版做出贡献的所有同志表示衷心的感谢！

本次修订过程中，完善了第一版中存在的一些疏漏，但仍恐有不尽如人意之处，恳请读者批评指正。

编　者

2017年5月

第一版前言

本书是在使用多年的《工业分析》讲义基础上编写的，可供中等职业学校工业分析与检验专业使用，同时也可作为化工企业工人培训教材。

本书主要介绍各种化工产品的分析检测基本操作知识，也比较适度地解释了相关的分析检测原理，内容包括试样的采集与制备，其中比较详细地介绍了煤质、食品、硅酸盐、金属材料、肥料、水质、石油产品、气体、化工生产及产品等方面的分析方法，在方法的选择上，尽量采用现行的国家标准所规定的分析方法。本书既考虑了初学者的基本知识和基本技能，也考虑到现代分析技术的要求。

为了便于学生阅读，提高学生的学习兴趣及突出教材的实用性，编写过程中征求了部分企业分析人员的意见和建议，尽量联系一些生产和生活中的具体实例，并努力做到深入浅出，通俗易懂。

本教材内容涉及面宽，突出实际技能训练。在每章开始的“学习目标”中均有明确的说明，以非常清楚的层次向读者介绍了本章学习的关键点，起到画龙点睛的作用。本书为满足不同类型专业的需要，增添了教学大纲中未作要求的一些新知识和新技能。教学中各校可根据需要选用教学内容，以体现灵活性。

本书由付云红主编、姜淑敏主审。全书共分十章。绪论、第二章、第五章由付云红编写；第一章、第十章由马彦峰编写；第三章、第六章由张春艳编写；第四章、第八章、第九章由段科欣编写；第七章由毛丹弘编写。全书由付云红统稿。

本教材在校对过程中得到了本溪市化学工业学校聂海艳、柳月雯、张显亮和荣会的大力帮助，同时化学工业出版社及相关学校领导和同行们也给予了大力支持，在此一并表示感谢。

由于编者水平有限，不妥之处在所难免，敬请读者和同行们批评指正。

编　者

2009 年 4 月

目　录

绪　　论

一、工业分析的任务和作用

工业分析是研究各种物料组成的测定分析方法及有关理论的一门科学，是分析化学在工业生产中的具体应用。工业分析是一门重要的、实践性很强的专业课，是相关专业基础理论和技能综合运用的一门学科。

工业分析的任务就是研究如何运用分析化学方法来解决工业生产中的分析问题。简单说来，就是要利用化学分析和仪器分析等方法和手段来确定生产实际中遇到的各种各样的工业物料的组成与含量，从而起到指导和促进生产的作用。

在工业生产中，从资源开发利用、原材料选择加工、生产过程控制、产品质量检验到“三废”治理和环境监测等，都离不开工业分析。实践证明，工业分析在降低成本，提高质量，环保安全等方面都发挥着重要的作用，所以说工业分析是现代工业生产中不可缺少的一项重要工作，具有指导和促进生产的作用。

二、工业分析的特点

工业分析的对象是工业生产中所应用的工业物料，工业生产的方式和工业物料的特点直接决定了工业分析的特点。

（1）工业物料不均匀的组成以及其大批量的生产，决定了工业分析所获取的样品必须要具有代表性。

（2）工业物料组成复杂，要求在选择分析方法时必须考虑共存的干扰组分的影响。

（3）工业物料的溶解性普遍较差，试样的分解和处理过程通常比较复杂，因此在制备分析试液时，必须选择适当的试样分解方法，保证样品分解完全，以利于分析测定。

（4）准确地获得物料的有关信息，是工业分析最基本的要求，因为不准确的分析结果会导致错误的结论和判断。但工业生产的连续性又要求工业分析要快速获取分析结果，因此分析时要求在保证一定准确度的前提下，要尽可能地快速化。

三、工业分析的方法

工业分析的对象种类繁多，分析项目相当广泛，因此所涉及的分析方法也多种多样，其所应用的方法几乎包括了所有化学分析和仪器分析中的各类分析方法。按照不同的分类标准，可将工业分析方法分成不同的种类。工业生产中，比较常见的分类方式是按照分析的时间和所起的作用不同进行分类，按照这种分类标准，通常将工业分析方法分为快速分析法和标准分析法。

1. 快速分析法

快速分析法是指一般化验室为配合生产而进行的中间控制分析方法。主要用于控制生产工艺过程中的关键部位，要求能够快速获得分析数据，而检验结果的准确度在满足生产需要的前提下可以适当降低。

2. 标准分析法

标准分析法是经国家标准局或有关业务主管部委审核、批准并作为“法律”公布实施的。

标准分析法的特点是准确度高，再现性好，有经验的分析工作者应用它能得出准确的分析结果，但某些测定方法的分析时间与快速分析法相比相对较长。标准分析法的分析结果是进行工艺计算、财务核算和评定产品质量的重要依据，常用于测定原料、半成品及成品的化学成分，也用于校核或仲裁分析。

按照标准的审批权限和作用范围，我国的技术标准分为国家标准、行业标准、地方标准和企业标准四个级别。国家标准、行业标准和地方标准的性质又分为两类：一类是强制性标准；另一类是推荐性标准。对于强制性国家标准，国家要求必须执行，对于推荐性国家标准，国家鼓励企业自愿采用。

标准的代号通常为汉语拼音的第一个字母，如强制性国家标准的代号为“GB”，推荐性国家标准的代号为“GB/T”，化工行业标准代号为“HG”。国家标准的编号由国家标准的代号、国家标准发布的顺序和标准发布的年号构成。

标准方法是取得成分可靠数据的成熟方法，但不一定是技术上最先进、准确度最高的方法。标准分析法也不是永恒不变的，标准化组织每隔几年要对已有的标准进行修订，颁布一些新的标准，当新标准颁布以后，旧的标准即自动废除。

四、工业分析的发展及学习要求

随着科学技术的不断发展，科技水平的日益提高，工业分析的方法也将向着准确、灵敏、快速、自动化、在线分析的方向发展，而计算机行业的飞速发展，也使得工业分析得以与计算机结合而实现过程质量的控制分析。

工业分析是分析化学在工业生产中的具体应用。因此要学好工业分析，必须以分析化学为基础，熟练掌握化学分析和仪器分析的基本理论和实验方法，同时加强实践和动手能力的培养，养成良好的实验素养，树立严谨、认真、踏实的工作态度，学会正确地运用有关理论来解决分析实践中的各种实际问题。总之，扎实的理论基础和熟练的实验操作技能，是学好工业分析的基础条件，也是一名合格的分析工作者应具备的条件之一。

第一章　试样的采取

学习目标

1. 熟悉采样专业术语，了解采样的目的和重要性。

2. 掌握采样的基本原则和采样的基本程序，能够结合实际制定采样方案。

3. 了解各种常见的采样工具和固、液、气三种状态物料的采样特点与采样方法。

第一节　采样总则

工业分析的主要任务是测定大宗物料的平均组成。这些工业物料的聚集状态可以是气态、液态或固态。本章主要介绍各种状态试样的采集方法。

一、采样的目的和重要性

工业分析的具体对象是大宗物料，而实际用于分析测定的物料只能是其中很少的一部分。显然，这很少的一部分物料必须代表大宗物料，和大宗物料有极为相近的平均组成。为了对物料（原料、半成品）进行化学分析和物理测试，按照标准规定的方法从一批物料中取出一定数目具有代表性试样的操作过程叫采样。采样的目的是采取能代表原始物料平均组成（即有代表性）的分析试样。用科学的方法采取供分析测试的样品，是分析工作者一项十分重要的工作。

二、基本术语

（1）总体　研究对象的全体。

（2）采样单元　具有界限的一定数量的物料。其界限可能是有形的，如一个容器；也可能是无形的，如物料流的某一时间或时间间隔。

（3）子样　用采样器从一个采样单元中按规定质量一次取出的一定量物料，也叫“份样”。

（4）样品　从数量较大的采样单元中取得的一个或几个采样单元；或从一个采样单元中取得的一个或几个份样。

（5）二次采样单元　用于评估品质变异情况的试剂或假设划分的一种采样单元。

（6）原始样品　合并所有子样所得的样品。也称为“送检样”。

（7）实验室样品　为送往实验室供分析检验和测试而提供的样品。

（8）备考样品　与实验室样品同时同样制备的、日后有可能作为实验室样品的样品。也叫保存样品。

（9）试样　由实验室样品制备的从中抽取试料的样品。

三、工业物料的分类

工业物料按其特性值的变异性可以分为均匀物料和不均匀物料。不均匀物料可以再细分，如下所示。

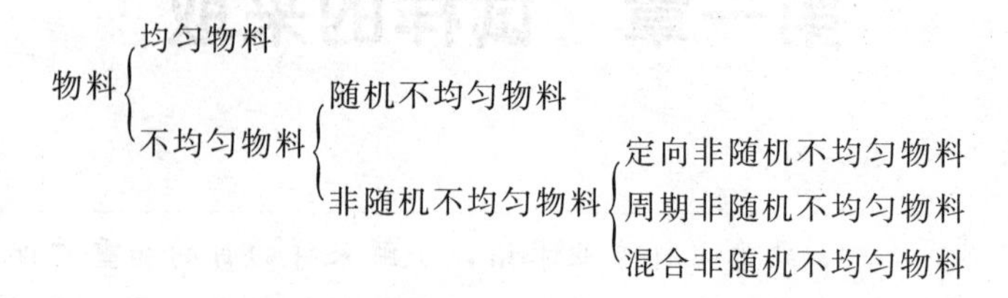

四、采样的基本程序

1. 采样原则

采样的基本原则就是使得采得的样品具有充分的代表性。

均匀物料的采样，原则上可以在物料的任意部位进行。需要注意的是采样过程中不应带进杂质并尽量避免如吸水、氧化等使物料的变化。

不均匀物料通常采取随机采样。对所得样品分别进行测定，再汇总所有样品的检测结果，得到总体物料的特性平均值和变异性的估计量。

随机不均匀物料，既可以随机采样，也可以非随机采样。

定向非随机不均匀物料要用分层采样，并尽可能在不同特性值的各层中采出能代表该层物料的样品。

周期非随机不均匀物料应在物料流动线上采样。采样的频率应高于物料特性值的变化频率，切忌两者同步。同时可以增加采样数以减少采样误差。

混合非周期物料的采样，应首先尽可能使各组成成分分开，然后按照上述各种物料类型的采样方法采样。

2. 采样的基本程序

采样的基本程序包括：采样前制定采样方案；采样后及时做好采样记录；根据各产品的有关规定确定保留样品的方法；确定处理废弃样品的方法。

（1）制定采样方案　采样时首先要制定采样方案。采样方案的基本内容包括：确定总体物料的范围；确定采样单元和二次采样单元；确定采样部位、样品数和样品量；规定采样操作方法和采样工具；规定样品的加工方法；规定采样的安全措施等。

① 样品数和样品量。在充分保证样品代表性和测试需要的前提下，样品数和样品量越少越好。随意增加样品数和样品量都可能导致采样费用增加和物料损失。能给出所需信息的最少样品数和最少样品量为最佳样品数和最佳样品量。

a. 确定样品数。如果样品为散装物料，当批量小于 2.5t 时，采样为 7 个单元；当批量为 2.5～80t 时，采样为$\sqrt{\text{批量(t)}\times 20}$个单元（计算到整数位）；当大于 80t 时，采样为 40 个单元。

对于一般化工产品，可用多单元物料来处理。

当总体物料的单元数小于 500 时，可按照表 1-1 的规定确定采样单元数；当总体物料的单元数大于 500 时，采样单元数可按下式计算，如遇小数时，则进为整数。

$$n=3\sqrt[3]{N}$$

式中　n——采样单元数；

　　N——物料总体单元数。

表 1-1 采样单元数的确定

总体物料的单元	选取的最少单元	总体物料的单元	选取的最少单元
1～10	全部单元	182～216	18
11～49	11	217～254	19
50～64	12	255～296	20
65～81	13	297～343	21
82～101	14	344～394	22
102～125	15	395～450	23
126～151	16	451～512	24
152～181	17		

【例题 1-1】 一批工业物料，其总体单元数为 610 桶，则采样单元数应为多少？

解 $n=3\sqrt[3]{N}=3\times\sqrt[3]{600}=25.3\approx26$（桶）

答：采样单元数应为 26 桶。

b. 确定样品量。样品量至少应满足以下要求：至少满足三次重复检测的需求；当需要留存备考样品时，应满足备考样品的需要；对采得的样品物料如需进行制样处理时，应满足加工处理的需要。

对于颗粒比较均匀的样品，可按照既定的采样方案或标准规定方法，从每个采样中单元取出一定量的样品混合后成为样品总量，经缩分后得到分析用的试样。

对于颗粒大小不均、成分复杂、组成不均匀的样品，如矿石、煤炭等，采样量与产品的性质、颗粒大小、样品均匀程度及被测组分含量的高低等因素有关。

采样量可用下式计算：

$$Q=Kd^{a}$$

式中 Q——最小样品质量（样品最低可靠质量），kg；

K——与试样密度等有关的矿石特性系数，一般在 0.02～1 之间；颗粒越不均匀，K 值越大；

d——样品最大颗粒直径，mm；

a——随矿石类型和粒度而变化的一个系数，$a<3$，一般取值在 1.8～2.5 之间。

【例题 1-2】 采集某矿石样品时，若此矿石的最大颗粒直径为 20mm，K 值为 0.06，问应采取实验室样品的最小质量是多少？若将矿石破碎后，其最大颗粒直径为 4mm，则应采取实验室样品的最小质量是多少（$a=2$）？

解 若矿石的最大颗粒直径为 20mm 时：

$$Q=Kd^{a}=0.06\times20^{2}=24(\text{kg})$$

即应采取实验室样品的最小质量为 24kg。

若矿石的最大颗粒直径为 4mm 时：

$$Q=Kd^{a}=0.06\times4^{2}=0.96(\text{kg})\approx1(\text{kg})$$

即应采取实验室样品的最小质量为 1kg。

物料颗粒大小、样品均匀程度对取样量有很大影响。物料的颗粒越大，最小采样质量越多；样品越不均匀，最小采样质量也越多。

② 采样安全。为确保采样操作安全进行，采样时应遵守以下规定：

a. 采样地点要有出入安全的通道、符合要求的照明和通风条件；

b. 贮罐或槽车顶部采样时要防止掉下来，要防止堆垛容器倒塌；设置在固定装置上的采样点还要满足所取物料性质的特殊要求；

c. 如果所采物料本身具有危险性，采样前必须了解各种危险物质的基本规定和处理方法，采样者应受过使用安全措施的训练。采样时，须有防止阀门失灵、物料溢出的应急措施和心理准备；应使用便于操作的容器，并尽量减少样品容器的破损，避免使用由于样品容器的破损而引起危险的运载工具运输；应在采样前或尽早地在容器上做出标记，标明物料的性质极其危险性。

d. 采样时必须有陪伴者，且应对陪伴者进行事先培训。

(2) 采样记录　采样时应记录被采物料的状况和采样操作，详细做好采样记录。采样记录应包括分析项目名称、样品名称、样品编号、总体物料批号及数量、生产单位、采样点及其编号、采样部位、样品数和样品量、采样日期、气象条件、保留日期、采样人姓名等。

样品装入容器后，要及时贴好标签，标签内容应与采样记录内容大致相同。具体内容见表 1-2。

表 1-2　采样记录

样品登记号		样品名称	
采样地点		采样数量	
采样时间		采样部位	
采样日期		包装情况	
采样人		接收人	

(3) 留样和废弃样品　一些工业物料在运输和贮存期间，其化学组成易受周围环境的影响而发生变化，因此采得样品后应迅速处理。有的被检项目应在现场检测，对于不能及时检测的，应采取相应措施予以保护，尽快送到实验室按有关规定处理。

① 留样。留样就是留取、贮存、备考样品。处理后样品的量应满足检测及备考的需要。采得的样品经处理后一般分为两份，一份供分析检测用，一份留作备考。每份样品量至少应为检测需要量的三倍。留样的作用是用以考察分析检测人员检测数据的可靠性；作对照样品即复核备考；对比仪器、试剂、实验方法是否存在分析误差或跟踪检验。样品应专门存放，防止错乱。

处理后的样品装入容器后，应及时贴上写有规定内容的标签。容器应有符合要求的盖、塞或阀门，在使用前必须洗净、干燥，材质必须不与样品物质反应，且不能有渗透性，对光敏性物质，盛样容器应有较好的避光性。

② 弃样。备检样品保存时间一般不超过 6 个月，根据实际需要、样品性质可适当延长或缩短。留样必须在达到或超过贮存期后才可撤销，不得提前撤销。

对剧毒品、危险样品的保存和撤销，如爆炸性物质、不稳定物质、氧化性物质、易燃物质、有毒物质、具腐蚀性或刺激性物质、放射性物质等，除遵守一般规定外，还必须严格遵守环保及毒物或危险物的有关规定，切不可随处撤销。

第二节　固体试样的采取

固体物料可以是各种坚硬的金属物料、矿物原料、天然产品，也可以是各种颗粒状、膏状的工业产品、半成品。固体工业产品的化学组成和颗粒比较均匀，杂质较少，采样方法比较简单，采样过程中除了要注意不带进杂质以及避免引起物料变化（如吸水、氧化等）外，原则上可以在物料的任意部位进行采样。固体矿物的化学成分和粒度往往很不均匀，杂质较多，采样过程较为烦琐、困难。现以商品煤为例，介绍不均匀固体物料的采样方法。

一、采样工具

采取固体试样常用的采样工具有自动采样器、采样铲、采样探子、采样钻、气动探子和真空探子等。

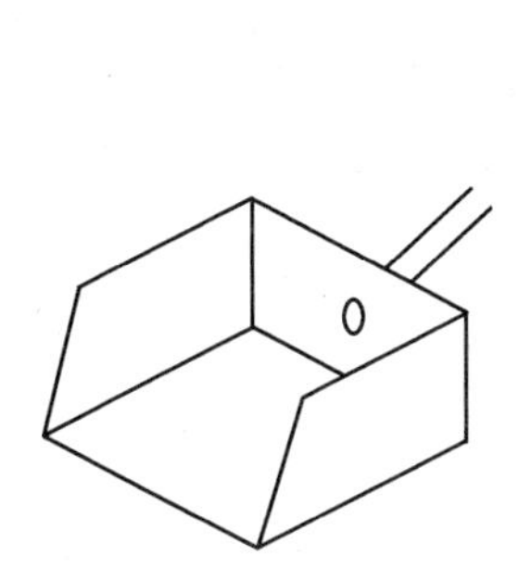

图 1-1 采样铲

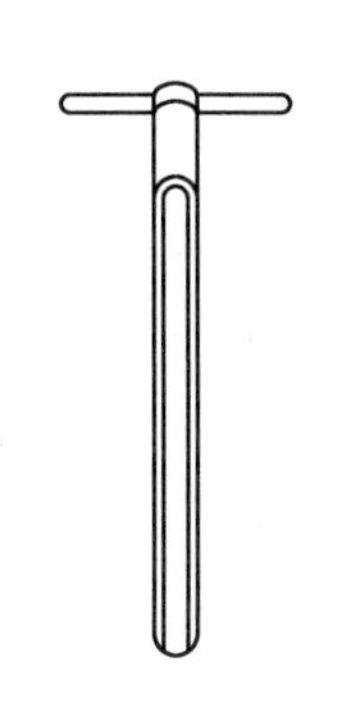

图 1-2 采样探子

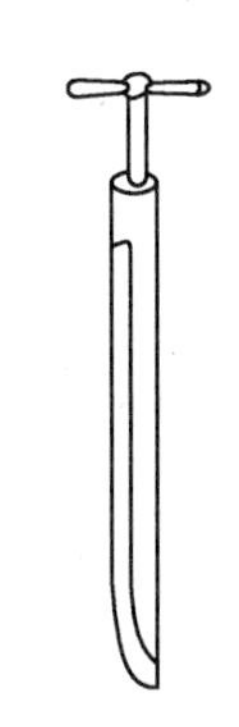

图 1-3 采样钻

(1) 自动采样器 适用于从运输皮带、链板运输机等运输状态的固体物料流中定时定量地连续采样。用盛样桶或试样瓶收集子样。

(2) 采样铲 如图 1-1 所示。采样铲能在采样点一次采取规定量的子样。适用于运输工具、物料堆或物料流中进行人工采样。可用于煤、焦炭、矿石等不均匀固体物料的采取。

(3) 采样探子 如图 1-2 所示。采样探子适用于粉末、小颗粒、小晶体等化工产品采样。进行采样时，应按一定的角度插入物料，插入时，应槽口向下，把探子转动两三次，小心把探子抽回，并注意抽回时应保持槽口向上，再将探子内的物料倒入样品容器中。

(4) 采样钻 如图 1-3 所示。对于较坚硬的固体采样常使用采样钻。关闭式采样钻是由一个金属圆桶和一个装在内部的旋转钻头组成。采样时，牢牢地握住外管，旋转中心棒，使管子牢固地进入物料，必要时可稍加压力，以保持均等的穿透速度。到达指定部位后，停止转动，提起钻头，反转中心棒，将所取样品移入样品容器中。

(5) 气动探子和真空探子 气动探子和真空探子都适用于粉末和细小颗粒等松散物料的采样。气动探子是由一个软管将一个装有电动空气提升泵的旋风集尘器和一个由两个同心管组成的探子构成的，如图 1-4 所示。开动空气提升泵，使空气沿着两管之间的环形通路流至探头，并在探头产生气动而带起样品，同时使探针不断地插入物料。真空探子是由一个真空吸尘器通过装在采样管上的探针把物料吸入样品容器中，如图 1-5 所示。容器的盖上装有一个金属网过滤器，阻止空气中的飞尘进入真空吸尘器。探针是由内管和一节套筒构成的，一端固定在采样管上，另一端开口。套筒可在内管上自由滑动，但受套筒上深入内管的销子的限制，套筒的允许行程恰能使其上的孔完全开启和关闭。套筒的上部带一个凸缘，采样时由于物料的阻力，使探针处于关闭状态，提取采样管，使内管后滑，由于物料堵住凸缘，套筒不动，使孔开启，把采样管上端连到玻璃样品容器上，使用真空吸尘器，把样品吸入容器中。

二、子样数目和子样质量

在采样过程中，在确定采样单元后，应根据具体的情况确定采取的子样数目和子样质量，然后按照有关规定进行采样。对于商品煤，一般以 1000t 为一个采样单元，采取的子样

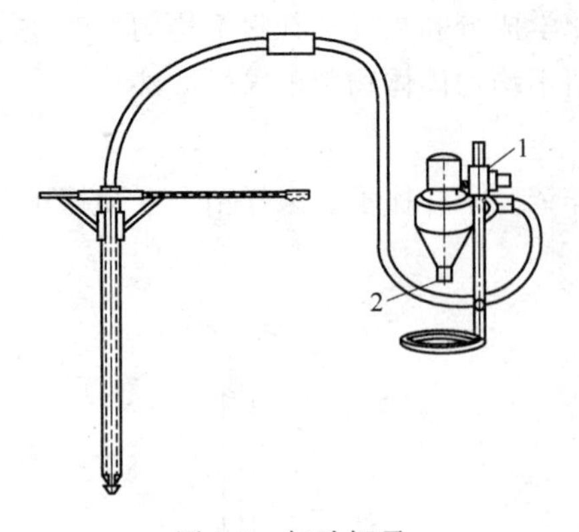

图 1-4　气动探子

1—电动空气提升泵；2—样品出口

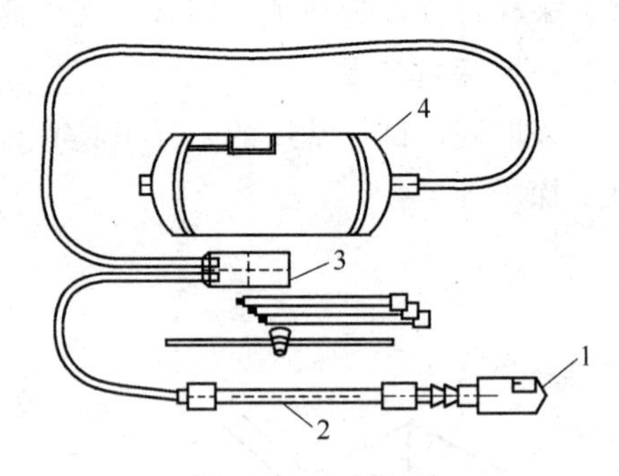

图 1-5　真空探子

1—采样探子；2—采样管；
3—采样容器；4—真空清洁器

数目和子样质量按以下情况确定。

1. 子样数目

① 商品煤量是 1000t，按表 1-3 的规定确定子样数目。

表 1-3　1000t 商品煤最少子样数目

品　种	干基灰分/%	煤流	火车	汽车	船舶	煤堆
原煤、筛选煤	＞20	60	60	60	60	60
	≤20	30	60	60	60	60
精煤		15	20	20	20	20
其他洗煤(包括中煤)和粒度大于 100mm 块煤		20	20	20	20	20

② 煤量少于 1000t 时，子样数目可根据表 1-3 中规定数目按比例递减，但不能少于表 1-4中规定的数目。

③ 煤量超过 1000t 时，子样数目按下式计算：

$$N=n\sqrt{\frac{m}{1000}}$$

式中　N——实际应采子样数目，个；

n——表 1-3 中规定的子样数目，个；

m——实际被采样煤量，t。

表 1-4　煤量少于 1000t 商品煤最少子样数目

<table>
<tr><th>品　种</th><th>干基灰分/%</th><th>煤流</th><th>火车</th><th>汽车</th><th>船舶</th><th>煤堆</th></tr>
<tr><td rowspan="2">原煤、筛选煤</td><td>＞20</td><td rowspan="4">表 1-3 规定数目的 1/3</td><td>18</td><td>18</td><td rowspan="4">表 1-3 规定数目的 1/2</td><td rowspan="4">表 1-3 规定数目的 1/2</td></tr>
<tr><td>≤20</td><td>18</td><td>18</td></tr>
<tr><td colspan="2">精煤</td><td>6</td><td>6</td></tr>
<tr><td colspan="2">其他洗煤(包括中煤)和粒度大于 100mm 块煤</td><td>6</td><td>6</td></tr>
</table>

2. 子样质量

每个子样的最小质量，应根据煤的最大粒度，按表 1-5 规定确定。如果一次采出样品的质量不足规定的最小质量，可在原处再采一次，与第一次合并为一个子样。

表 1-5　商品煤采样量与粒度关系对照

最大粒度/mm	<25	<50	<100	>100
采样质量/kg	1	2	4	5

三、采样方法

1. 物料堆中采样

从商品煤煤堆中采样时，在确定子样数目后，根据煤堆的不同形状，将子样数目均匀地分布在顶、腰、底的部位上，如图 1-6 所示，底部应距地面 0.5m。对于不同规格的煤堆，可按不同区域的实际存放量的多少按比例布设采样点。采样时应先除去 0.2m 表面层后再挖取。顶部采样时，先除去表层 0.2m，沿和煤堆表面垂直方向挖深度 0.2m 的坑，在坑底部取样。

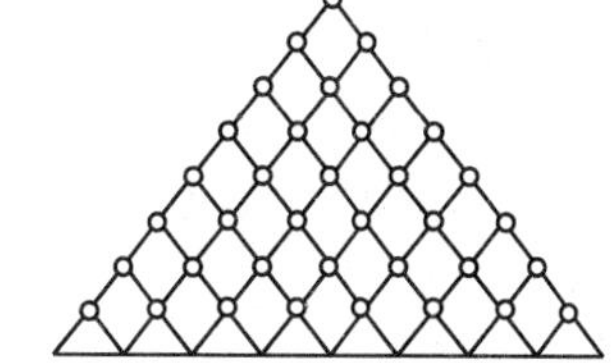

图 1-6　商品煤堆采样点的分布

工业生产中散装的固体原材料或产品，可按类似方法取样。对于袋（或桶）装的化工产品，每一袋（或桶）为一件。在确定采样单元和子样数目后，用采样钻对每个采样单元分别取样。采样时，用采样钻由包装袋的一角斜插入袋（或桶）内，直达相对的另一角，旋转 180°后，抽出，刮出取样钻槽中的物料作为一个子样。

2. 物料流中采样

由运输皮带、链板运输机等物料流中采样时，大都是使用机械化的自动采样器，定时、定量连续采样。采样时间间隔可按下式计算：

$$T \leqslant \frac{60Q}{Gn}$$

式中　T——采样时间间隔，min；

　　　Q——采样单元，t；

　　　G——煤流量，t/h；

　　　n——子样数目，个。

从物料流中采样时，确定子样数目、采样时间间隔后，调整采样器工作条件，一次横截物料流的断面采取一个子样。也可以分两次或三次采取一个子样，但必须按左、中、右的顺序进行，采样部位不得交替重复。在横截皮带运输机采样时，采样器必须紧贴皮带，不允许悬空铲取样品。于移动物料流下落点采样时，应根据物料的流量和皮带宽度，以一次或分多次用接斗横截物料流的全断面采取一个子样。

3. 运输工具中采样

常用的运输工具是火车车皮、汽车、轮船等。从运输工具中采样，应根据运输工具的不同，选择不同的布点方法。常见的布点方法有斜线三点法（见图 1-7）、斜线五点法（见图 1-8）、18 点采样法（见图 1-9）等。

（1）火车车皮中采样　火车车皮中采样时，子样数目和子样质量按表 1-3～表 1-5 确定。原煤和筛选煤不论车皮容量大小，每车至少采取 3 个子样；精煤、其他洗煤和粒度大于 100mm 的煤块每车至少取一个子样。

① 子样点的分布方法。子样分布在车皮对角线上，首、末两个子样点应距车角 1m，其余子样点均匀分布在首、末两个子样点之间，按等距离分布。采样点按斜线三点法或斜线五

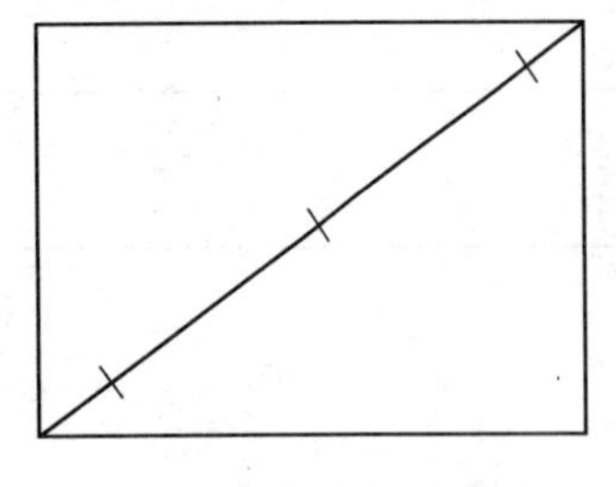
图 1-7　斜线三点法

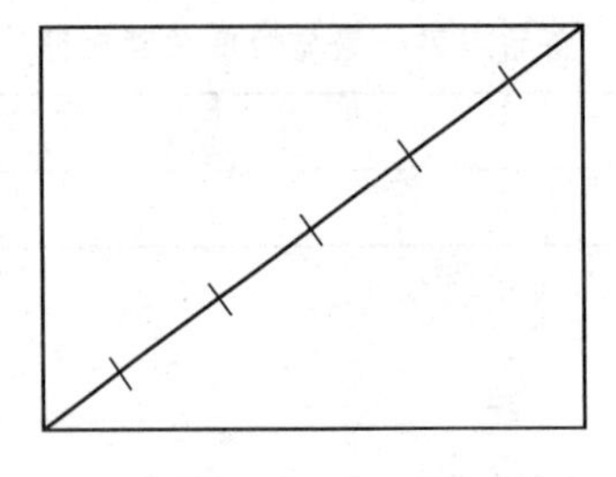
图 1-8　斜线五点法

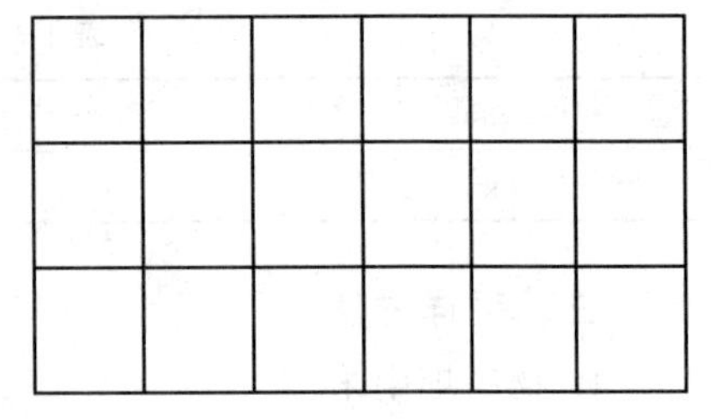
图 1-9　18 点采样法

点法的规律循环设置。各车皮的斜线方向应该一致。

原煤和筛选煤按图 1-7 所示，每车采取 3 个子样点；精煤、其他洗煤和粒度大于 100mm 的煤块按图 1-8 所示，按五点循环方式每车采取子样。如一节车皮的子样数超过 3 个（对原煤和筛选煤）或 5 个（对精煤、其他洗煤），多出的子样可分布在交叉的对角线上。当原煤和筛选煤以一节车皮为一个采样单元时，18 个采样点既可分布在两条交叉的对角线上，也可分布在图 1-9 所示的 18 个采样点上。

② 样品的采取。商品煤装车后，应立即从煤的表面采样。如用户需要核对，可以挖坑 0.4m 以下采样。如果商品煤中粒度大于 150mm 的块状物（包括煤矸石、硫铁矿）含量超过 5%，除在该点按表 1-5 中规定采取子样外，还应将该点大于 150mm 的块采出，破碎后用四分法缩分，取出不少于 5kg 并入该点子样内。

（2）汽车中采样　无论原煤、筛选煤、精煤、其他洗煤和粒度大于 100mm 的煤块，均沿车厢对角线方向，按 3 点循环方式采样，首尾两点各距车角 0.5m。当一辆车上需要采取 1 个以上子样时，与火车顶部采样方法相同，将子样分布在对角线或整个车厢表面。其余要求与火车顶部采样相同。

（3）船舶采样　直接在船上采样，一般以一舱煤为一个采样单元，也可将一舱煤分成多个采样单元。将船舱分成 2～3 层，每 3～4m 为一层，将子样均匀分布在各层表面上，在装货或卸货时采取。

四、样品的制备和保存

1. 样品的制备

对于不均匀的固体物料，采集的原始样品往往数量多、体积大、粒度和组成也不均匀，不能直接用于实验室分析。因此，在分析之前必须对原始样品进行加工处理，缩减试样量，使之成为组成均匀、易于分解的试样。这个过程称为样品的制备。

样品制备的基本程序包括破碎、过筛、混合和缩分。

（1）破碎　通过人工或机械的方法将大块物料粒度减小的过程，称为破碎。破碎的过程有粗碎、中碎、细碎和粉碎。应根据分析项目的不同要求，使用不同的设备和方法破碎至不同的粒度。

① 粗碎。用大锤在铁板上先将样品碎至其最大粒度 $d<50$mm，然后再用颚式破碎机继续破碎至 $d<4$mm，通过 5 号筛。

② 中碎。用磨盘式碎样机将粗碎后的样品碎至 $d<0.92$mm，通过 20 号筛。

③ 细碎。用磨盘式碎样机将中碎样品碎至 $d<0.196$mm，通过 80 号筛。

④ 粉碎。由球（棒）磨机或密封式化验碎样机完成，最终样品粒度 $d<0.080$mm，通过 180 号筛。由球（棒）磨机或密封式化验碎样机粉碎样品时，控制不同的制样时间，可得

到不同粒度的样品。

在破碎试样的过程中，为避免或减小试样组分的变化，应注意以下几点：

① 在每个样品破碎前，应先将破碎器械的各部分打扫干净；

② 碎样时应尽量防止粉末飞扬，整个破碎过程损失不得超过全部样品的5%；

③ 碎样过程中，任何未能磨细过筛的颗粒都不能弃去，必须破碎至全部通过筛孔；

④ 加工过程由于挤压、摩擦等作用，温度升高使某些样品发生化学变化，如失去结晶水等。

（2）过筛　在试样破碎过程中，每次破碎后样品都要过筛。过筛的样品必须全部通过规定的筛号，不能过筛的样品必须重新破碎，不得损失。过筛时，一般先用粗筛，随着试样粒度逐渐减小，筛孔的目数相应增加。各种筛号规格见表1-6。

表1-6　分析用分样筛号及规格

筛　号	孔　径		网线直径	筛　号	孔　径		网线直径
	in	mm	in		in	mm	in
3$\frac{1}{2}$	0.223	5.66	0.057	45	0.0138	0.35	0.0087
4	0.187	4.76	0.050	50	0.0117	0.297	0.0074
5	0.157	4.00	0.044	60	0.0098	0.250	0.0064
6	0.132	3.36	0.040	70	0.0083	0.210	0.0055
8	0.0937	2.38	0.0331	80	0.0070	0.177	0.0047
10	0.0787	2.00	0.0299	100	0.0059	0.149	0.0040
12	0.0661	1.68	0.0272	120	0.0049	0.125	0.0034
14	0.0555	1.41	0.0240	140	0.0041	0.105	0.0029
16	0.0469	1.19	0.0213	170	0.0035	0.088	0.0025
18	0.0394	1.10	0.0189	200	0.0029	0.074	0.0021
20	0.0331	0.84	0.0165	230	0.0024	0.062	0.0018
25	0.0280	0.71	0.0146	270	0.0021	0.053	0.0016
30	0.0232	0.59	0.0130	325	0.0017	0.044	0.0014
35	0.0197	0.50	0.0114	400	0.0015	0.037	0.0013
40	0.165	0.42	0.0098				

注：1in=25.4mm。

（3）混合　混合是使破碎、筛分后的样品混合均匀的过程。为了保证试样具有代表性，经破碎、筛分后的试样必须加以混合，使其组成均匀。

混合的方法有堆锥法、环锥法、掀角法、机械混匀法等。

① 堆锥法。将破碎至一定粒度的试样，用铁铲在平板上堆成一个圆锥。然后围绕试样堆，交互地从圆锥底部对角两侧不断地将试样铲起，在距圆锥一定距离的部位堆起另一个圆锥体。如此反复三次以上。

② 环锥法。如上法将试样堆锥，然后压平锥顶，从里向外将试样铲起，堆成环状。如此反复2～3次。

③ 掀角法。也叫翻滚法。将样品平铺于正方形光滑橡皮垫上，交叉提起每对对角后再展开样品，如此反复10次左右。

④ 机械混匀法。用合适的机械混合器将样品混匀，例如双锥混合器或V形混合器等。

（4）缩分　缩分是按规定减少样品量的过程。缩分的目的是在保证样品具有代表性的前提下，减少样品的处理量，提高工作效率。

为了保证样品逐级破碎、逐级缩分后，试样仍具有代表性，缩分时必须遵循经验缩分公式，即

$$Q \geqslant Kd^2$$

式中　Q——最小样品质量（样品最低可靠质量），kg；

K——与试样密度等有关的矿石特性系数，一般在0.02～1之间；颗粒越不均匀，K值越大；

d——样品最大颗粒直径，mm。

缩分的方法有手工缩分和机械缩分。

① 手工缩分。常用的手工缩分方法为堆锥四分法。基本操作方法是将堆锥法混匀后的试样锥用薄板压成厚度均匀的圆饼状，然后通过圆心画十字，将饼状试样等分成四份，留取十字对角两份，其余两份弃去，见图1-10。如此反复多次，直到得到所需的试样量。

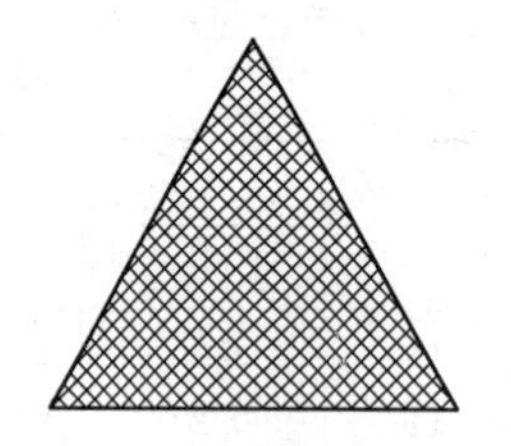
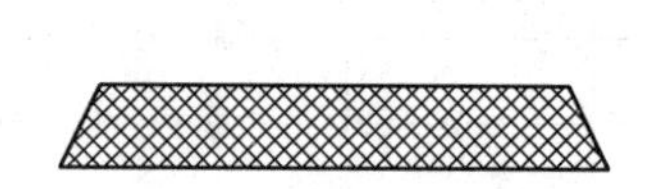
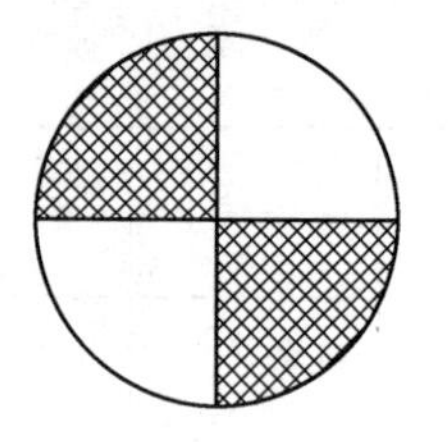

图1-10　四分法缩分操作示意图

② 机械缩分。用合适的机械分样器缩分样品。常用的机械分样器有格槽式分样器、固定锥型分样器、格型分样器等。典型的格槽式分样器如图1-11所示。

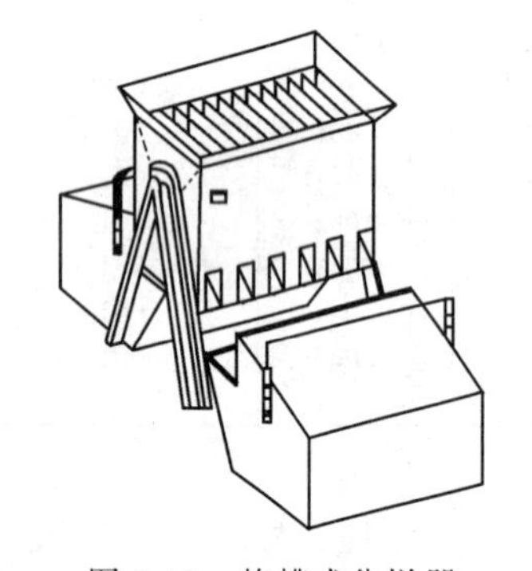

图1-11　格槽式分样器

【例题1-3】 有一矿样质量为2kg，已全部通过20目筛，求需要缩分出具有代表性的样品最小质量？至多缩分多少次（K取0.2）？

解　查表1-6，可知通过20目筛矿样的最大颗粒直径为0.84mm。

应保留样品的最小质量为：

$Q = Kd^2 = 0.2 \times 0.84^2 = 0.141(\text{kg})$

设保留样品的最小质量是0.141kg，至多缩分n次，则

$$Q = 2 \times \left(\frac{1}{2}\right)^n \quad 即 \quad 0.141 = 2 \times \left(\frac{1}{2}\right)^n$$

则

$$n = \frac{\lg 2 - \lg 0.141}{\lg 2} = 3.8$$

计算结果表明保留样品的最小质量是0.141kg，至多缩分3次，否则将使试样失去代表性。

2. 样品的保存

样品应保存在对样品呈惰性的包装材料（如玻璃瓶、塑料瓶或袋）中密封。采样后立即送至制样室。同时注明样品质量、煤种、采样地点、采样时间，还应登记车号和煤的发运吨数。

第三节　液体试样的采取

液体物料具有流动性，组成比较均匀，易采得均匀样品。由于不同的液体物料在相对密

度、挥发性、刺激性、腐蚀性等特性上存在差异，生产中的液体物料还有高温、常温和低温的区别，所以在采样时不仅要注意技术要求，还必须注意人身安全。

液体物料一般是在容器中贮存和运输的，因此采样前应根据容器情况和物料的种类来选择采样工具和确定采样方法。同时采样前还必须进行预检，了解被采物料的容器体积、类型、数量、结构和附属设备情况；检查包装容器是否受损、腐蚀、渗漏，并核对标志；观察容器内物料的颜色、黏度是否正常，表面和底部是否有杂质、分层、沉淀或结块等现象；判断物料的类型和均匀性，为采样提供充足的信息。

一、采样工具

液体采样的工具通常有采样勺、采样管、采样瓶和采样罐等。

1. 采样勺

采样勺（见图 1-12）由不与被采物料发生作用的金属或塑料制成，分为表面样品采样勺、混合样品采样勺和采样杯。表面样品采样勺（见图 1-12）边缘呈锯齿状，齿高 10mm，齿底角为 60°，大小视样品量能否进入容器而定。混合样品采样勺和采样杯用于混合物料的随机采样。

2. 采样管

采样管是由玻璃或金属制成的下端呈锥形的管子，分为玻璃采样管和金属采样管，能插入桶、罐、槽车中所需要的液面上（见图 1-13）。

玻璃采样管适用于桶装液体物料采样。它是由一根内径 15～25mm、长约 1200mm 的玻璃管制成，上端为圆锥形尖口或套有一与管径相配的橡皮管，以便用手指按住。

金属采样管适用于不易搅拌均匀的液体物料的采样。它由一长金属管制成。管嘴顶端为锥状体，内管有一与管壁密合的金属锥体。

对于大多数桶装物料用管长以 750mm 为宜，对其他容器可增长或缩短。管上端的口径收缩到拇指能按住，一般为 6mm，下端口径视被采物料黏度而定，黏度近似于丙酮和水的物料取口径为 3mm，黏度较小取口径 1.5mm，较大的取口径为 5mm，如图 1-13(a)、(b) 所示。对于桶装黏度较大的液体和黏稠液、多相液，也可采用不锈钢双套筒采样管，见图 1-13(c)。

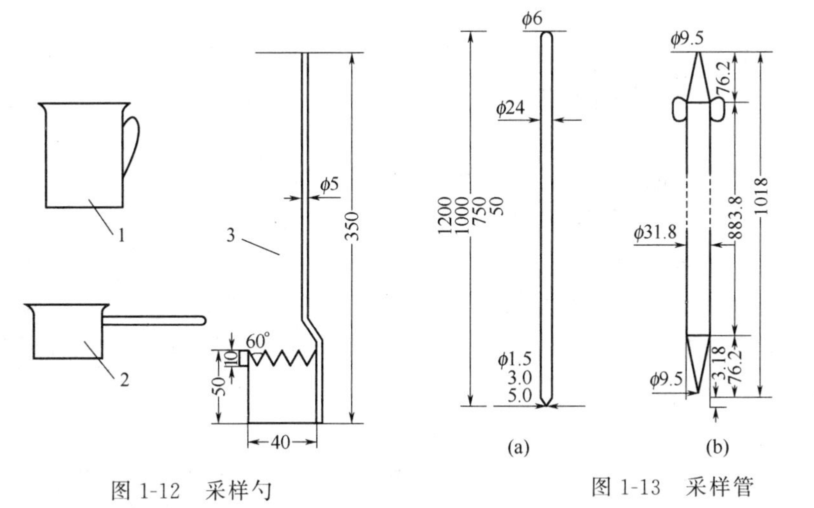

图 1-12　采样勺

1—混样杯；2—勺子；3—表面取样勺

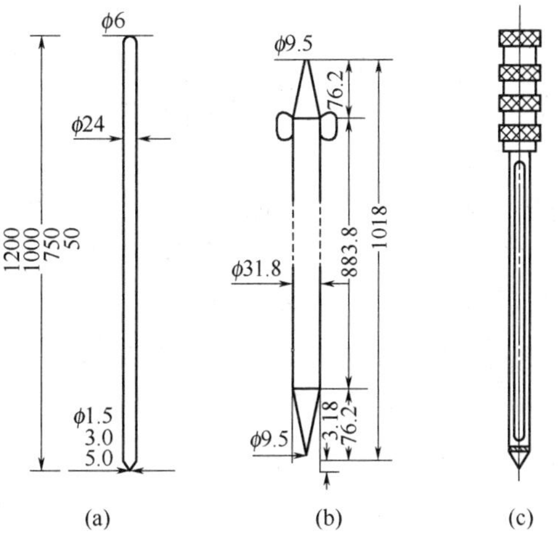

图 1-13　采样管

3. 采样瓶

采样瓶一般为 500mL 具塞玻璃（或塑料）瓶，套上加重铅锤，如图 1-14(a) 所示。有时把具塞金属瓶或具塞玻璃瓶放入加重金属笼罐中固定而成，如图 1-14(b) 所示。

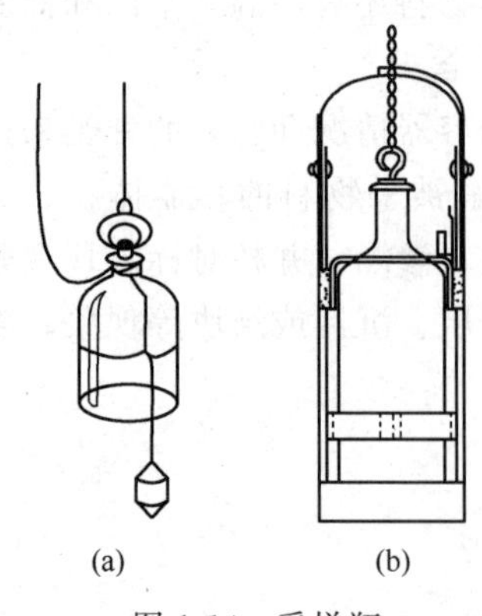

图 1-14　采样瓶

采样瓶适用于大贮罐中液体物料的采样。因为采样瓶就是样品容器，液体样品不需要再转移到别的容器中，所以适合于采取严禁转移液体的测定样品，不适合于液样中气体成分测定用样品，也不适合于采取易被空气氧化的成分测定样品。

除上述常用液体采样工具外，还有液态石油产品采样器、石油液化气采样钢瓶、金属杜瓦瓶、有毒化工液化气采样钢瓶等。

二、样品类型

（1）部位样品　从物料的特定部位或在物料流的特定部位和时间采得的一定数量或大小的、代表瞬间或局部环境的一种样品。包括：表面样品（于物体表面采得）、底部样品（在物料最低点采得）、上部样品（在液面下相当于总体积的 1/6 深处采得）、中部样品（在液面下相当于总体积的 1/2 深处采得）、下部样品（在液面下相当于总体积的 5/6 深处采得）。

（2）全液位样品　从容器内全液位采得的样品。

（3）平均样品　把采得的一组部位样品按一定比例混合成的样品。

（4）混合样品　把容器中物料混匀后随机采得的样品。

三、采样方法

由于液体物料一般比固态物料均匀，因此，较易于采取平均试样。通常对于静止的液体，在不同部位采取子样；对于流动的液体，则在不同时间采取子样，然后混合成平均试样。

（一）一般液体样品的采取（常温下为流动态的液体）

1. 自小贮存容器中采样

自小贮存容器中采样的工具多用直径约 20mm 的长玻璃管或虹吸管，按一般方法采取，应抽取子样的件数，一般规定为总件数的 2%～5%，但是不得少于两件。

① 对于小瓶装产品（25～500mL），按采样方案随机采得若干瓶样品，各瓶摇匀后分别倒出等量液体，混合均匀作为样品。

② 对于大瓶装产品（1～10L）或小桶装产品（19L 以下），被采样的瓶或桶经人工搅拌或摇匀后，用适当的采样管采得混合样品。

③ 对于大桶装产品（200L 以上），如事先已混合均匀，可用适当的采样管采得混合样品；如事先未混匀，则在静止情况下用开口采样管采全液位样品或采部位样品后混合成混合样品。

2. 自大贮存容器中采样

自大贮存容器中采样，一般是在容器上部距液面 200mm 处采子样 1 个，在中部采子样 3 个，在下部采子样 1 个。采样工具可以使用装在金属架上的玻璃瓶，或者使用特制的采样器。图 1-15 所示为液态石油产品采样器。

（1）立式圆柱形贮罐采样　立式圆柱形贮罐主要用于暂时贮存原料、成品等液体物料。采样时可以从固定采样口采样，也可以从顶部进口采样。

在立式圆柱形贮罐的侧壁上安装有上、中、下采样口并配有阀门。当贮罐装满物料时，从各采样口分别采得部位样品。由于截面一样，所以按等体积混合三个部位样品。如果罐内液面高度达不到上部或中部采样口时，建议用下述方法采得样品：

① 若上部采样口比中部采样口更接近液面，则从中部采样口采 2/3 样品，从下部采样口采 1/3 样品；

② 若中部采样口比上部采样口更接近液面，从中部采样口采 1/2 样品，从下部采样口采 1/2 样品；

③ 若液面低于中部采样口，则从下部采样口采全部样品。见表 1-7。

当贮罐没有安装上、中、下采样口时，也可以从顶部进口采样。采样时，把采样瓶从顶部进口放入，降到所需位置，分别采上、中、下部位样品，等体积混合成平均样品。

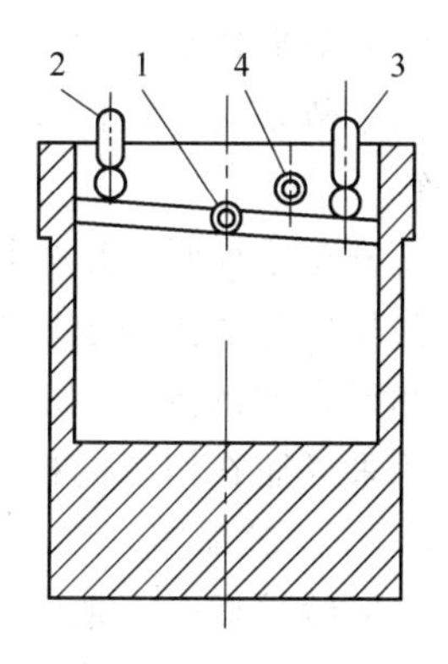

图 1-15　液态石油产品采样器

1—轴；2,3—挂钩；4—套环

表 1-7　立式圆柱形贮罐的采样部位和比例

采样时液面情况	混合样品时相应的比例		
	上	中	下
满罐时	1/3	1/3	1/3
液面未达到上采样口,但更接近上采样口	0	2/3	1/3
液面未达到上采样口,但更接近中采样口	0	1/2	1/2
液面低于中部采样口	0	0	1

(2) 卧式圆柱形贮罐采样　在卧式圆柱形贮罐的一端安装上、中、下采样管，外口配有阀门。采样管伸进罐内一定深度，管壁上钻有直径 2～3mm 的均匀小孔。当贮罐装满物料时，从各采样口分别采得上、中、下部位样品，按一定比例混合成平均样品。当罐内液面低于满罐液面，可根据液体深度将采样瓶等从顶部进口放入，降到表 1-8 中规定位置采取部位样品，按表 1-8 中所列比例混合成平均样品。当贮罐没有安装上、中、下采样口时，也可从顶部进口采得全液位样品。

表 1-8　卧式圆柱形贮罐的采样部位和比例

液体深度(直径百分比)	采样液位(离底直径百分比)			混合样品时相应的比例		
	上	中	下	上	中	下
100	80	50	20	3	4	3
90	75	50	20	3	4	3
80	70	50	20	2	5	3
70		50	20		6	4
60		50	20		5	5
50		40	20		4	6
40			20			3
30			15			3
20			10			3
10			5			3

3. 自槽车中采样

槽车是汽车、火车经常使用的用于进行液体物料运输的容器。自槽车中采样的份数及体积，应根据槽车的大小及每批的车数确定。通常是每车采样一份，每份不少于500mL。但是当车数多时，也可以抽车采样。抽车采样规定，总车数多于10车时，抽车数不得少于5车。

槽车采样时，用采样瓶或金属采样管从顶部进口放入槽车内，放到所需位置采上、中、下部位样品并按一定比例混合成平均样品。由于槽车罐是卧式圆柱形或椭圆形，所以采样位置和混合比例按表1-8进行。也可采全液位样品。若在顶部无法采样而物料又较为均匀时，可用采样瓶在槽车的排料口采样。

4. 船舱采样

船舱采样时，把采样瓶放入船舱内降到所需位置采上、中、下部位样品，以等体积混合成平均样品。对装载相同产品的整船货物采样时，可把每个舱采得的样品混合成平均样品。当船舱内物料比较均匀时可采一个混合样品或全液位样品作为该舱的代表性样品。

5. 自输送管道采样

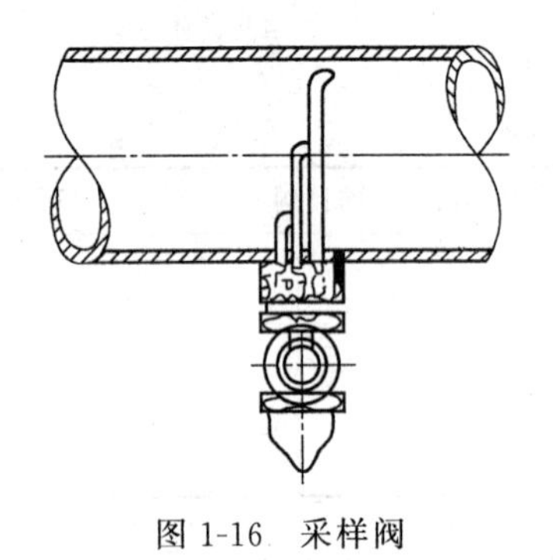

图1-16　采样阀

对于输送管道中流动的物料，通常用装在输送管道上的采样阀采样，如图1-16所示。阀上有几个一端弯成直角的细管，以便于采取管道中不同部位的液流。根据分析的目的，按有关规定，每隔一定时间打开阀门，最初的流出液放弃，然后采样。采样量按规定或实际需要确定。

如管道直径较大，可在管道内装一合适的采样探头。探头应尽量减少分层效应和被采物体中较重组分下沉。当管线内流速变化大，难以用人工调整探头流速接近管线内速度时，可采用自动管线采样器。

（二）特殊性质样品的采取

有些液体产品由于自身性质的特殊性，应该采用不同的采样方法。

1. 黏稠液体的采样

黏稠液体是具有流动性但又不易流动的液体，如树脂、橡胶等。由于这类产品在容器中采样难以混匀，所以最好在生产厂交货灌装过程中采样，或在交货容器中采样。

（1）在制造厂的最终容器中采样　如果产品外观上均匀，则用采样管、采样勺或其他适宜的采样器从容器的各个部位采样。具体采样方法按贮罐采样方法进行。

（2）在制造厂的产品装桶时采样　在产品分装到交货容器的过程中，以有规律的时间间隔从放料口采得相同数量的样品混合成平均样品。

（3）在交货容器中采样　采样前先检查所有容器的状况，然后根据提供货物数量确定并随机选取适当数量的容器供采样用。打开每个选定的容器，除去保护性包装后检查产品的均一性及相分离情况。如果产品呈均匀状态或通过搅拌能达到均匀状态，则用金属采样管或其他合适的采样管从容器内不同部位采得样品，混合成平均样品。

2. 液化气体

液化气体是指气体产品通过加压或降温加压转化为液体后，再经精馏分离而制得的可作为液体贮运和处理的各种液化气产品。加压状态的液化气体样品根据贮运条件的不同，分别从成品贮罐、装车管线和卸车管线上采取。在成品贮罐、装车管线和卸车管线上选定采样点部位的首要因素是必须能在此采样点采得有代表性的液体样品。由于各种液化气体成品贮罐结构不同，当遇到有的成品贮罐难以使内装的液化气体产品达到完全均匀时，可按供需双方达成协议的采样方法和采样点采取样品。

3. 稍加热即成为流动态的化工产品

有些产品在常温下为固体，受热时就易变成流动的液体而不改变其化学性质。对于这类产品从交货容器中采样很困难，最好在生产厂的交货容器灌装后立即用采样勺采样，采得样品倒入不锈钢盘或不与物料起反应的器皿中，冷却后敲碎装入样品瓶中；也可把采得的液体趁热装入样品瓶中。当必须从交货容器中采样时，可把容器放入热熔室内，待容器内的物料全部液化后，将开口采样管插入搅拌，然后采混合样或用采样管采全液位样品。

四、采样注意事项

① 采样设备和样品容器必须洁净、干燥、严密，不与样品发生化学作用。对于有腐蚀性的物料，应使用不受物料腐蚀的采样工具，一般可使用玻璃瓶或陶瓷瓶。

② 采样器和样品容器应考虑到使用和清洁的方便。

③ 在采热液体时，采样设备应是耐热材料制成。采样时应将采样器慢慢放入热液体中，在其达到温度平衡后采样。

④ 采样过程中应防止被采物料受到环境污染、变质或损失。

⑤ 采样者必须熟悉被采产品的特征、安全操作的有关知识和处理方法，熟练采样操作。

⑥ 采得的样品要妥善保管。

第四节　气体试样的采取

气体物料由于容易通过扩散和湍流而混合均匀，成分上的不均匀性一般都是暂时的，因此较易取得具有代表性的样品。但是由于气体往往具有压力、易于渗透、易被污染和难以贮存等特点，工业气体物料还有动态、静态、常压、正压、负压、高温、常温等的区别，且许多气体有刺激性和腐蚀性，所以，采样时不仅要注意一定的技术要求，还应注意保护人身安全。

一、采样设备

气体的采样设备主要包括采样器、导管、样品容器、预处理装置、调节压力和流量装置、吸气器和抽气泵等。最简单的采样装置是医用注射器。接触样品的采样设备和材料应满足下列要求：对样品气不渗透、不吸收、不污染；在采样温度下无化学活性、不起催化作用；力学性能良好，容易加工连接。

1. 采样器

目前广泛使用的采样器按控制材料不同，分为以下几种：

① 硅硼玻璃采样器　价格低廉，适宜于低于 450℃时使用；

② 石英采样器　适宜于低于 900℃时长期使用；

③ 不锈钢和铬铁采样器　适宜于 950℃时使用；

④ 镍合金采样器　适宜于 1150℃在无硫气样中使用；

⑤ 氧化铝瓷器采样器　适宜于 1500℃连续使用。

其他耐高温的采样器有珐琅质、富铝红柱及重结晶的氧化铝等。

由于制造采样器的材料不同，使用采样器的条件则不同。采样前应根据样气的种类和它所处的环境来选择合适的采样器。

2. 导管

种类繁多，分为不锈钢管、碳钢管、铜管、铝管、特制金属软管、玻璃管、聚四氟乙烯和聚乙烯塑料管、橡胶管等。

采取高纯气体，应选用钢管或铜管做导管。要求不高时可选用塑料管、乳胶管、橡胶管或聚乙烯管等。

3. 样品容器

常见的样品容器有吸气瓶（见图 1-17）、吸气管（见图 1-18）、真空瓶（见图 1-19）、金属钢瓶（见图 1-20）、双连球（见图 1-21）、吸附剂采样管（见图 1-22）、球胆及气袋等。采样时，应根据被采气体所处的状态、压力、需样气量和存样时间来选择适当的样品容器。

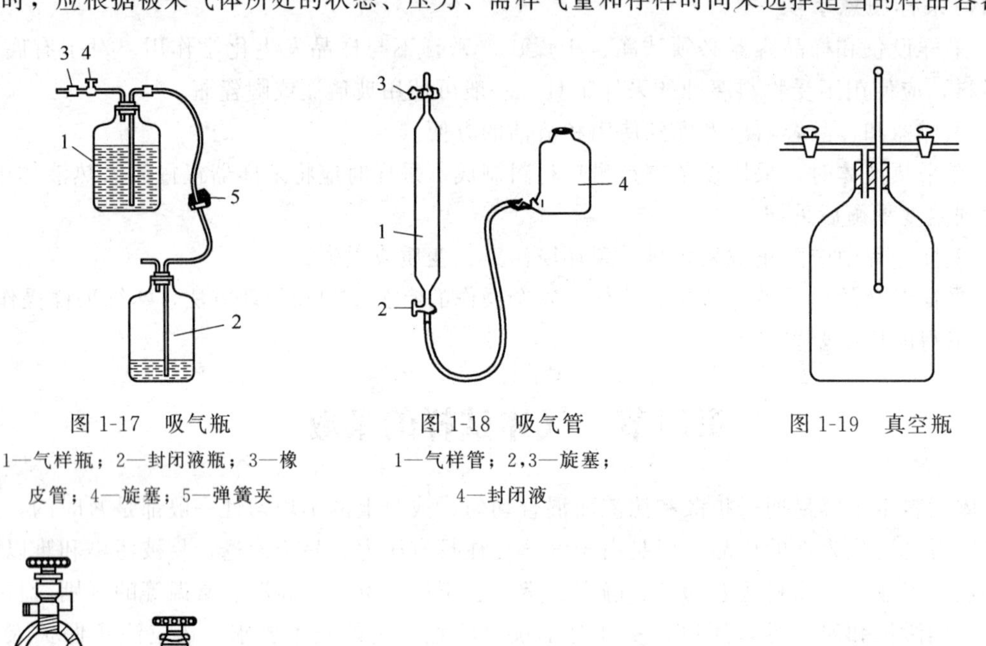

图 1-17　吸气瓶

1—气样瓶；2—封闭液瓶；3—橡皮管；4—旋塞；5—弹簧夹

图 1-18　吸气管

1—气样管；2,3—旋塞；4—封闭液

图 1-19　真空瓶

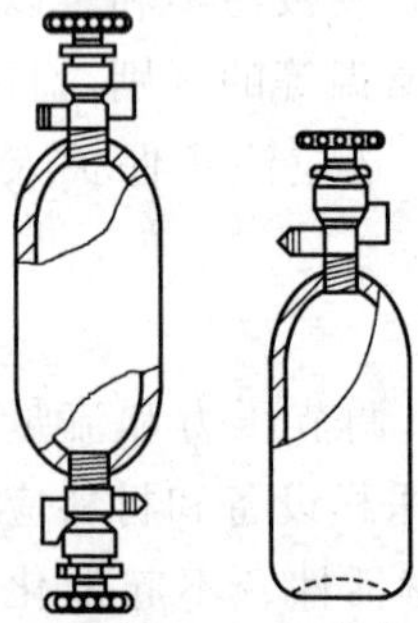

图 1-20　金属钢瓶

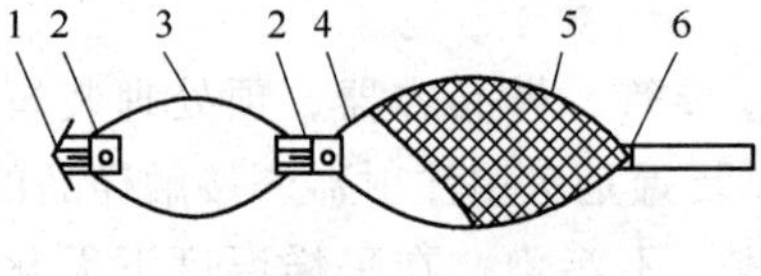

图 1-21　双连球

1—气体进口；2—止逆阀；3—吸气球；4—储气球；5—防爆网；6—橡胶管

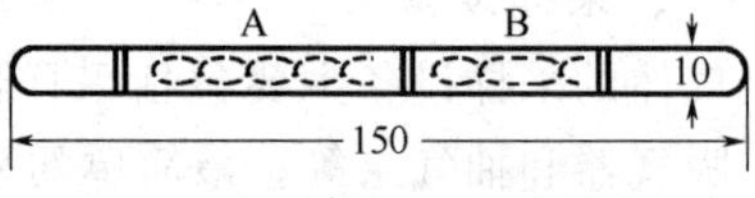

图 1-22　吸附剂采样管

A—内装 100mg 活性炭；B—内装 10mg 活性炭

4. 预处理装置

为使被采出的样品符合某些分析仪器或分析方法的要求，需将气体样品预处理。预处理包括过滤（分离出样品中的灰分、湿气或其他有害物质）、脱水和改变温度（防止样品气体在高温时发生化学反应或在低温时某些成分凝聚）等步骤。

5. 调节压力和流量的装置

高压采样时，一般安装减压调节器；中压采样时，在导管和采样器之间安装一个三通活塞，将三通的一端连接放空装置或安全装置。采用补偿式流量计或液封式稳压管可提供稳压的气流。

6. 吸气瓶和抽气泵

吸气瓶由玻璃瓶或塑料瓶组成（见图 1-17），它往往用于常压气体的采样。水流泵可产生中度真空；机械真空泵可产生较高的真空。

二、采样方法

在实际工作中，通常采取钢瓶中压缩的或液化的气体、钢瓶中的气体和管道内流动的气体。自气体管道中采样时，可以将采样管插入管道的采样点部位至管道直径的 1/3 处，用橡胶管和气样容器连接。自气体容器中采取静止的气态物料时，可以将采样管安装在气体容器的一定部位上，用橡胶管和气样容器连接。最小采样量要根据分析方法、被测组分含量范围和重复分析测定的需要量来确定。

工业生产中的气体通常有常压、正压及负压三种状态。对于不同状态的气体，应该用不同方法采样。

1. 常压状态气体的采样

气体压力等于大气压力或处于低正压、低负压状态的气体均称为常压气体。采取常压状态气体样品，通常使用橡胶制的双连球（见图 1-21）或玻璃吸气瓶（见图 1-17）。如果采取气样量较小，也可以选用图 1-18 所示的吸气管。

2. 正压状态气体的采样

气体压力远远高于大气压力的为正压气体。正压气体的采样装置简单，可以采用上述常用气体采样工具进行。取样容器可以采用球胆、橡胶气囊，也可以用吸气瓶、吸气管取样。如果气压过大，则应注意调整采样管旋塞或在采样装置与取样容器之间加装缓冲瓶。

生产中的正压气体常常与采样装置和气体分析仪器相连，直接进行分析。

3. 负压状态气体的采样

气体压力远远低于大气压力的为负压气体。当负压不太高时，可以用抽气泵减压法采样。抽气泵减压法所用抽气泵，可用如图 1-23 所示的流水真空泵，也可用机械真空泵。如气体负压过高，则取样容器应使用如图 1-24 所示抽空容器。抽空容器一般是容积 0.5～3L 的厚壁、优质玻璃瓶或管，瓶或管口均有活塞。采样前将其内压抽至 8～13kPa 以下。

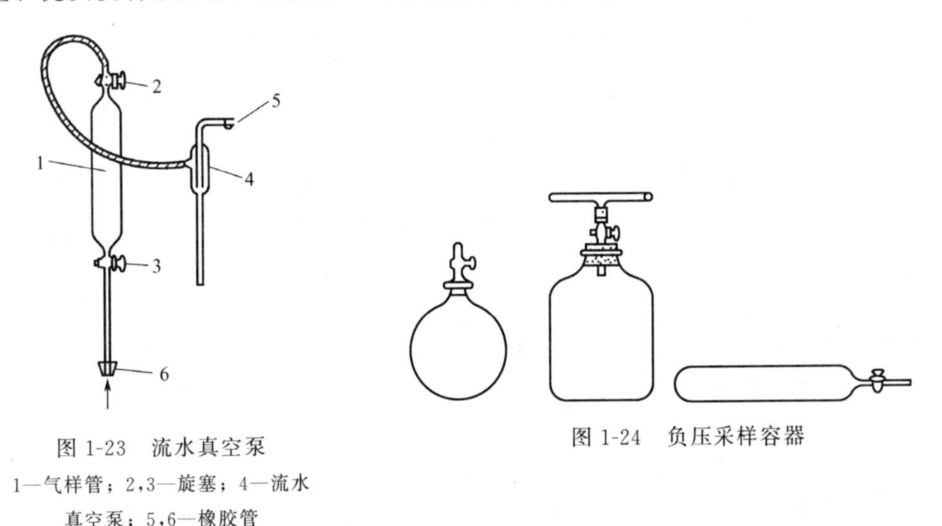

图 1-23　流水真空泵

1—气样管；2,3—旋塞；4—流水真空泵；5,6—橡胶管

图 1-24　负压采样容器

三、方法讨论

① 采样前应先观察样品容器是否有破损、污染、泄漏等现象。分析容易产生误差的因

素，制定出使误差减少到最低程度的采样方法。

② 如气体在直径较大的管道或容器中，流速较低的气体混合物常发生分层，可能引起各点组成不同，采样时就要预先测量管道不同断面上的许多样点后，才能决定采样点的正确位置。

③ 采样导管过长会引起采样系统的时间滞后，使样品失去代表性，应使用短的、孔径小的导管为宜。封闭液要用样气饱和后再使用。

④ 对高纯气体，应每瓶采样。

习　题

一、填空题

1. 为了对物料进行化学分析和物理测试，按照________的方法从一批物料中取出一定数目________试样的操作过程叫采样。采样的目的是________的分析试样。

2. 采样单元是具有________一定数量的物料。子样是用采样器从________按规定质量一次取出的________，也叫“份样”。样品是从数量较大的________中取得的________采样单元；或从一个采样单元中取得的________。

3. 样品量至少应满足以下要求：至少满足________的需求；应满足________的需要；应满足________的需要。在充分保证样品代表性和测试需要及满足取样误差要求的前提下，样品数和样品量越________越________。

4. 物料颗粒大小、样品均匀程度对取样量有很大影响。物料的颗粒________，最小采样质量________；样品越不均匀，最小采样质量也越大。

5. 采样地点要有出入安全的________、符合要求的________和________条件。

6. 留样就是________、________、________。处理后样品的量应满足________的需要。备检样品保存时间一般不超过________，根据实际需要样品性质可适当延长或缩短。

7. 采取固体试样常用的采样工具有________、________、________、________等。

8. 从商品煤堆中采样时，在确定________后，根据煤堆的不同形状，将________均匀地分布在________、________、________的部位上，底部应距地面________。

9. 从运输工具中采样，应根据运输工具的不同，选择不同的布点方法。常见的布点方法有________、________、________等。

10. 在分析之前对原始固体样品进行________，________试样量，使之成为________、易于________的试样。这个过程称为样品的制备。固体样品制备的基本程序包括________、________、________和________。

11. 液体采样的工具通常有________、________和________等。

12. 采样瓶适合于采取________的测定样品，不适合于液样中________测定用样品，也不适合于采取________测定样品。

13. 玻璃采样管适用于________液体物料采样；金属采样管适用于________液体物料的采样。

14. 由于液体物料一般比固态物料均匀，因此，较易于采取平均试样。通常对于静止的液体，在________采取子样；对于流动的液体，则在________采取子样，然后混合成________。

15. 采集装在槽车中的液体样品时，用________或________从________进口放入槽车内，放到所需位置采上、中、下________并按________混合成平均样品。船舱采取液体样品时，把

________放入船舱内降到所需位置采上、中、下________，以________混合成平均样品。

16. 对于输送管道中流动的物料，通常用装在输送管道上的________采样。根据分析的目的，按有关规程，每隔________打开________，最初的流出液________，然后采样。

17. 黏稠液体是具有流动性又不易流动的液体，在容器中采样难以________，所以最好在________采样，或在________采样。

18. 在采热液体时，采样设备应由________制成。采样时应将采样器________放入热液体中，在其达到________后采样。

19. ________是常压气体常用的采样容器；采取正压气体可以采用________和________，也可以采用________和________。

20. 采取高纯气体，应选用________或________做导管。

二、选择题

1. 采样的基本原则就是使得采得的样品具有充分的（　　）。

A. 代表性　　B. 稳定性　　C. 均匀性　　D. 活泼性

2. 采取煤、焦炭、矿石等不均匀固体物料，可用（　　）。

A. 自动采样器　　B. 采样铲　　C. 采样探子　　D. 真空探子

3. 由运输皮带、链板运输机等物料流中采样时，大都是使用（　　）。

A. 自动采样器　　B. 采样铲　　C. 采样探子　　D. 真空探子

4. 采取汽车中的煤块样品时，采样点应分布在车厢的（　　）方向，首末两点应距车角（　　）m。

A. 对角线　0.5　　B. 四周　0.5　　C. 对角线　1　　D. 四周　1

5. 将玻璃采样管从桶口插到装满液体物料的塑料桶底部，用大拇指按住上口提出，收集管内液体，该样品称（　　）。

A. 表面样品　　B. 平均样品　　C. 全液位样品　　D. 混合样品

6. 从直立贮罐下部放料口放出500mL样品，该样品称（　　）。

A. 平均样品　　B. 混合样品　　C. 底部样品　　D. 全液位样品

7. 搅匀直立贮罐内液体，从下部放料口放出500mL样品，该样品称（　　）。

A. 平均样品　　B. 混合样品　　C. 底部样品　　D. 全液位样品

8. 用采样瓶分别从贮罐的1/6、1/2、5/6深度部位采得的样品分别为（　　）。

A. 上、中、下部位样品　　B. 上、中、底部位样品

C. 表、中、下部位样品　　D. 表、中、底部位样品

9. 适于较小负压下取样的是（　　）。

A. 封闭液吸气管　　B. 流水抽气管　　C. 真空瓶　　D. 球胆

10. 已知以1000t煤为采样单元时，最少子样数为60个，则一批原煤3000t，应采取最少子样数为（　　）。

A. 180个　　B. 85个　　C. 123个　　D. 104个

11. 常压状态气体采样可用（　　）。

A. 吸气瓶　　B. 球胆　　C. 真空泵　　D. 金属钢瓶

12. 正压状态气体采样可用（　　）。

A. 双链球　　B. 气量管　　C. 橡胶气囊　　D. 流水抽气泵

13. 负压状态气体采样可用（　　）。

A. 双链球　　B. 气量管　　C. 橡胶气囊　　D. 流水抽气泵

三、判断题

1. 采样的目的是从大宗物料中采取少量样品。 （　）

2. 在充分保证样品代表性和测试需要及满足取样误差要求的前提下，样品数和样品量越少越好。 （　）

3. 从固体物料流中定时定量地连续采样宜用采样铲。 （　）

4. 采取粉末和细小颗粒等松散物料的样品时可用气动探针。 （　）

5. 从煤堆顶部采样时，应在距表层 0.2m 处采取样品。 （　）

6. 物料流中采样一般是以一定的时间间隔或流量间隔采一个子样。 （　）

7. 对于袋（或桶）装的化工产品，采样时，用采样钻由包装袋（或桶）的任意一角斜插入袋（或桶）内，旋转 180°后，抽出，刮出取样钻槽中的物料作为一个子样。 （　）

8. 火车车皮中采样时，采样点应按对角线三点法或对角线五点法的规律循环设置。 （　）

9. 样品的制备过程就是缩减试样量的过程。 （　）

10. 在固体样品碎样过程中，未能磨细过筛的颗粒都可弃去。 （　）

11. 采样管可以采取任何部位的样品。 （　）

12. 采样瓶只能采取底部样品。 （　）

13. 对于流动的液体，通常是在不同部位采取子样，然后混合成平均试样。 （　）

14. 对于静止的液体，通常是在不同时间采取子样，然后混合成平均试样。 （　）

15. 从立式圆形贮罐中采样时，若上部采样口比中部采样口更接近液面，则从中部采样口采 2/3 样品，从下部采样口采 1/2 样品。 （　）

16. 常压状态气体的采样可使用双链球、玻璃吸气瓶和球胆。 （　）

17. 负压状态气体的采样容器可选择抽空容器和橡胶气囊。 （　）

18. 正压状态气体采样容器可选择球胆、橡胶气囊，也可以用吸气瓶、吸气管取样。 （　）

19. 对一端安装有上、中、下采样管的卧式贮罐，通常采取混合样品。 （　）

20. 保留样品未到保留期满，虽用户未曾提出异议，也不可以随意撤销。 （　）

21. 四分法缩分样品，弃去相邻的两个扇形样品，留下另两个相邻的扇形样品。 （　）

22. 采集商品煤样品时，煤的批量增大，子样个数要相应增多。 （　）

23. 商品煤样的子样质量由煤的粒度决定。 （　）

四、问答题

1. 什么是采样？采样的目的是什么？

2. 采样的基本原则是什么？采样的基本程序包括哪几方面？

3. 如何确定固体物料的采样数和采样量？

4. 采样时应注意哪些安全问题？

5. 如何从不同状态的固体物料中采样？

6. 固体样品的制备包括哪几个步骤？

7. 举例说明什么是表面样品，上、中、下部位样品，底部样品，平均样品，混合样品和全液位样品。

8. 液体物料的采样工具有哪些？分别适合采取什么试样？

9. 简述在不同的贮存容器中液体物料的采取方法。

10. 什么是黏稠液体？如何采取黏稠液体？

11. 什么是液化气体？如何采取加压状态的液化气体样品？

12. 液体采样时应注意哪些问题？

13. 常用的气体采样设备有哪些？

14. 如何从工业设备中采取常压、正压和负压气体？

15. 气体采样应该注意哪些问题？

五、计算题

1. 欲对950桶化工产品进行分析，多少桶为一个采样单元？

2. 原始样品质量为16kg（$K=0.5$），当破碎至颗粒直径为4mm时，最小可靠质量是多少？样品可否缩分？如可缩分，可缩分几次？

3. 有试样20kg，粗碎后最大粒度为6mm，已定K值为0.2，样品的最小采样质量是多少？应缩分几次？如缩分后，在破碎至全部通过20号筛，应再缩分几次？

4. 有商品煤约60t，用传送带输送到船上，传送带输送能力20t/h，最大采样间隔时间应为多少？

第二章 煤质分析

学习目标

1. 掌握煤的组成及各成分作用。
2. 掌握煤的工业分析方法。
3. 掌握煤中硫的测定方法。
4. 了解煤发热量的基本概念和原理。

第一节 概 述

一、煤的分类和组成

煤是由古代植物遗体的堆积层埋在地下后，经过长时间的地质作用而形成的。根据成煤植物的不同，可将煤分为腐殖煤和腐泥煤两大类，腐殖煤一般由高等植物形成，腐泥煤由低等植物形成。我们通常讲的煤指的是腐殖煤。一般认为历经植物→泥炭（腐蚀泥）→褐煤→烟煤→无烟煤几个阶段，这个过程被称为煤化作用。我国现行的国家标准是依据煤的煤化程度对煤炭进行分类的，即随着煤化程度的依次增高，将煤分成了褐煤、烟煤和无烟煤三种不同形式的煤。

煤是由有机质、矿物质和水组成的。

煤中的有机质是煤中最主要的可燃组分，主要由碳、氢、氧、氮、硫等元素组成，其中碳和氢是有机质的主要组成元素，二者占有机质的95%以上，燃烧时放出大量的热；氧和氮在煤燃烧时不放热，称为惰性成分；硫在燃烧时也放热，但燃烧时产生有害气体二氧化硫，既腐蚀设备，又污染环境。

煤中的矿物质主要由碱金属、碱土金属，铁、铝等的碳酸盐、硅酸盐、硫酸盐、磷酸盐及硫化物等组成。其中除硫化物（主要是 FeS_2）可以燃烧外，其余的矿物质均不能燃烧，但随着煤的燃烧会变为灰分。

煤中的水分不仅不能燃烧，而且会在煤燃烧时因自身汽化而吸收热量。

二、煤的分析方法

煤的分析项目可分为工业分析、元素分析、物理性质测定、工艺性质测定和煤灰成分分析等，工业上最常见的分析项目是煤的工业分析。

煤的工业分析项目包括水分、灰分、挥发分和固定碳，这四种成分常常被看作一个整体，称为煤的工业组成，这四个测定项目的测定称为煤的半工业分析；再加上全硫和发热量的测定，称为煤的全工业分析。煤的工业分析也称技术分析或实用分析。

煤的工业分析是在人为规定条件下测定经转化生成的物质，这些物质的产率受实验条件的影响很大，因此必须严格遵守规定的实验条件才能得到可以互相比较的分析结果。根据煤的工业分析结果，可以了解煤质特性的主要指标，对煤的工业价值提供参考依据，煤的工业分析结果也是评价煤质的基本依据。

第二节 煤的工业分析

一、水分的测定

（一）水分的分类

煤中水分按其与煤的结合状态可分为化合水和游离水。化合水即通常所说的结晶水，是指以化合的方式与煤中的矿物质结合的水，通常要在200℃以上才能释放出去。游离水是以物理吸附或吸着方式与煤结合的水分，在高于纯水的沸点温度时即能散失。煤的工业分析中只测定游离水，不测定化合水。

游离水又分为外在水分和内在水分。

1. 外在水分

理论上讲，外在水分是吸附或吸着于煤粒表面和煤粒缝隙以及直径大于10^{-5}cm的毛细孔中的水分，此类水分一般是在开采、贮存和洗煤时带入的。外在水分很容易在常温下的干燥空气中蒸发，当煤颗粒表面的水蒸气压力与空气的湿度平衡时就不再蒸发了。化验室里所测的外在水分是指在一定条件下（一般规定温度为20℃，相对湿度为65%），煤样与周围空气湿度达到平衡时所失去的水分，用M_f表示。

2. 内在水分

内在水分是指吸附或吸着于煤颗粒内部直径小于10^{-5}cm的毛细孔中的水分，用M_{inh}表示。内在水分需在100℃以上的温度经过一定时间才能蒸发。化验室里所测的内在水分是指在一定条件下（一般规定温度为20℃，相对湿度为65%），煤样达到空气干燥状态时所保持的水分。

煤的外在水分和内在水分的总和称为全水分，用符号M_t表示。

（二）煤状态分类

在煤的工业分析中，通常根据煤试样中所含工业组成的成分不同，将煤试样分成不同的基准状态。

1. 收到基（用ar表示）

该状态的煤中含有煤工业组成中所有的四种成分，其中的水分既包括外在水分，又包括内在水分，称为收到基水分，用M_{ar}表示，即$M_{ar}=M_f+M_{ad}$，但二者基准不同，不能简单地直接相加减。

2. 空气干燥基（用ad表示）

空气干燥基指以与空气湿度达到平衡状态的煤为基准（ad）。该状态下的煤是除去了外在水分的煤，称为空气干燥煤。空气干燥煤中只含内在水，不含外在水，所含水分称为空气干燥煤水分，以M_{ad}表示。工业分析所用煤试样通常采用空气干燥基试样，也称分析试验煤样。

3. 干燥基（用d表示）

以假想无水状态的煤为基准。处于该状态的煤为干燥煤。干燥煤中既不含内在水也不含外在水，即不含M_{ar}。

4. 干燥无灰基（用daf表示）

以假想无水、无灰（A）状态的煤为基准。各种状态煤中所含组分如图 2-1 所示。

收到基水分(M_{ar})		灰分(A)	挥发分(V)	固定碳(FC)
外在水分(M_f)	空气干燥煤水分(M_{ad})			
			←干燥无灰基→	
		←干燥基→		
	←空气干燥基→			
←收到基→				

图 2-1　各种状态煤中所含组分

（三）空气干燥煤水分的测定（GB/T 212—2008）

本标准规定了煤的三种水分测定方法。其中方法 A 适用于所有煤种，方法 B 仅适用于烟煤和无烟煤，微波干燥法适用于褐煤和烟煤水分的快速测定。

在仲裁分析中遇到用一般分析试验煤样水分进行校正以及基的换算时，应用方法 A 测定一般分析试验煤样的水分。微波干燥法测定分析试验煤样水分与该法测定全水分的原理和方法基本相似，故微波干燥法测水分仅在全水分的测定中进行介绍。

1. 方法 A（通氮干燥法）

（1）方法原理　称取一定量的空气干燥煤样，置于 105～110℃干燥箱中，在干燥氮气流中干燥到质量恒定。然后根据煤样的质量损失计算出水分的含量。

（2）试剂

① 氮气。纯度 99.9%，含氧量小于 0.01%。

② 无水氯化钙。化学纯，粒状。

③ 变色硅胶。工业用品。

（3）仪器、设备

① 小空间干燥箱。箱体严密，具有较小的自由空间，有气体进、出口，并带有自动控温装置，能保持温度在 105～110℃范围内。

② 玻璃称量瓶。直径 40mm，高 25mm，并带有严密的磨口盖（见图 2-2）。

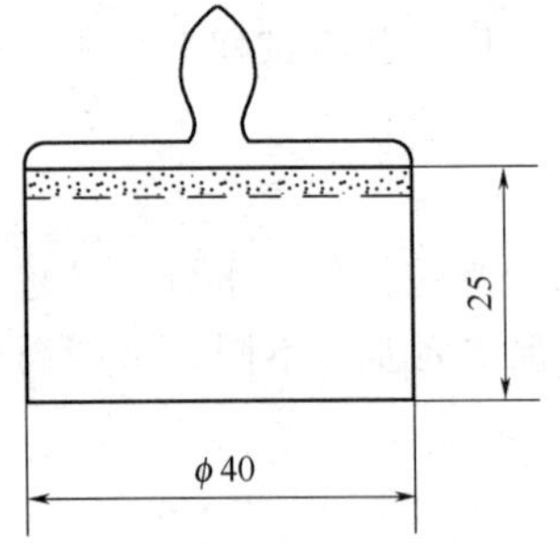

图 2-2　玻璃称量瓶

③ 干燥器。内装变色硅胶或粒状无水氯化钙。

④ 干燥塔。容量 250mL，内装干燥剂。

⑤ 流量计。量程为 100～1000mL/min。

（4）分析步骤　在预先干燥和已称量过的称量瓶内称取粒度小于 0.2mm 的空气干燥煤样 1g ± 0.1g，称准至 0.0002g，平摊在称量瓶中。

打开称量瓶盖，放入预先通入干燥氮气并已加热到 105～110℃的干燥箱中。烟煤干燥 1.5h，褐煤和无烟煤干燥 2h（在称量瓶放入干燥箱前 10min 开始通氮气，氮气流量以每小时换气 15 次为准）。

从干燥箱中取出称量瓶，立即盖上盖，放入干燥器中冷却至室温（约 20min）后称量。

进行检查性干燥，每次 30min，直到连续两次干燥煤样质量的减少不超过 0.0010g 或质量增加时为止。在后一种情况下，采用质量增加前一次的质量为计算依据。水分在 2.00%

以下时，不必进行检查性干燥。

2. 方法 B（空气干燥法）

（1）方法原理　称取一定量的空气干燥煤样，置于 105～110℃干燥箱内，于空气流中干燥到质量恒定。根据煤样的质量损失计算出水分的含量。

（2）主要仪器、设备　鼓风干燥箱，带有自动控温装置，能保持温度在 105～110℃范围内。

（3）分析步骤　在预先干燥并已称量过的称量瓶内称取粒度小于 0.2mm 的空气干燥煤样（1±0.1)g，称准至 0.0002g，平摊在称量瓶中。

打开称量瓶盖，放入预先鼓风并已加热到 105～110℃的干燥箱中。在一直鼓风的条件下，烟煤干燥 1h，无烟煤干燥 1～1.5h。

注意：预先鼓风是为了使温度均匀。将装有煤样的称量瓶放入干燥箱前 3～5min 就开始鼓风。

从干燥箱中取出称量瓶，立即盖上盖，放入干燥器中冷却至室温（约 20min）后称量。

进行检查性干燥，每次 30min，直到连续两次干燥煤样的质量减少不超过 0.0010g 或质量增加时为止。在后一种情况下，采用质量增加前一次的质量为计算依据。水分在 2.00% 以下时，不必进行检查性干燥。

（4）结果计算　空气干燥煤样的水分按式(2-1）计算：

$$M_{ad}=\frac{m_1}{m}\times 100\% \tag{2-1}$$

式中　M_{ad}——空气干燥煤样的水分，%；

m——称取的空气干燥煤样的质量，g；

m_1——煤样干燥后失去的质量，g。

（四）全水分的测定（GB/T 211—2007）

国家标准 GB/T 211—2007 规定了测定煤中全水分的 A、B、C 三种方法的试剂、仪器设备、操作步骤、结果表达及精密度。

在氮气流中干燥的方式（方法 A1 和方法 B1）适用于所有煤种；在空气流中干燥的方式（方法 A2 和方法 B2）适用于烟煤和无烟煤；微波干燥法（方法 C）适用于烟煤和褐煤。以方法 A1 作为仲裁分析方法。

1. 方法 A（两步法）

（1）方法原理

① 方法 A1（在氮气流中干燥）。一定量的粒度小于 13mm 的煤样，在温度不高于 40℃的环境下干燥到质量恒定，再将煤样破碎到粒度<3mm，于 105～110℃下，在氮气流中干燥到质量恒定。根据煤样两步干燥后的质量损失计算出全水分。

② 方法 A2（在空气流中干燥）。一定量的粒度小于 13mm 的煤样，在温度不高于 40℃的环境下干燥到质量恒定，再将煤样破碎到粒度<3mm，于 105～110℃下，在空气流中干燥到质量恒定。根据煤样两步干燥后的质量损失计算出全水分。

（2）主要仪器与试剂

① 空气干燥箱。带有自动控温和鼓风装置，能控制温度在 30～40℃的范围内，有气体进、出口，有足够的换气量，每小时可换气 5 次以上。

② 通氮干燥箱。带自动控温装置，能保持温度在 105～110℃范围内，可容纳适量的称量瓶，且具有较小的自由空间，有氮气进、出口，每小时可换气 15 次以上。

③ 浅盘。浅盘由镀锌铁板或铝板等耐热、耐腐蚀材料制成，其规格应能容纳 500g 煤样，且单位面积负荷不超过 $1g/cm^2$。

④ 氮气。纯度 99.9%以上，含氧量小于 0.01%。

(3) 测定步骤

① 外在水分测定（方法 A1 和 A2，空气干燥）。在预先干燥和已称量过的浅盘内迅速称取<13mm 的煤样 500g±10g（称准至 0.1g），平摊在浅盘中，于环境温度不高于 40℃的空气干燥箱中干燥到质量恒定（连续干燥 1h，质量变化不超过 0.5g），记录恒定后的质量（称准至 0.1g）。对于使用空气干燥箱干燥的情况，称量前需使煤样在实验室环境中重新达到湿度平衡。按式(2-2) 计算外在水分。

$$M_f = \frac{m_1}{m} \times 100\% \tag{2-2}$$

式中 M_f——煤样的外在水分，%；

m——称取的<13mm 煤样的质量，g；

m_1——煤样干燥后的质量损失，g。

② 内在水分测定（方法 A1，通氮干燥）。立即将测定外在水分后的煤样破碎到粒度<3mm，在预先干燥和已称量过的称量瓶内迅速称取 10g±1g 煤样（称准至 0.001g），平摊在称量瓶中。打开称量瓶盖，放入预先通入干燥氮气并已加热到 105～110℃的通氮干燥箱中，氮气每小时换气 15 次以上。烟煤干燥 1.5h，褐煤、无烟煤干燥 2h。

从干燥箱中取出称量瓶，立即盖上盖，在空气中放置约 5min，然后放入干燥器中，冷却到室温（约 20min），称量（称准至 0.001g）。

进行检查性干燥，每次 30min，直到连续两次干燥煤样质量的减少不超过 0.01g 或质量有所增加时为止。在后一种情况下，应采用质量增加前一次的质量作为计算依据。内在水分在 2.00%以下时，不必进行检查性干燥。

③ 内在水分测定（方法 A2，空气干燥）。除将上述通氮干燥方法中的通氮干燥箱改为空气干燥箱，换通氮气为鼓风外，其余操作与通氮干燥测内在水分相同。

方法 A1 和方法 A2 的内在水分可按式(2-3) 计算：

$$M_{inh} = \frac{m_1}{m} \times 100\% \tag{2-3}$$

式中 M_{inh}——煤样的内在水分，%；

m——称取的煤样质量，g；

m_1——煤样干燥后的质量损失，g。

(4) 结果计算　方法 A 测定的全水分可由式(2-4) 计算：

$$M_t = M_f + \frac{100 - M_f}{100} \times M_{inh} \tag{2-4}$$

式中 M_t——煤样的全水分，%；

M_f——煤样的外在水分，%；

M_{inh}——煤样的内在水分，%。

2. 方法 B（一步法）

(1) 方法原理

① 方法 B1（在氮气流中干燥）。一定量的粒度小于 6mm 的煤样，于 105～110℃下，在

氮气流中干燥到质量恒定。根据煤样干燥后的质量损失计算出全水分。

② 方法 B2（在空气流中干燥）。一定量的粒度小于 13mm（或小于 6mm）的煤样，于 105～110℃下，在空气流中干燥到质量恒定。根据煤样干燥后的质量损失计算出全水分。

（2）主要仪器与试剂　仪器试剂同方法 A。

（3）测定步骤

① 方法 B1（通氮干燥）。在预先干燥并已称量过的称量瓶内迅速称取粒度小于 6mm 的煤样 10～12g（称准至 0.001g），平摊在称量瓶中。

打开称量瓶盖，放入预先通入干燥氮气并已加热到 105～110℃的通氮干燥箱中，烟煤干燥 2h，褐煤和无烟煤干燥 3h。

从干燥箱中取出称量瓶，立即盖上盖，在空气中放置约 5min，然后放入干燥器中，冷却到室温（约 20min），称量（称准至 0.001g）。

进行检查性干燥，每次 30min，直到连续两次干燥煤样的质量减少不超过 0.01g 或质量有所增加时为止。在后一种情况下，应以增加前的质量作为计算依据。

② 方法 B2（空气干燥）。在预先干燥和已称量过的浅盘内迅速称取＜13mm 的煤样 500g±10g（称准至 0.1g），平摊在浅盘中，并将浅盘放入预先加热到 105～110℃的空气干燥箱中，在鼓风条件下，烟煤干燥 2h，无烟煤干燥 3h。将浅盘取出，趁热称量（称准至 0.1g）。

进行干燥性检查，每次 30min，直到连续两次干燥煤样的质量减少不超过 0.5g 或质量有所增加时为止。在后一种情况下，应以增加前质量作为计算依据。

粒度小于 6mm 的煤样测定，除将通氮干燥箱改为空气干燥箱外，其他步骤同小于 13mm 煤样的测定方法相同。

（4）结果计算　方法 B 测定全水分的结果按式(2-5) 计算：

$$M_t = \frac{m_1}{m} \times 100\% \tag{2-5}$$

式中　M_t——煤样的全水分，%；

m——称取的煤样质量，g；

m_1——煤样干燥后的质量损失，g。

3. 方法 C（微波干燥法）

（1）方法原理　称取一定量粒度小于 6mm 的煤样，置于微波炉内。煤中水分子在微波发生器的交变电场作用下，高速振动产生摩擦热，使水分迅速蒸发。根据煤样干燥后的质量损失计算全水分。

（2）仪器设备　微波干燥水分测定仪，微波辐射时间可控；煤样放置区微波辐射均匀；经试验证明测定结果与方法 B 中小于 6mm 的测定结果一致。

（3）测定步骤　按微波干燥水分测定仪说明书进行准备和状态调节。

称取粒度小于 6mm 的煤样 10～12g（称准至 0.001g），置于预先干燥并称量过的称量瓶中，摊平。打开称量瓶盖，放入测定仪的旋转盘的规定区内。

关上门，接通电源，仪器按预先设定的程序工作，直到工作程序结束。

打开门，取出称量瓶，立即盖上盖，在空气中放置约 5min，然后放入干燥器中，冷却到室温（约 20min），称量（称准至 0.001g）。如果仪器有自动称量装置，则不必取出称量。

（4）结果计算　按式(2-6) 计算全水分，或从仪器显示器上直接读取全水分的含量。

$$M_t = \frac{m_1}{m} \times 100\% \tag{2-6}$$

式中 M_t——煤样的全水分，%；

m——煤样的质量，g；

m_1——干燥后煤样减少的质量，g。

二、灰分的测定

煤的灰分是指在规定条件下，将煤试样完全燃烧后剩余的残渣。灰分不是煤中原有的物质，是煤中的矿物质在煤完全燃烧过程中经过一系列分解、化合反应后的产物，它来源于矿物质，但其组成和含量又不同于矿物质，因此煤的灰分实际上应称为灰分的产率。灰分是煤中的有害物质，影响煤的使用、运输和贮存。煤中的矿物质越多，其燃烧产生的灰分就越多，因此，工业上常用灰分的产率来估算煤中矿物质的含量。

煤的灰化主要包含于以下过程中。

① 黏土、页岩和高岭土等矿物质在500～600℃时失去结晶水。

$$2SiO_2 \cdot Al_2O_3 \cdot 2H_2O \longrightarrow 2SiO_2 + Al_2O_3 + 2H_2O\uparrow$$

$$CaSO_4 \cdot 2H_2O \longrightarrow CaSO_4 + 2H_2O\uparrow$$

② $CaCO_3$ 受热分解生成二氧化碳和氧化钙。

$$CaCO_3 \longrightarrow CaO + CO_2\uparrow$$

$$CaO + SO_3 \longrightarrow CaSO_4$$

$$CaO + SiO_2 \longrightarrow CaSiO_3$$

③ 黄铁矿氧化而生成氧化铁和硫氧化物。

$$4FeS_2 + 11O_2 = 2Fe_2O_3 + 8SO_2\uparrow$$

$$2SO_2 + O_2 = 2SO_3$$

要降低灰分测定的误差，必须使碳酸钙分解完全，其所生成的 CO_2 全部逸出；黄铁矿氧化完全，生成的 SO_2 及 SO_3 全部逸出，但由于碳酸钙分解生成的氧化钙又会与黄铁矿氧化生成的三氧化硫生成硫酸钙，因此又必须使三氧化硫和氧化钙间的反应降低到最低程度；同时黏土等矿物质生成的硫酸盐又不分解，只有控制好上述条件，才能保证灰分产率测定的准确性。

国家标准 GB/T 212—2001 规定了两种测定煤中灰分的方法——缓慢灰化法和快速灰化法。缓慢灰化法为仲裁法。

1. 缓慢灰化法

(1) 方法原理　称取一定量的空气干燥煤样，放入马弗炉中，以一定的速度加热到815℃±10℃，灰化并灼烧到质量恒定。以残留物的质量占煤样质量的百分数作为煤样的灰分。

(2) 仪器、设备

① 马弗炉。炉膛具有足够的恒温区，能保持温度为815℃±10℃。炉后壁的上部带有直径为25～30mm的烟囱。下部离炉膛底20～30mm处有一个插热电偶的小孔，炉门上有一个直径为20mm的通气孔。

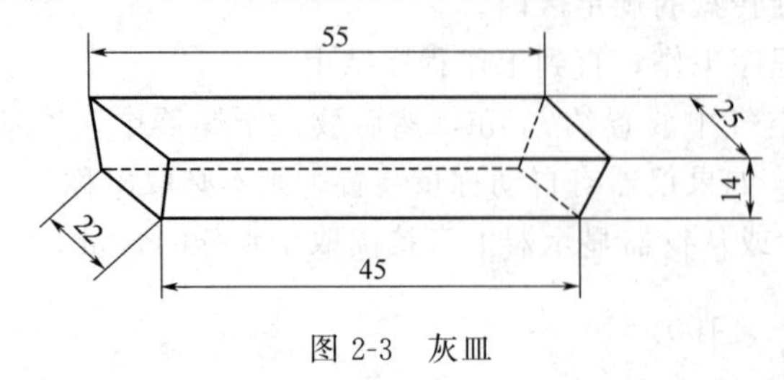

图 2-3　灰皿

马弗炉的恒温区应在关闭炉门下测定，并至少每年测定一次。高温计（包括毫伏计和热电偶）至少每年校准一次。

② 灰皿。瓷质，长方形，底长45mm，底宽22mm，高14mm（见图2-3）。

③ 耐热瓷板或石棉板。

(3) 分析步骤　在预先灼烧至质量恒定的灰皿中，称取粒度小于 0.2mm 的空气干燥煤样 1g±0.1g，（称准至 0.0002g），均匀地平摊在灰皿中，使其每平方厘米的质量不超过 0.15g。

将灰皿送入炉温不超过 100℃的马弗炉恒温区中，关上炉门并使炉门留有 15mm 左右的缝隙。在不少于 30min 的时间内将炉温缓慢升至 500℃，并在此温度下保持 30min。继续升温到 815℃±10℃，并在此温度下灼烧 1h。

从炉中取出灰皿，放在耐热瓷板或石棉板上，在空气中冷却 5min 左右，移入干燥器中冷却至室温（约 20min）后称量。

进行检查性灼烧，每次 20min，直到连续两次灼烧后的质量变化不超过 0.0010g 为止，以最后一次灼烧后的质量为计算依据。灰分低于 15.00%时，不必进行检查性灼烧。

(4) 注意事项

① 由于黄铁矿氧化生成的 SO_2 可与碳酸钙分解生成的 CaO 反应生成 $CaSO_4$ 而被固定在灰分中，因此操作中采取了以下措施。

a. 马弗炉后壁的上部带有直径为 25～30mm 的烟囱，炉门上有一个直径为 20mm 的通气孔，炉门保留 15mm 缝隙，以保证有足够的空气通入，也使生成的 SO_2 能及时排出。

b. 煤样在灰皿中的厚度≤0.15g/cm^2。

c. 煤样在低于 100℃时送入高温炉，并在不少于 30min 的时间内缓慢升至 500℃并保持 30min，以使 FeS_2 在 500℃前氧化完全，产生的 SO_2 在碳酸盐分解成 CaO 前就已经全部逸出。否则炉温很快升至 750℃时，$CaCO_3$ 即会发生分解，分解出的 CaO 遇到 FeS_2 分解出的 SO_2，就会生成 $CaSO_4$，$CaSO_4$ 的分解温度大于 1300℃，会使部分硫固定于灰分中，使结果偏高。

② 炉温从 100℃升至 500℃控制在 30min 内，可使煤样在炉内缓慢灰化，防止爆燃，否则部分挥发性物质会急速逸出，将矿物质带走，使灰分测定结果降低。

③ 灼烧温度定为 815℃，在此温度下，碳酸盐已经完全分解成氧化物，生成的 CO_2 全部逸出，而由矿物质分解生成的硫酸盐还没有分解，从而保证原矿物质应分解生成金属氧化物的碳酸盐全部分解，生成的 CO_2 全部逸出，而不应分解的硫酸盐全部留在灰分残渣中。

2. 快速灰化法

国家标准 GB/T 212—2001 包括两种快速灰化法：方法 A 和方法 B。

(1) 方法 A

① 方法原理　将装有煤样的灰皿放在预先加热至 815℃±10℃的灰分快速测定仪的传送带上，煤样自动送入仪器内完全灰化，然后送出。以残留物的质量占煤样质量的百分数作为煤样的灰分。

② 专用仪器　快速灰分测定仪（见图 2-4）。

③ 分析步骤　将快速灰分测定仪预先加热至815℃±10℃。

开动传送带并将其传送速度调节到 17mm/min 左右或其他合适的速度。

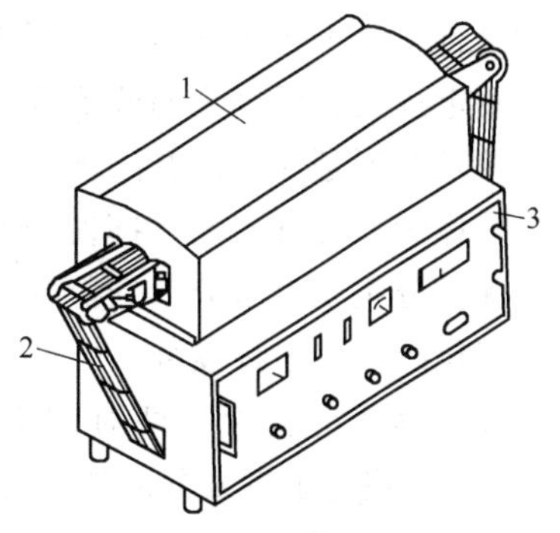

图 2-4　快速灰分测定仪

1—管式电炉；2—传送带；3—控制仪

对于新的灰分快速测定仪，应对不同煤种进行与缓慢灰化法的对比试验，根据对比试验结果及煤的灰化情况，调节传送带的传送速度。

在预先灼烧至质量恒定的灰皿中，称取粒度小于 0.2mm 的空气干燥煤样 0.5g±0.01g（称准至 0.0002g），均匀地平摊在灰皿中，使其每平方厘米的质量不超过 0.08g。

将盛有煤样的灰皿放在快速灰分测定仪的传送带上，灰皿即自动送入炉中。

当灰皿从炉内送出时，取下，放在耐热瓷板或石棉板上，在空气中冷却 5min 左右，移入干燥器中冷却至室温（约 20min）后称量。

（2）方法 B

① 方法原理　将装有煤样的灰皿由炉外逐渐送入预先加热至 815℃±10℃的马弗炉中灰化并灼烧至质量恒定。以残留物的质量占煤样质量的百分数作为煤样的灰分。

② 仪器、设备　同缓慢灰化法所用仪器。

③ 分析步骤　在预先灼烧至质量恒定的灰皿中，称取粒度小于 0.2mm 的空气干燥煤样 1g±0.1g（称准至 0.0002g），均匀地平摊在灰皿中，使其每平方厘米的质量不超过 0.15g。将盛有煤样的灰皿预先分排放在耐热瓷板或石棉板上。

将马弗炉加热到 850℃，打开炉门，将放有灰皿的耐热瓷板或石棉板缓慢地推入马弗炉中，先使第一排灰皿中的煤样灰化。待 5～10min 后煤样不再冒烟时，以不大于 2cm/min 的速度把其余各排灰皿顺序推入炉内炽热部分（若煤样着火发生爆燃，试验应作废）。

关上炉门，在 815℃±10℃温度下灼烧 40min。

从炉中取出灰皿，放在空气中冷却 5min 左右，移入干燥器中冷却至室温（约 20min）后，称量。

进行检查性灼烧，每次 20min，直到连续两次灼烧后的质量变化不超过 0.0010g 为止。以最后一次灼烧后的质量为计算依据。如遇检查性灼烧时结果不稳定，应改用缓慢灰化法重新测定。灰分低于 15.00%时，不必进行检查性灼烧。

（3）结果的计算　空气干燥煤样的灰分按式(2-7) 计算：

$$A_{ad}=\frac{m_1}{m}\times100\% \tag{2-7}$$

式中　A_{ad}——空气干燥煤样的灰分，%；

m——称取的空气干燥煤样的质量，g；

m_1——灼烧后残留物的质量，g。

三、挥发分的测定

挥发分是指煤样在规定条件下，隔绝空气加热，并进行水分校正后的质量损失。简单地说就是将空气干燥煤样与空气隔绝加热，煤中部分物质逸出，除去水分后的逸出物就是挥发分。测定挥发分后剩余的残渣称为焦砟。

挥发分不是煤中固有的挥发性物质，而是煤在严格规定的条件下的热解产物，所以确切地说应称为挥发分产率。挥发分产率与煤的变质程度有关。

挥发分主要由水分、碳氢的氧化物和碳氢的化合物组成，但煤中的游离水和矿物质产生的二氧化碳不属于挥发分。

挥发分测定实验条件对结果影响很大，是规范性很强的实验项目。国家标准 GB/T 212—2001 规定了挥发分的测定方法。

1. 方法原理

称取一定量的空气干燥煤样，放在带盖的瓷坩埚中，在 900℃±10℃下，隔绝空气加热

7min。以减少的质量占煤样质量的百分数，减去该煤样的水分含量作为煤样的挥发分。

2. 仪器、设备

① 挥发分坩埚。带有配合严密盖的瓷坩埚，形状和尺寸如图 2-5 所示。坩埚总质量为 15～20g。

② 马弗炉。带有高温计和调温装置，能保持温度在 900℃±10℃，并有足够的900℃±5℃的恒温区。炉子的热容量为当起始温度为 920℃时，放入室温下的坩埚架和若干坩埚，关闭炉门后，在 3min 内恢复到 900℃±10℃。炉后壁有一个排气孔和一个插热电偶的小孔。小孔位置应使热电偶插入炉内后其热接点在坩埚底和炉底之间，距炉底 20～30mm 处。

马弗炉的恒温应在关闭炉门下测定，并至少每年测定一次。高温计（包括毫伏计和热电偶）至少每年校准一次。

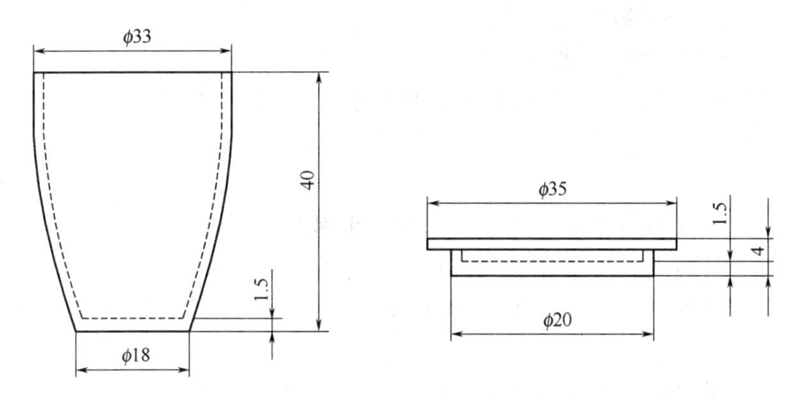

图 2-5　挥发分坩埚

③ 坩埚架。用镍铬丝或其他耐热金属丝制成。其规格尺寸以能使所有的坩埚都在马弗炉恒温区内，并且坩埚底部紧邻热电偶热接点上方（见图 2-6）。

④ 坩埚架夹（见图 2-7）。

⑤ 干燥器。内装变色硅胶或粒状无水氯化钙。

⑥ 压饼机。螺旋式或杠杆式压饼机，能压制直径约 10mm 的煤饼。

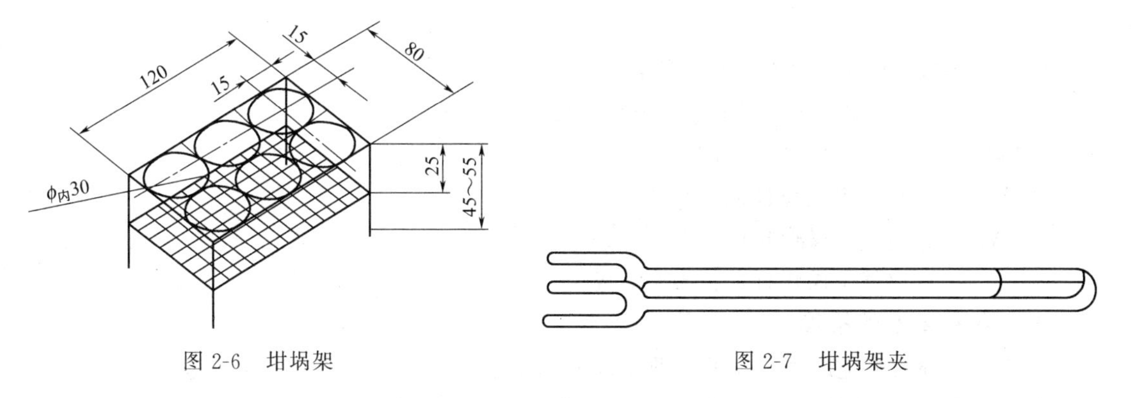

图 2-6　坩埚架

图 2-7　坩埚架夹

3. 分析步骤

在预先于 900℃温度下灼烧至质量恒定的带盖瓷坩埚中，称取粒度小于 0.2mm 的空气干燥煤样 1g±0.1g（称准至 0.0002g），然后轻轻振动坩埚，使煤样摊平，盖上盖，放在坩埚架上。褐煤和长焰煤应预先压饼，并切成约 3mm 的小块。

将马弗炉预先加热至920℃左右。打开炉门，迅速将放有坩埚的架子送入恒温区，立即关上炉门并计时，准确加热7min。坩埚及架子放入后，要求炉温3min内恢复至900℃±10℃，此后保持在900℃±10℃，否则此次试验作废。加热时间包括温度恢复时间在内。

从炉中取出坩埚，放在空气中冷却5min左右，移入干燥器中冷却至室温（约20min）后称量。

4. 结果的计算

空气干燥煤样的挥发分按式(2-8) 计算：

$$V_{ad}=\frac{m_1}{m}\times 100-M_{ad} \tag{2-8}$$

式中 V_{ad}——空气干燥煤样的挥发分，%；

m——空气干燥煤样的质量，g；

m_1——煤样加热后减少的质量，g；

M_{ad}——空气干燥煤样的水分，%。

当空气干燥煤样碳酸盐中二氧化碳含量大于等于2%时，挥发分产率的计算应做相应二氧化碳含量的校正。

5. 方法讨论

① 每次试验最好放同样数目的坩埚，以保证坩埚及其支架的热容量基本一致。

② 坩埚架受热不能掉皮，否则粘在坩埚上会影响测定结果。

③ 坩埚从马弗炉取出后，在空气中冷却的时间不宜过长，以防焦砟吸水。坩埚称量前不能开盖。

④ 褐煤、长焰煤应将煤样压成饼，切成3mm小块后放入坩埚中加热。因为褐煤、长焰煤水分和挥发分很高，若以松散状态放入900℃炉中加热，挥发分会骤然大量释放，把坩埚盖顶开并带走炭粒，使结果偏高，且重复性差。压饼后，可使试样紧密，减缓挥发分的释放速率，因而有效防止煤样爆燃、喷溅，使测定结果稳定可靠。

四、固定碳的计算

固定碳指从测定煤样挥发分以后的残渣中减去灰分后的残留物，用符号FC表示。固定碳含量越高，煤的发热量也越高。空气干燥煤固定碳含量一般不进行测定，而是通过计算得到。

空气干燥基固定碳按式(2-9) 计算：

$$FC_{ad}=100-(M_{ad}+A_{ad}+V_{ad}) \tag{2-9}$$

式中 FC_{ad}——空气干燥基固定碳，%；

M_{ad}——空气干燥煤样的水分，%；

A_{ad}——空气干燥煤样的灰分，%；

V_{ad}——空气干燥煤样的挥发分，%。

五、各种基准的换算

除了全水分的测定以外，煤的工业组成的测定结果都是用空气干燥煤为基准经测定而计算出来的，但由于不同基准的煤其组成上是不同的，所以当以其他基准表示煤中同一组分的含量时，其数据是各不相同的。因此，煤的工业分析中常需要将其分析结果换算成对应的其他基准时的结果。

下面以空气干燥基结果换算成干燥基结果为例。

设 X 为煤的任一组分的含量，以 m_x、m_{ad}、m_d 分别表示组分 X、空气干燥基煤和干燥基煤的质量，则

$$\left.\begin{aligned} X_{ad}=\frac{m_x}{m_{ad}} \\ X_d=\frac{m_x}{m_d} \end{aligned}\right\} \Rightarrow X_d=X_{ad}\times\frac{m_{ad}}{m_d}$$

设 $m_{ad}=100g$，则 $m_d=(100-M_{ad})g$，煤含量按式(2-10) 计算：

$$X_d=X_{ad}\times\frac{100}{100-M_{ad}} \tag{2-10}$$

式中　X_{ad}——空气干燥基煤样中某组分的含量；

X_d——干燥基煤样中某组分的含量；

M_{ad}——空气干燥煤样水分的含量。

同样道理可以推出其他一系列公式，列于表 2-1 中。

表 2-1　不同基组分含量的换算

项　目	未　知　基			
已知基	空气干燥基(ad)	收到基(ar)	干燥基(d)	干燥无灰基(daf)
空气干燥基(ad)		$X_{ar}=X_{ad}\times\frac{100-M_{ar}}{100-M_{ad}}$	$X_d=X_{ad}\times\frac{100}{100-M_{ad}}$	$X_{daf}=X_{ad}\times\frac{100}{100-(M_{ad}+A_{ad})}$
收到基(ar)	$X_{ad}=X_{ar}\times\frac{100-M_{ad}}{100-M_{ar}}$		$X_d=X_{ar}\times\frac{100}{100-M_{ar}}$	$X_{daf}=X_{ar}\times\frac{100}{100-(M_{ar}+A_{ar})}$
干燥基(d)	$X_{ad}=X_d\times\frac{100-M_{ad}}{100}$	$X_{ar}=X_d\times\frac{100-M_{ar}}{100}$		$X_{daf}=X_d\times\frac{100}{100-A_d}$
干燥无灰基(daf)	$X_{ad}=X_{daf}\times\frac{100-(M_{ad}+A_{ad})}{100}$	$X_{ar}=X_{daf}\times\frac{100-(M_{ar}+A_{ar})}{100}$	$X_d=X_{daf}\times\frac{100-A_d}{100}$	

但需要注意的是，从定义上讲，$M_{ar}=M_f+M_{ad}$，但由于水分所对应的基准不同，所以数值上三者之间应符合下面关系：

$$M_{ar}=M_f+M_{ad}\times\frac{100-M_f}{100}$$

即

$$M_f=\frac{100(M_{ar}-M_{ad})}{100-M_{ad}}$$

第三节　煤中全硫的测定

硫是煤中的有害物质之一。在燃料用煤、合成氨用煤及炼焦用煤中，含硫量高都会给生产和使用带来危害。大气污染物的主要成分之一——二氧化硫的最主要来源就是煤的燃烧。

煤中的硫，按其存在形态分为有机硫和无机硫两种，有的煤中还有少量的单质硫。有机硫是指以有机物形态存在于煤中的硫，通常含量较低，但结构复杂；无机硫又分为硫化物硫和硫酸盐硫，硫化物中的硫主要以黄铁矿形态存在，也有少量的以硫化锌、硫化铅等形式存在，硫酸盐硫主要以硫酸钙形式存在，有时也含有其他硫酸盐。在硫的所有存在形态中，有

机硫、硫化物硫和单质硫是可燃的，硫酸盐硫是不可燃的。

煤中全硫是指煤中各种形态硫的总和，即有机硫和无机硫的总和，若煤当中还含有单质硫，则全硫中还应包括单质硫。在一般分析中，通常只要求测定全硫。国家标准 GB/T 214—2007 规定了煤中全硫的三种测定方法：艾氏卡法、库仑法和高温燃烧中和法。三种方法均适用于褐煤、烟煤和无烟煤的测定，在仲裁分析中应采用艾氏卡法。

一、艾氏卡法

1. 方法原理

将煤样与艾氏卡试剂混合灼烧，煤中硫生成硫酸盐，然后使硫酸根离子生成硫酸钡沉淀，根据硫酸钡的质量计算煤中全硫的含量。反应如下：

$$\text{煤}\xrightarrow[O_2+(\text{空气})]{800\sim850℃} SO_2\uparrow+SO_3\uparrow+CO_2\uparrow+H_2O\uparrow+N_2\uparrow+Cl_2\uparrow+\cdots\cdots$$

$$3Na_2CO_3+2SO_2+SO_3+O_2 \longrightarrow 3Na_2SO_4+3CO_2\uparrow$$

$$3MgO+2SO_2+SO_3+O_2 \longrightarrow 3MgSO_4$$

$$CaSO_4+Na_2CO_3 \longrightarrow Na_2SO_4+CaCO_3\downarrow$$

$$MgSO_4+Na_2SO_4+2BaCl_2 \longrightarrow 2BaSO_4\downarrow+2NaCl+MgCl_2$$

2. 主要仪器和试剂

① 马弗炉。带温度控制装置，能升温到 900℃，温度可调并可通风。

② 艾氏卡试剂（简称艾氏剂）。以 2 份质量的化学纯轻质氧化镁与 1 份质量的化学纯无水碳酸钠混匀并研细至粒度小于 0.2mm 后，保存在密闭容器中。

③ 氯化钡溶液（100g/L）。

3. 分析步骤

于 30mL 坩埚内称取粒度小于 0.2mm 的空气干燥煤样（1.00±0.01）g（称准至 0.0002g）和艾氏剂 2g（称准至 0.1g），仔细混合均匀，再用 1g（称准至 0.1g）艾氏剂覆盖在煤样上面。

将装有煤样的坩埚移入通风良好的马弗炉中，在 1～2h 内从室温逐渐加热到 800～850℃，并在该温度下保持 1～2h。

将坩埚从炉中取出，冷却到室温。用玻璃棒将坩埚中的灼烧物仔细搅松捣碎（如发现有未烧尽的煤粒，应在 800～850℃下继续灼烧 0.5h），然后转移到 400mL 烧杯中。用热水冲洗坩埚内壁，将洗液收入烧杯，再加入 100～150mL 刚煮沸的水，充分搅拌。如果此时尚有黑色煤粒漂浮在液面上，则本次测定作废。

用中速定性滤纸以倾泻法过滤，用热水冲洗 3 次，然后将残渣移入滤纸中，用热水仔细清洗至少 10 次，洗液总体积约为 250～300mL。

向滤液中滴入 2～3 滴甲基橙指示剂，用盐酸中和后再过量 2mL，使溶液呈微酸性。将溶液加热到沸腾，在不断搅拌下滴加氯化钡溶液 10mL，在微沸状况下保持约 2h，溶液最终体积约为 200mL。

将溶液冷却或静置过夜后，用致密无灰定量滤纸过滤，并用热水洗至无氯离子为止（用硝酸银溶液检验无浑浊）。

将带沉淀的滤纸移入已恒重并已知质量的瓷坩埚中，先在低温下灰化滤纸，然后在温度为 800～850℃的马弗炉内灼烧 20～40min，取出坩埚，在空气中稍冷后放入干燥器中冷却到室温（25～30min），然后称量。

4. 结果计算

测定结果按式(2-11) 计算：

$$S_{t,ad}=\frac{(m_1-m_2)\times\frac{M_S}{M_{BaSO_4}}}{m}\times 100\% \tag{2-11}$$

式中 $S_{t,ad}$——空气干燥煤样中全硫的质量分数，%；

m_1——硫酸钡质量，g；

m_2——空白试验的硫酸钡质量，g；

M_S——硫的摩尔质量，g/mol；

M_{BaSO_4}——硫酸钡的摩尔质量，g/mol；

m——煤样质量，g。

5. 方法讨论

① 每配制一批艾氏剂或更换其他任一试剂时，应进行 2 个以上的空白试验，硫酸钡质量的极差不得大于 0.0010g，取算术平均值作为空白值。

② 调酸度方法。向滤液中加 2～3 滴甲基橙，加盐酸至溶液由黄色变为橙色，再过量 2mL，使溶液呈微酸性。

③ 为迅速获得结果，也可在加入 $BaCl_2$ 溶液前，加入 10mL 饱和苦味酸水溶液，则加入 $BaCl_2$ 溶液后，保温 30min 即可过滤。

二、库仑滴定法

1. 方法提要

煤样在催化剂作用下，于空气流中燃烧分解，煤中硫生成硫氧化物，其中二氧化硫被碘化钾溶液吸收，以电解碘化钾溶液所产生的碘进行滴定，根据电解所消耗的电量计算煤中全硫的含量。

2. 方法原理

煤样在 1150℃和催化剂三氧化钨的作用下，在空气流中燃烧，此时，煤中各种形态的硫均被转化为二氧化硫和少量的三氧化硫。

$$\text{煤}\xrightarrow[O_2+WO_3]{1150℃} SO_2+SO_3+CO_2+H_2O+NO_x+Cl_2+\cdots\cdots$$

工作前，电解池中存在着以下动态平衡：

$$2I^- -2e \longrightarrow I_2$$

$$2Br^- -2e \longrightarrow Br_2$$

当煤燃烧生成的 SO_2 被净化后的空气流带到电解池中时，发生下列反应：

$$I_2+SO_2+2H_2O \longrightarrow H_2SO_4+2HI$$

$$Br_2+SO_2+2H_2O \longrightarrow H_2SO_4+2HBr$$

使 $I_2(Br_2)$ 浓度降低，平衡被破坏，继续产生电解，直至 SO_2 被全部氧化，此时电解产生的 I_2 和 Br_2 不再被消耗，又恢复到滴定前的浓度，重新建立动态平衡，滴定自动停止。电解所消耗的电量由库仑积分仪积分，并根据法拉第电解定律得出硫含量。

3. 主要试剂和材料

(1) 电解液　KI、KBr 各 5.0g，溶于 250～300mL 水中，并在溶液中加入冰乙酸 10mL。

(2) 燃烧舟　素瓷或刚玉制品，装样部分长约 60mm，耐温 1200℃以上。

4. 仪器设备

库仑测硫仪：由下列各部分组成。

（1）高温管式炉　能加热到1200℃以上并有至少70mm长的1150℃±10℃高温恒温带，附有铂铑-铂热电偶测温及控温装置，炉内装有耐温1300℃以上的异径燃烧管。

（2）电解池和电磁搅拌器　电解池高120～180mm，容量不少于400mL，内有面积约150mm^{2}的铂电解电极对和面积约15mm^{2}的铂指示电极对。指示电极响应时间应小于1s，电磁搅拌器转速约500r/min，且连续可调。

（3）库仑积分器　电解电流0～350mA范围内积分线性误差应小于±0.1%，配有4～6位数字显示器或打印机。

（4）送样程序控制器　可按制定的程序前进、后退。

（5）空气供应及净化装置　由电磁泵和净化管组成。供气量约1500mL/min，抽气量约1000mL/min，净化管内装氢氧化钠及变色硅胶。

5. 分析步骤

（1）实验准备　将管式高温炉升温至1150℃，用另一组铂铑-铂热电偶高温计测定燃烧管中高温带位置、长度及500℃位置。

调节送样程序控制器，使煤样预分解及高温分解的位置分别处于500℃和1150℃处。

在燃烧管出口处填充洗净、干燥的玻璃纤维棉；在距出口端约80～100mm处，填充厚度约3mm的硅酸铝棉。

将程序控制器、管式高温炉、库仑积分器、电解池、电磁搅拌器和空气供应及净化装置组装在一起。燃烧管、活塞及电解池之间连接时应口对口紧接，并用硅橡胶管密封。

检查气密性：开动抽气泵和供气泵，将抽气流量调到1000mL/min，然后关闭电解池与燃烧管间的活塞，如抽气量能降到300mL/min以下，证明仪器各部件及各接口气密性良好，可进行测定，否则需检查各部件及其接口。

（2）测定过程　将管式高温炉升温并控制在1150℃±10℃。开动抽气泵和供气泵，将抽气流量调到1000mL/min，在抽气下，将电解液加入电解池内，开动电磁搅拌器。

在瓷舟中放入少量非测定用的煤样，按实际测定煤样时的方法进行测定（终点电位调整试验）。如试验结束后库仑积分仪的显示值为0，应再次测定直至显示值不为0为止。

于瓷舟中称取粒度小于0.2mm的空气干燥煤样0.05g±0.005g（称准至0.0002g），在煤样上覆盖一薄层WO_3。将瓷舟置于送样的石英托盘上，开启送样程序控制器，煤样自动送入炉内，库仑滴定随即开始。试验结束后，库仑积分器显示出硫的量（质量或质量分数），并由打印机打出结果。

6. 结果计算

全硫含量按式(2-12）计算：

$$S_{t,ad}=\frac{m_1}{m}\times 100\% \tag{2-12}$$

式中　$S_{t,ad}$——空气干燥煤样中全硫的质量分数，%；

m_1——库仑积分器显示值，mg；

m——煤样质量，mg。

7. 方法讨论

① 当电解液pH＜1时要注意更换。因为当电解液呈强酸性时，碘与硫发生反应后所生

成的 I^- 易被空气中的氧氧化而重新生成碘，而使由电解产生的碘的消耗量降低。

② 由于三氧化硫不能与碘反应，故此法不能测出煤燃烧时所产生的少量三氧化硫，但仪器本身可对显示数据进行校正，因此该误差不需修正。

三、高温燃烧中和法

1. 方法提要

煤样在催化剂作用下于氧气流中燃烧，煤中硫生成硫的氧化物，被过氧化氢溶液吸收形成硫酸，用氢氧化钠溶液滴定，根据消耗的氢氧化钠标准溶液的量，计算煤中全硫含量。

2. 方法原理

煤样在催化剂三氧化钨的作用下，在 1200℃高温氧气流中燃烧，其各种形态的可燃硫均被转化为二氧化硫和少量的三氧化硫。

$$煤 \xrightarrow[O_2+WO_3]{1200℃} SO_2+SO_3+CO_2+H_2O+Cl_2$$

$$4FeS_2+11O_2 \longrightarrow 2Fe_2O_3+8SO_2$$

$$MSO_4 \xrightarrow{1200℃} MO+SO_3\uparrow \quad (M代表金属离子)$$

$$2SO_2+O_2 \longrightarrow 2SO_3$$

SO_2 和 SO_3 气体通过过氧化氢溶液被吸收后生成硫酸，然后用氢氧化钠标准溶液滴定，根据氢氧化钠标准溶液的体积和浓度，即可计算出煤中全硫的含量。

$$SO_2+SO_3+H_2O_2+H_2O \longrightarrow 2H_2SO_4$$

$$H_2SO_4+2NaOH \longrightarrow Na_2SO_4+2H_2O$$

3. 试剂和材料

① 氧气。

② 过氧化氢溶液（体积分数为 30%）。取 30mL 质量分数为 30% 的过氧化氢加入 970mL 水中，加 2 滴混合指示剂，用稀硫酸溶液或稀氢氧化钠溶液中和至溶液呈钢灰色。此溶液当天使用当天中和。

③ 混合指示剂。将 0.125g 甲基红溶于 100mL 乙醇中，另将 0.083g 亚甲基蓝溶于 100mL 乙醇中，分别贮于棕色瓶中，使用前按等体积混合。

④ 氢氧化钠标准溶液。$c(NaOH)=0.03mol/L$。

⑤ 羟基氰化汞溶液。称取约 6.5g 羟基氰化汞，溶于 500mL 水中，充分搅拌后，放置片刻，过滤。溶液中加入 2～3 滴甲基红-亚甲基蓝混合指示剂，用稀硫酸溶液中和至中性，贮于棕色瓶中。此溶液有效期为 7 天。

4. 主要仪器设备

① 管式高温炉。加热到 1250℃并有 80mm 长的高温恒温带（1200℃±10℃），附有铂铑-铂热电偶测温和控温装置，如图 2-8 所示。

② 异径燃烧管。耐温 1300℃以上，管总长约 750mm，一端外径约 22mm，内径约 19mm，长约 690mm；另一端外径约 10mm，内径约 7mm，长约 60mm。如图 2-9 所示。

③ 氧气流量计。测量范围为 0～600mL/min。

④ 气体过滤器。用 G_1～G_3 型玻璃熔板制成。

⑤ 干燥塔。容积 250mL，下部（2/3）装碱石棉，上部（1/3）装无水氯化钙。

⑥ 镍铬丝钩。用直径约 2mm 的镍铬丝制成，长约 700mm，一端弯成小钩。

⑦ 带橡皮塞的 T 形管。如图 2-10 所示。

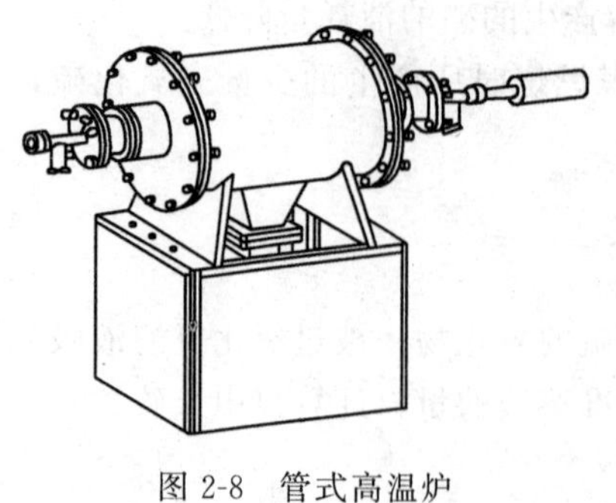

图 2-8 管式高温炉

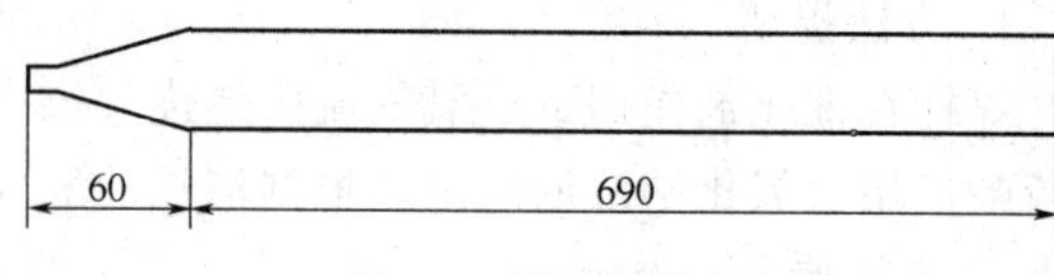

图 2-9 异径燃烧管

⑧ 燃烧舟。瓷或刚玉制品，耐温 1300℃以上，长约 77mm，上宽约 12mm，高约 8mm。

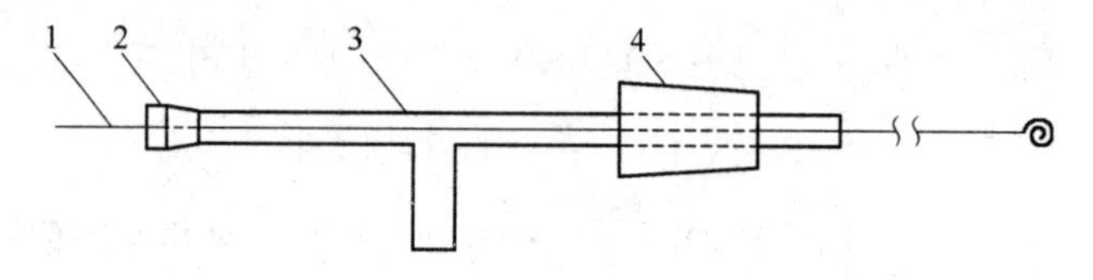

图 2-10 带橡皮塞的 T 形管

1—镍铬丝推棒，直径约 2mm，长约 700mm，一端卷成直径约 10mm 的圆环；2—翻胶帽；3—T 形玻璃管，外径为 7mm，长约 60mm，垂直支管长约 30mm；4—橡皮塞

5. 分析步骤

(1) 实验准备　将燃烧管插入高温炉中，使细径管端伸出炉口 100mm，并接上一段长约 30mm 的硅橡胶管。将高温炉加热并稳定在 1200℃±10℃，测定燃烧管内高温恒温带及 500℃温度带部位和长度。将干燥塔、氧气流量计、高温炉的燃烧管和吸收瓶按图 2-11 连接好，并检查装置的气密性。

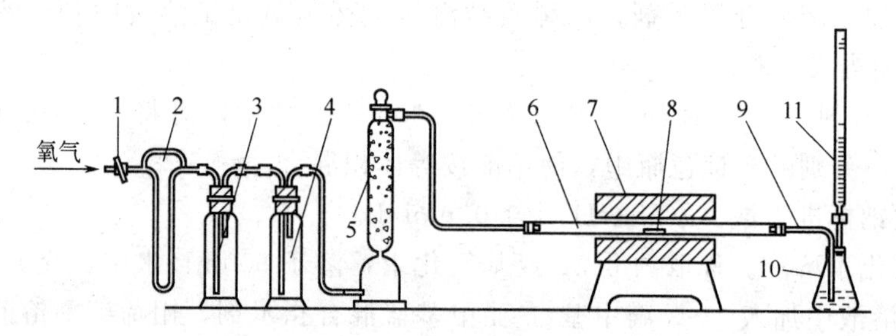

图 2-11 测硫装置

1—活塞；2—流量计；3,4—洗气瓶；5—干燥塔；6—瓷管；7—管式炉；8—瓷舟；9—导气管；10—吸收瓶；11—滴定管

(2) 测定过程　将高温炉加热并控制在 1200℃±10℃，用量筒分别量取 100mL 已中和的过氧化氢溶液，倒入 2 个吸收瓶中，塞上带有气体过滤器的瓶塞并连接到燃烧管的细径端，再次检查其气密性。

称取粒度小于 0.2mm 的空气干燥煤样 0.20g±0.01g（称准至 0.0002g）于燃烧舟中，并盖上一薄层三氧化钨。将盛有煤样的燃烧舟放在燃烧管入口端，随即用带橡皮塞的 T 形管塞紧，然后以 350mL/min 的流量通入氧气。用镍铬丝推棒将燃烧舟推到 500℃温度区并保持 5min，再将舟推到高温区，立即撤回推棒，使煤样在该区燃烧 10min。

停止通入氧气，先取下靠近燃烧管的吸收瓶，再取下另一个吸收瓶。取下带橡皮塞的 T

形管，用镍铬丝钩取出燃烧舟。

取下吸收瓶塞，用蒸馏水清洗气体过滤器2～3次。清洗时，用洗耳球加压，排出洗液。分别向2个吸收瓶内加入3～4滴甲基红-亚甲基蓝混合指示剂，用氢氧化钠标准溶液滴定至溶液由桃红色变为钢灰色，记下氢氧化钠溶液的用量。

（3）空白测定　在燃烧舟内放一薄层三氧化钨（不加煤样），按上述步骤测空白值。

6. 结果计算

煤中全硫含量按式(2-13)计算：

$$S_{t,ad}=\frac{(V-V_0)\ c\times 0.016f}{m}\times 100\% \tag{2-13}$$

式中　$S_{t,ad}$——空气干燥煤样中全硫含量，%；

V——煤样测定时，氢氧化钠标准溶液的用量，mL；

V_0——空白测定时，氢氧化钠标准溶液的用量，mL；

c——氢氧化钠标准溶液的浓度，mol/L；

0.016——$\frac{1}{2}$S的毫摩尔质量，g/mmol；

m——煤样质量，g；

f——校正系数，当$S_{t,ad}<1\%$时，$f=0.95$；当$S_{t,ad}$为1～4时，$f=1.00$；当$S_{t,ad}>4\%$时，$f=1.05$。

当氢氧化钠标准溶液浓度以滴定度表示时，其全硫含量可用式(2-14)计算：

$$S_{t,ad}=\frac{(V-V_0)T}{m}\times 100\% \tag{2-14}$$

式中　$S_{t,ad}$——空气干燥煤样中全硫含量，%；

V——煤样测定时，氢氧化钠标准溶液的用量，mL；

V_0——空白测定时，氢氧化钠标准溶液的用量，mL；

T——氢氧化钠标准溶液的滴定度，g/mL；

m——煤样质量，g。

7. 氯的校正

当煤中氯含量高于0.02%时，应对测定结果进行校正。因为在煤的燃烧过程中，煤中的氯灰转变成游离的氯气，当用过氧化氢吸收时，氯气也会被吸收而生成盐酸，当用NaOH滴定H_2SO_4时，HCl也参与反应，从而导致结果偏高。

$$Cl_2+H_2O_2\longrightarrow 2HCl+O_2$$

$$HCl+NaOH\longrightarrow NaCl+H_2O$$

其校正方法是，在已用氢氧化钠标准溶液滴定到终点的试液中，加入10mL羟基氰化汞溶液，使盐酸与氢氧化钠反应生成的氯化钠转化为氢氧化钠，然后用H_2SO_4滴定。

$$Hg(OH)CN+NaCl\longrightarrow HgCl(CN)+NaOH$$

$$H_2SO_4+2NaOH\longrightarrow Na_2SO_4+2H_2O$$

通过消耗的硫酸标准溶液的量即可求出由氯化钠转化得到的氢氧化钠的量，从第一步测定所消耗的氢氧化钠的量中减去氯化钠转化得到的氢氧化钠的量，即为全硫所消耗的氢氧化钠的量。

8. 方法讨论

① 氧气流速应控制在300～350mL/min，平行测定试验气体流速必须一致。

② 瓷舟分段进入管式炉高温区是防止因燃烧激烈可能造成的危险。

第四节 煤发热量的测定

煤的发热量是指单位质量的煤完全燃烧时所产生的热量，单位为J/g，用符号Q表示，也称热值。在煤质分析中，发热量是一项重要的测定指标，尤其对供热用煤，发热量的高低直接决定其商品价值。发热量可以直接测定，也可以由工业分析的结果粗略计算。煤发热量的测定不是现行企业中常规的测定项目，因此，下面只简要地介绍发热量的有关概念和测定方法的基本原理。

一、基本概念

1. 弹筒发热量

单位质量的试样在充有过量氧气的氧弹内燃烧，其燃烧产物组成为氧气、氮气、二氧化碳、硝酸和硫酸、液态水以及固态灰时放出的热量称为弹筒发热量。

2. 恒容高位发热量

单位质量的试样在充有过量氧气的氧弹内燃烧，其燃烧产物组成为氧气、氮气、二氧化碳、二氧化硫、液态水以及固态灰时放出的热量称为恒容高位发热量。

恒容高位发热量即由弹筒发热量减去硝酸生成热和硫酸校正热后得到的发热量。

3. 恒容低位发热量

单位质量的试样在恒容条件下，在过量氧气中燃烧，其燃烧产物组成为氧气、氮气、二氧化碳、二氧化硫、气态水及固态灰时放出的热量称为恒容低位发热量。

恒容低位发热量即由高位发热量减去水（煤中原有的水和煤中氢燃烧生成的水）的汽化热后得到的发热量。

4. 热量计的有效热容量

量热系统产生单位温度变化所需的热量（简称热容量）。通常以焦耳每开尔文（J/K）表示。

煤样在高压氧气的弹筒中燃烧时，发生了煤在空气中燃烧时不能进行的热化学反应，所得产物不同，获得的热量也不同。煤的弹筒发热量要高于煤在空气中、工业锅炉中燃烧时实际产生的热量。煤在工业燃烧设备中燃烧时，与在氧弹内燃烧的条件不一样，所得产物也不同，因而获得的热量也不同，实际中要把弹筒发热量折算成符合煤在空气中燃烧的发热量。

低位发热量中的产物与煤在空气中燃烧的产物相类似，因此低位发热量是工业燃烧设备中能获得的最大理论热值。

煤的低位发热量不直接进行测定，而是由高位发热量计算出来。

二、发热量测定的基本原理和方法

煤的发热量测定在氧弹热量计中进行。一定量的分析试样，在充有过量氧气的氧弹内燃烧，氧弹热量计的热容量通过在相似条件下燃烧一定量的基准量热物苯甲酸来确定。根据试样点燃前后量热系统产生的温升，并对点火热等附加热进行校正后即可求得试样的弹筒发热量。

从弹筒发热量中扣除硝酸形成热和硫酸校正热（硫酸与二氧化硫形成热之差）后即得高位发热量。

恒容低位发热量可通过高位发热量计算。从高位发热量减去水（煤中原有的水和煤中氢燃烧生成的水）的汽化热后即求得低位发热量。计算恒容低位发热量时需要知道煤样中水分和氢的含量。

由于弹筒发热量是在恒定体积下测定的，所以它是恒容发热量。

国家标准 GB/T 213—2003 规定了煤的高位发热量的测定方法和低位发热量的计算方法。测定方法为经典的氧弹式热量计法和自动氧弹热量计法。

热量计由氧弹、内筒、外筒、搅拌器和量热温度计构成。有恒温式和绝热式两种，二者的区别在于热交换控制方式不同。恒温式热量计外筒装有大量的水，使外筒水温基本保持不变，以减少热交换。绝热式热量计外筒水温随内筒水温而变化，在测定中可认为内外筒间无热量交换。

发热量的测定是由两个独立的试验组成，即在规定的条件下基准量热物质的燃烧试验（热容量标定）和试样的燃烧试验。为了消除未受控制的热交换引起的系统误差，要求两种试验的条件尽量相似。

试验过程分为初期、主期（反应期）和末期。对于绝热式热量计，初期和末期是为了确定开始点火的温度和终点温度；对绝热式热量计，初期和末期的作用是确定热量计的热交换特性，以便在燃烧反应期间对热量计内筒和外筒间的热交换进行校正。初期和末期时间应足够长。

习　　题

一、填空题

1. 煤是由________、________、________三部分组成的，其中________和________是煤的可燃部分，________及________是煤的不可燃部分。

2. 随着煤的煤化程度的依次增高，煤可分成________、________和________三种不同形式。

3. 煤的工业组成指煤的________、________、________和________。

4. 除去________的煤就是空气干燥基状态的煤。除去全部水分的煤称为________基煤。

5. 以化学力吸附在煤的________的水分为内在水分。

6. 缓慢灰化法测定煤中灰分时，放入灰皿时，马弗炉的温度应不超过________℃，在不少于 30min 的时间内，将炉温________℃，保持 30min，继续升温至________℃。

7. 挥发分测定中，马弗炉应预先加热至________℃，当样品送入恒温区后，需准确加热________ min。若此时温度下降，必须在________ min 内使温度恢复到________℃，否则实验失败。

8. 高温燃烧中和法测定煤中全硫时，通常采用________做催化剂，生成的二氧化硫用________吸收。煤中的氯会对测定有干扰，可在滴定结束后，加入________来消除。

9. 库仑滴定法中使用的催化剂是________，当电解液的 pH ________时，需更换电解液。

10. 由弹筒发热量中减去硝酸生成热和硫酸校正热后得到的发热量为________。恒容低位发热量是由________减去________后得到的发热量。

二、选择题

1. 煤试样中（　　）测定项目，其试样坩埚必须放在坩埚架上。

A. 全水分　　B. 空气干燥煤水分　　C. 灰分　　D. 挥发分

2. 空气干燥煤水分是指将空气干燥煤在（　　）烘干一定时间后除去的水分。

A. 50℃　　B. 100～105℃　　C. 100～110℃　　D. 105～110℃

3. 煤样在规定条件下完全燃烧后所得的残留物为（　　）。

A. 固定碳　　B. 焦渣　　C. 灰分　　D. 挥发分

4. 高温燃烧中和法测定煤中全硫时，煤样在氧气流中，以 WO_3 作催化剂，于（　　）下燃烧。

A. 815℃　　B. 920℃　　C. 1000℃　　D. 1200℃

5. 用挥发法测定某试样的水分，结果偏高，是由于（　　）。

A. 加热温度过低　　B. 加热时间过短　　C. 加热温度过高　　D. 加热时间不足

6. 艾氏卡法测定全硫的方法中，艾氏卡试剂的组成为（　　）。

A. 1 份 MgO+2 份 Na_2CO_3　　B. 2 份 MgO+1 份 Na_2CO_3

C. 1 份 MgO+2 份 $Ca(OH)_2$　　D. 2 份 MgO+1 份 $Ca(OH)_2$

7. 测定煤中挥发分时，用下列哪种条件（　　）。

A. 在稀薄的空气中受热　　B. 氧气流中燃烧

C. 隔绝空气受热

8. 下列说法错误的是（　　）。

A. 煤与空气隔绝加热，煤中部分物质分解逸出，逸出物质量即为挥发分

B. 煤样在规定条件下完全燃烧后所得的残留物为灰分

C. 从测定煤样挥发分以后的残渣中减去灰分后的残留物即为固定碳

D. 煤隔绝空气加热后，所剩不挥发固体残留物称焦渣

9. 高温燃烧中和法测煤中硫时，氧气的流量应控制在（　　）。

A. 200～250mL/min　　B. 250～300mL/min

C. 300～350mL/min　　D. 350～400mL/min

10. 煤的实用分析中，收到基的煤里含有哪种水分（　　）。

A. 既有内在水，又含外在水　　B. 只含内在水

C. 既不含外在水，也不含内在水　　D. 只含外在水

三、判断题

1. 与煤中矿物质分子相结合的水为游离水。需在 200 ℃以上才能从化合物中逸出。（　　）

2. 外在水分是指在一定条件下（一般规定温度为 20℃，相对湿度为 65%），煤样与周围空气湿度达到平衡时所失去的水分，用 M_f 表示。（　　）

3. 常用的煤的分析基准有收到基、空气干燥基、干燥基、干燥无灰基四种。（　　）

4. 干燥法测定煤中水分时，加热时称量瓶的盖必须打开。（　　）

5. 灰分来源于煤中矿物质的燃烧，二者在组成上是相同的。（　　）

6. 缓慢灰化法与快速灰化法的主要区别是升温过程的差别。（　　）

7. 固定碳指测定煤样的挥发分以后的剩下残渣。（　　）

8. 测定灰分时，若炉温升温较快，会使测定结果降低。（　　）

9. 测定挥发分时，坩埚从马弗炉取出后，在空气中冷却的时间不宜过长，且坩埚称量前不能开盖。（　　）

10. 煤中硫的存在形式有无机硫和有机硫。其中有机硫和无机硫中的硫酸盐硫是可燃的。（　　）

四、问答题

1. 通氮干燥法测定煤中水分时，其测定温度是多少？需要注意哪些基本操作条件？

2. 说明收到基煤和空气干燥煤在组成上的区别，并说出这两种基准煤中水分的表示符号？

3. 何为灰分？说明灰分、焦渣、固定碳之间的关系？

4. 缓慢灰化法测定煤中灰分时，为防止燃烧生成的SO_2被$CaCO_3$分解所生成的CaO固定在灰分中，需采取哪些措施？

5. 测定灰分的灼烧温度为什么定为815℃？

6. 煤的各种基准分析结果之间如何换算？

7. Z型煤为空气干燥基煤，其中含水分10%、固定碳63%；W型煤为收到基煤，其中含水分20%、固定碳56%；比较两种煤中固定碳含量的多少？

五、计算题

1. 称取空气干燥基煤样1.2000g，测定挥发分时失去质量为0.1411g，测定灰分时，残渣的质量为0.1121g，如已知煤中M_{ad}为4.00%，求试样中挥发分、灰分和固定碳的质量分数。

2. 称取空气干燥煤样1.2000g，灼烧后残余物的质量是0.1000g，已知此煤样中空气干燥煤样水分为1.50%，收到基水分为2.45%，求收到基和干燥基灰分的质量分数。

3. 称取空气干燥煤试样1.000g，测定挥发分时，失去质量为0.2842g，已知此空气干燥煤试样中水分为2.50%，灰分为9.00%，收到基水分为5.40%，求以空气干燥基、干燥基、干燥无灰基和收到基表示的挥发分和固定碳的质量分数？

4. 某空气干燥基煤样，经分析得A_{ad}为6.67%，M_{ad}为1.50%，并已知其外在水分含量M_f为2.00%，试将空气干燥基灰分换算成收到基和干燥基灰分。

5. 称取煤试样0.4762g，在高温氧气流中燃烧，生成的SO_2和SO_3以H_2O_2溶液吸收，至吸收液呈紫红色，煮沸3min，冷却至室温。用0.05mol/L的NaOH标准溶液滴定至浅绿色，消耗NaOH标准溶液23.60mL，计算试样中硫的质量分数。

6. 用库仑滴定法测定全硫的含量。空气干燥煤样0.0515g的库仑积分器显示值为2.0mg，求空气干燥煤样中全硫的质量分数。

第三章 食品分析

学习目标

1. 了解食品分析的内容和方法。
2. 掌握测定食品中总酸度的方法及原理。
3. 掌握荧光光度法测定饮料中维生素C含量的原理。
4. 掌握食品中亚硝酸盐的测定方法及原理。
5. 掌握食品中黄曲霉毒素B_1的测定原理。
6. 掌握食品中苏丹红的测定方法及原理。
7. 掌握食品中铝的测定方法及原理。

第一节 概 述

一、食品分析的性质、任务和作用

食品是人类生存不可缺少的物质条件之一，是人类进行一切生命活动的能源。因此，食品品质的好坏，直接关系着人们的身体健康。而评价食品品质的好坏，就是要看它的营养性、安全性和可接受性，即营养成分含量多少，是否存在有毒有害物质和感官性状如何。食品分析就是专门研究各类食品组成成分的检测方法及有关理论，进而评定食品品质的一门技术性学科。

食品分析的任务是运用物理、化学、生物化学等学科的基本理论及各种科学技术，对食品工业生产中的物料（原料、辅助材料、半成品、成品、副产品等）的主要成分及其含量和有关工艺参数进行检测。其作用是控制和管理生产，保证和监督食品的质量并为食品新资源和新产品的开发、新技术和新工艺的探索等提供可靠的依据。

二、食品分析的内容

由于食品的种类繁多，组成成分十分复杂，随分析目的的不同，分析项目也各异，某些食品还有特定的分析项目，这使得食品分析的范围十分广泛，它主要包含以下一些内容。

1. 食品营养成分的分析

食品是供给人体能量，构成人体组织和调节人体内部产生的各种生理过程的原料，因此，一切食品必须含有人体所需的营养成分。此外，在食品工业生产中，对工艺配方的确定、工艺合理性的鉴定、生产过程的控制及成品质量的监测等，都离不开营养成分的分析。营养成分的分析是食品分析的主要内容。

2. 食品添加剂的分析

在食品生产中为了改善食品的感官性状；或为改善食品原来的品质、增加营养、提高质量；或为延长食品的货架期；或因加工工艺需要，常加入一些辅助材料——食品添加剂。由于所使用的食品添加剂多为化学合成物质，有些对人体具有一定的毒性，故国家对其使用范围及用量均作了严格的规定。为监督在食品生产中合理地使用食品添加剂，保证食品的安全性，必须对食品添加剂进行检测，这是食品分析的一项重要内容。

3. 食品中有害物质的分析

正常的食品应当无毒无害，符合应有的营养要素要求，具有相应的色、香、味等感官性状。但食品在生产、加工、包装、运输、存储、销售等各个环节中，常产生、引入或污染某些对人体有害的物质。

食品中有害物质的种类很多，来源各异，且随着环境污染的日益严重，食品污染源将更加广泛，为了保证食品的安全性，必须对食品中的有害成分进行监督检验。

三、食品分析方法

在食品分析工作中，由于分析目的的不同，或由于被测组分和干扰成分的性质以及它们在食品中存在的数量的差异，所选择的分析方法也各不相同。食品分析采用的方法有感官检验法、化学分析法、仪器分析法、微生物分析法和酶分析法。其中常用的方法有化学分析法和仪器分析法。

1. 化学分析法

化学分析法是以物质的化学反应为基础，使被测成分在溶液中与试剂作用，由生成物的量或消耗试剂的量来确定组分和含量的方法。

化学分析法包括定性分析和定量分析两部分。但对于食品分析来说，由于大多数食品的来源及主要成分都是已知的，一般不必作定性分析，仅在个别情况下才作定性分析。因此，最经常的工作是定量分析。化学定量分析法包括重量法和容量法，容量法又包括酸碱滴定法、氧化还原滴定法、配位滴定法和沉淀滴定法四种，其中前两种最常用，如酸度的测定用到酸碱滴定法；还原糖的测定用到氧化还原滴定法。

化学分析是食品分析的基础。即使是现代的仪器分析，也都是用化学方法对样品进行预处理及制备标准样品，而且仪器分析的原理大多数也是建立在化学分析的基础上。化学分析是食品分析最基本、最重要的分析方法。食品中大多数成分的分析都可以靠化学分析的方法来完成。

2. 仪器分析法

以物质的物理或物理化学性质为基础，利用光电仪器来测定物质含量的方法称为仪器分析法。它包括物理分析法和物理化学分析法。

物理分析法是通过测定密度、黏度、折射率、旋光度等物质特有的物理性质来求出被测组分含量的方法。物理化学分析法是通过测量物质的光学性质、电化学性质和物理化学性质来求出被测组分含量的方法。它包括光学分析法、电化学分析法、色谱分析法、质谱分析法和放电化学分析法等，食品分析中常用的是前三种方法。

光学分析法又分为紫外-可见分光光度法、原子吸收分光光度法、荧光分析法等。电化学分析法又分为电导分析法、电位分析（离子选择电极）法、极谱分析法等。色谱法是近几年来迅速发展起来的一种分析技术，它极大地丰富了食品分析的内容，解决了许多用常规化学分析法不能解决的微量成分分析的难题，为食品分析技术开辟了新途径。色谱分析包含许多分支，食品分析中常用的是薄层色谱法、气相色谱法和高效液相色谱法，可用于测定有机酸、氨基酸、糖类、维生素、食品添加剂、农药残留量、黄曲霉毒素等成分。

仪器分析法具有灵活、快速、操作简单、易于实现自动化等优点。随着科学技术的发展，仪器分析法已越来越广泛地应用于食品分析中。

第二节　食品中总酸度的测定

一、方法原理（酸碱滴定法）

食品中的酒石酸、苹果酸、柠檬酸、草酸等有机弱酸在用标准碱液滴定时，被中和生成盐类。用酚酞作指示剂，当滴定至终点（pH=8.2，指示剂显红色）时，根据消耗的标准碱液体积，可计算出样品中总酸的含量。其反应式如下：

$$RCOOH+NaOH \longrightarrow RCOONa+H_2O$$

二、试剂

（1）NaOH标准溶液（0.1mol/L）　称取120g NaOH（分析纯）于250mL烧杯中，加入蒸馏水100mL，搅拌使其溶解，冷却后置于聚乙烯塑料瓶中，密封，放置数日澄清后，取上清液5.6mL，加新煮沸并已冷却的蒸馏水至1000mL，摇匀。

标定：准确称取0.6g（准确至0.0001g）在105～110℃干燥至恒重的基准邻苯二甲酸氢钾于锥形瓶中，加50mL新煮沸并冷却的蒸馏水，搅拌使之溶解，加2滴酚酞指示剂，用NaOH标准溶液滴定至溶液呈微红色30s不褪。同时做空白试验。按式(3-1)计算：

$$c=\frac{m\times 1000}{(V_1-V_2)\times 204.2} \tag{3-1}$$

式中　c——NaOH标准溶液的浓度，mol/L；

m——基准邻苯二甲酸氢钾的质量，g；

V_1——标定时所消耗NaOH标准溶液的体积，mL；

V_2——空白试验中所消耗NaOH标准溶液的体积，mL；

204.2——邻苯二甲酸氢钾的摩尔质量，g/mol。

（2）1%酚酞乙醇溶液　称取酚酞1g溶解于100mL 95%乙醇中。

三、分析步骤

1．样液制备

（1）固体样品、干鲜果蔬、蜜饯及罐头样品　将样品用粉碎机或高速组织捣碎机捣碎并混合均匀。取适量样品（按其总酸含量而定），用少量无CO_2的蒸馏水将样品移入250mL容量瓶中，在75～80℃水浴上加热0.5h（果脯类沸水浴加热1h），冷却后定容，用干燥滤纸过滤，弃去初滤液25mL，收集滤液备用。

（2）含CO_2的饮料、酒类　将样品置于40℃水浴上加热30min，除去CO_2，冷却后备用。

（3）调味品及不含CO_2的饮料、酒类　将样品混合均匀后直接取样，必要时也可加适量水稀释，若浑浊则需过滤。

（4）咖啡样品　将样品粉碎通过40目筛，取10g粉碎的样品于锥形瓶中，加入75mL 80%乙醇，加塞放置16h，并不时摇动，过滤。

（5）固体饮料　称取5～10g样品于研钵中，加入少量无CO_2蒸馏水，研磨成糊状，用无CO_2蒸馏水移入250mL容量瓶中定容，摇匀后过滤。

2．滴定

准确吸取上法制备的滤液50mL，加入酚酞指示剂3～4滴，用0.1mol/L NaOH标准溶液滴定至微红色 30s 不褪，记录消耗 0.1mol/L NaOH 标准溶液的体积。

四、结果计算

试样中总酸度（%）按式(3-2) 计算：

$$总酸度=\frac{cVK}{m}\times\frac{V_0}{V_1}\times100\% \tag{3-2}$$

式中　c——NaOH 标准溶液的浓度，mol/L；

V——滴定所消耗 NaOH 标准溶液的体积，mL；

m——样品质量或体积，g 或 mL；

V_0——样品稀释液总体积，mL；

V_1——滴定时吸取的样液的体积，mL；

K——换算为适当酸的系数，即 1mmol 氢氧化钠相当于主要酸的质量，g。

五、方法讨论

① 因为食品中含有多种有机酸，总酸度测定结果通常以样品含量最多的那种酸表示。例如一般分析葡萄及其制品时，用酒石酸表示，其 $K=0.075$；测柑橘类果实及其制品时，用柠檬酸表示，其 $K=0.064$ 或 $K=0.070$（带一分子水）；分析苹果、核果类果实及其制品时，用苹果酸表示，其 $K=0.067$；分析乳品、肉类、水产品及其制品时，用乳酸表示，其 $K=0.090$；分析酒类、调味品时，用乙酸表示，$K=0.060$。

② 样品浸渍、稀释用的蒸馏水中不能含有 CO_2，因为 CO_2 溶于水中成为酸性的 H_2CO_3 形式，影响滴定终点时酚酞指示剂的颜色变化。一般的做法是使用前将蒸馏水煮沸 15min 并迅速冷却，以除去水中的 CO_2。样品中若含有 CO_2 对测定亦有干扰，故对含有 CO_2 的饮料、酒类等样品，在测定前须除掉 CO_2。

③ 样品浸渍、稀释的用水量应根据样品中总酸含量来慎重选择，为使误差在允许的范围内，一般要求滴定时消耗 0.1mol/L NaOH 溶液不得少于 5mL，最好为 10～15mL。

④ 由于食品中有机酸均为弱酸，在用强碱滴定时，其滴定终点偏碱性，一般 pH 在 8.2 左右，故可选用酚酞做终点指示剂。

⑤ 若样液颜色过深或浑浊，则宜用电位滴定法。

第三节　饮料中维生素 C 的测定

一、方法原理（荧光光度法 SN/T 0869—2000）

样品用草酸提取，然后用 2,6-二氯酚靛酚将维生素 C（抗坏血酸）氧化为顺式抗坏血酸，再与邻苯二胺结合生成一种荧光化合物，用荧光分光光度计测定荧光强度，与标准比较定量。

二、仪器与试剂

要求使用去离子水及无荧光试剂。

① 荧光分光光度计。

② 50%乙酸钠溶液。

③ 3%硼酸溶液。

④ 硼酸-乙酸钠溶液。称取 3g 硼酸，溶于 100mL 50%乙酸钠溶液中。

⑤ 邻苯二胺溶液。称取 20mg 邻苯二胺溶于 100mL 水中。

⑥ 2,6-二氯酚靛酚溶液。称取 50mg 2,6-二氯酚靛酚及 50mg 碳酸氢钠，溶于 50mL 水中。

⑦ 2%硫脲溶液。

⑧ 抗坏血酸标准溶液。准确称取 20mg 抗坏血酸，溶于 1%草酸溶液中，移入 100mL 容量瓶内，并用 1%草酸溶液稀释至刻度。混匀，置于冰箱中保存，此溶液每毫升相当于 0.2mg 抗坏血酸。

⑨ 抗坏血酸标准使用液。吸取 25mL 抗坏血酸标准溶液于 50mL 容量瓶中，以 1%草酸溶液稀释至刻度，此溶液每毫升相当于 100μg 的抗坏血酸。

⑩ 硫酸奎宁标准溶液。精确称取奎宁 10.0mg，用 0.05mol/L 硫酸溶解后移入 1000mL 容量瓶中，并用 0.05mol/L 硫酸稀释至刻度，此溶液每毫升相当于 10μg 奎宁。使用时用 0.05mol/L 硫酸配制成每毫升相当于 0.1μg 奎宁的工作溶液。此溶液用来校正荧光光度剂的灵敏度。

三、分析步骤

1. 样品处理

精确吸取适量样品，用 1%草酸溶液稀释到 50mL，使其抗坏血酸的浓度在 10～100μg/mL 的范围内，摇匀。

2. 测定

吸取抗坏血酸标准使用液 5.0mL，置于 50mL 容量瓶中。另取上述样品溶液 5.0mL，移入另一 50mL 容量瓶中。向各容量瓶中逐滴加入 2,6-二氯酚靛酚溶液至标准溶液及样品溶液恰好显微红色。再加入 2～3 滴 2%硫脲溶液使红色褪去。用水稀释至刻度，摇匀。

取两支 20mL 试管，各加入样品溶液 2.0mL，于甲管中加入硼酸-乙酸钠溶液 1.0mL，摇匀，放置 15min（此管为样品空白溶液）。于乙管中加入乙酸钠溶液 1.0mL，摇匀（此管为样品溶液），另取两支 20mL 试管，各加入抗坏血酸标准溶液 2.0mL，以下操作与样品溶液相同，以甲管为标准空白溶液，乙管为标准溶液。

于四个试管中各加入邻苯二胺溶液 6.0mL，摇匀后于暗处放置 30min，以 365nm 为激发波长，429nm 为发射波长，用 0.1μg/mL 硫酸奎宁溶液校正仪器灵敏度，分别测定标准溶液和样品溶液的荧光强度。

四、结果计算

试样中抗坏血酸的含量按式(3-3) 计算：

$$X=\frac{(F_1-F_2)cV}{(F_3-F_4)V_1}\times 100 \tag{3-3}$$

式中 X——样品中抗坏血酸含量，mg/100mL；

F_1——样品溶液的荧光强度；

F_2——样品空白液的荧光强度；

F_3——标准溶液的荧光强度；

F_4——标准空白液的荧光强度；

c——抗坏血酸标准溶液的浓度，mg/mL；

V——样品混合液的总体积，mL；

V_1——吸取样品的体积，mL。

五、方法讨论

① 2%偏磷酸和2%草酸是较为理想的维生素C样品提取剂，但偏磷酸价格较贵，一般建议使用2%草酸，但应避光保存。单独用草酸浸提时，定容时瓶颈会聚集泡沫，可加辛醇除去，但用量只能限制在250mL容量瓶中加1～2滴。

也有研究认为，2%草酸和10%盐酸浸提效率较2%偏磷酸和2%草酸高，稳定性好，与维生素C含量标准值接近。

② 测量时，若样品中含丙酮酸，它也能与邻苯二胺生成一种荧光化合物，干扰样品中抗坏血酸的测定。在样品中加入硼酸后，硼酸与脱氢抗坏血酸形成的螯合物不能与邻苯二胺生成荧光化合物，而硼酸与丙酮酸并不作用，丙酮酸仍可以发生上述反应。因此，在测量时，取相同的样品两份，其中一份样品加入硼酸，测出的荧光强度作为背景的荧光读数。另一份样品不加硼酸，样品的荧光读数减去背景的荧光读数后，再与抗坏血酸标准样品的荧光读数相比较，即可计算出样品抗坏血酸的含量。

③ 硫脲为还原剂，还对Cu^{2+}、Co^{3+}、Ni^{2+}等离子有掩蔽作用。

第四节　食品中亚硝酸盐的测定

依据国家标准GB/T 5009.33—2010的规定，食品中的亚硝酸盐的含量可采取离子色谱法和盐酸萘乙二胺分光光度法进行测定。本节主要介绍盐酸萘乙二胺分光光度法。

一、方法原理

样品经处理、沉淀蛋白质、去除脂肪后，在弱酸条件下亚硝酸盐与对氨基苯磺酸重氮化，再与盐酸萘乙二胺偶合，形成紫红色偶氮染料，在538nm处有最大吸收，测定吸光度以定量。反应式如下：

$$2HCl + NaNO_2 + H_2N-C_6H_4-SO_3H \xrightarrow{\text{重氮化}} Cl^- \overset{+}{N}(\equiv N)-C_6H_4-SO_3H + NaCl + 2H_2O$$

$$\xrightarrow{\text{偶合}} \underset{\text{（盐酸萘乙二胺）}}{2HCl \cdot H_2NH_2CH_2CHN}-C_{10}H_6-N=N-C_6H_4-SO_3H$$

二、仪器与试剂

1. 仪器

① 小型绞肉机、组织捣碎机。

② 分光光度计。

③ 50mL比色管。

2. 试剂

① 亚铁氰化钾溶液（106g/L）。称取106.0g亚铁氰化钾［$K_4Fe(CN)_6 \cdot 3H_2O$］，用水溶解，并稀释至1000mL。

② 乙酸锌溶液（220g/L）。称取220.0g乙酸锌［$Zn(CH_3COO)_2 \cdot 2H_2O$］，加30mL冰乙酸溶解，用蒸馏水定容至1000mL。

③ 饱和硼砂溶液（50g/L）。称取5.0g硼酸钠（$Na_2B_4O_7 \cdot 10H_2O$），溶于100mL热水中，冷却后备用。

④ 对氨基苯磺酸溶液（4g/L）。称取 0.4g 对氨基苯磺酸，溶于 100mL 20%（体积分数）盐酸中，置棕色瓶中混匀，避光保存。

⑤ 盐酸萘乙二胺溶液（2g/L）。称取 0.2g 盐酸萘乙二胺，溶于 100 mL 水中，混匀后，置棕色瓶中，避光保存。

⑥ 氢氧化铝乳液。溶解 125g 硫酸铝［$Al_2(SO_4)_3 \cdot 18H_2O$］于 1000mL 重蒸馏水中，使氢氧化铝全部沉淀（溶液呈微碱性）。用蒸馏水反复洗涤，真空抽滤，直至洗液分别用氯化钡、硝酸银溶液检验不发生浑浊为止。取下沉淀物，加适量重蒸馏水使呈稀糊状，捣匀备用。

⑦ 亚硝酸钠标准溶液（200μg/mL）。准确称取 0.1000g 于 110～120℃干燥恒重的亚硝酸钠，加水溶解移入 500mL 容量瓶中，加水稀释至刻度，混匀。

⑧ 亚硝酸钠标准使用液（5.0μg/mL）。临用前，吸取亚硝酸钠标准溶液 5.00mL，置于 200mL 容量瓶中，加水稀释至刻度。

三、分析步骤

1. 试样预处理

（1）新鲜蔬菜、水果　将试样用去离子水洗净，晾干后，取可食部切碎混匀。将切碎的样品用四分法取适量，用食物粉碎机制成匀浆备用。如需加水应记录加水量。

（2）肉类、蛋、水产及其制品　用四分法取适量或取全部，用食物粉碎机制成匀浆备用。

（3）乳粉、豆奶粉、婴儿配方粉等固态乳制品（不包括干酪）　将试样装入能够容纳 2 倍试样体积的带盖容器中，通过反复摇晃和颠倒容器使样品充分混匀直到使试样均一化。

（4）发酵乳、乳、炼乳及其他液体乳制品　通过搅拌或反复摇晃和颠倒容器使试样充分混匀。

（5）干酪　取适量的样品研磨成均匀的泥浆状。为避免水分损失，研磨过程中应避免产生过多的热量。

2. 提取

称取 5g（精确至 0.01g）制成匀浆的试样（如制备过程中加水，应按加水量折算），置于 50mL 烧杯中，加 12.5mL 饱和硼砂溶液，搅拌均匀，以 70℃左右的水约 300mL 将试样洗入 500mL 容量瓶中，于沸水浴中加热 15min，取出置冷水浴中冷却，并放置至室温。

3. 提取液净化

在振荡上述提取液时加入 5mL 亚铁氰化钾溶液，摇匀，再加入 5mL 乙酸锌溶液，以沉淀蛋白质。加水至刻度，摇匀，放置 30min，除去上层脂肪，上清液用滤纸过滤，弃去初滤液 30mL，滤液备用。

对某些颜色较深，或滤液浑浊的样品，可取 60mL 滤液于 100mL 容量瓶中，加氢氧化铝乳液至刻度，用滤纸过滤，以得无色透明的滤液。

4. 标准曲线的绘制

吸取 0.00mL、0.20mL、0.40mL、0.60mL、0.80mL、1.00mL、1.50mL、2.00mL、2.50mL 亚硝酸钠标准使用液（相当于 0.0μg、1.0μg、2.0μg、3.0μg、4.0μg、5.0μg、7.5μg、10.0μg、12.5μg 亚硝酸钠），分别置于 50mL 带塞比色管中，分别加入 2mL 对氨基苯磺酸溶液，混匀，静置 3～5min 后，各加入 1mL 盐酸萘乙二胺溶液，加水至刻度，混匀，静置 15min，用 2cm 比色杯，以零管调节零点，于波长 538nm 处测吸光度，绘制标准

曲线。同时做试剂空白。

5. 试样测定

吸取 40mL 样品处理液于 50mL 比色管中，按标准曲线绘制同样操作，于 538nm 处测定吸光度，从标准曲线上查出样品溶液含亚硝酸盐的量。

四、结果计算

试样中亚硝酸盐的含量用 X 表示，按式（3-4）计算：

$$X=\frac{m_1\times 1000}{m\times\frac{V_1}{V_0}\times 1000} \tag{3-4}$$

式中 X——样品中亚硝酸盐的含量，mg/kg；

m_1——测定用样品液中亚硝酸盐的质量，μg；

m——样品质量，g；

V_1——测定用样液体积，mL；

V_0——试样处理液总体积，mL。

以重复性条件下获得的两次独立测定结果的算术平均值表示，结果保留两位有效数字。

五、方法讨论

① 样品预处理时，一定要绞得粉碎，否则浸泡不完全，导致结果偏低。

② 蛋白质、脂肪的去除要彻底，否则溶液显色会浑浊，比色无法进行。

第五节 食品中黄曲霉毒素 B_1 的测定

一、方法原理（GB/T 5009.22—2003）

样品中黄曲霉毒素 B_1 经有机溶剂提取、浓缩、硅胶 G 薄层色谱分离后，在紫外灯的波长 365nm 下产生蓝紫色荧光，根据其在薄层板上显示的荧光强度与标准比较来测定含量。

二、仪器与试剂

1. 仪器

① 小型粉碎机。

② 样筛。

③ 电动振荡器。

④ 全玻璃浓缩器。

⑤ 玻璃板（5cm×20cm）。

⑥ 薄层板涂布器。

⑦ 展开槽：内长 25cm、宽 6cm、高 4cm。

⑧ 紫外灯：100～125W，带有波长为 365nm 的滤光片。

⑨ 微量注射器或血色素吸管。

2. 试剂

① 三氯甲烷。

② 正己烷或石油醚（沸程 30～60℃或 60～90℃）。

③ 甲醇。

④ 苯。

⑤ 乙腈。

⑥ 无水乙醚或乙醚经无水硫酸钠脱水。

⑦ 丙酮。

以上试剂在试验时先进行一次试剂空白试验，如不干扰测定即可使用，否则需逐一进行重蒸。

⑧ 硅胶 G（薄层色谱用）。

⑨ 三氟乙酸。

⑩ 苯-乙腈混合液：量取 98mL 苯，加 2mL 乙腈，混匀。

⑪ 甲醇水溶液（55＋45）。

⑫ 黄曲霉毒素 B_1 标准溶液。

3. 仪器校正

测定重铬酸钾溶液的摩尔吸光系数，以求出使用仪器的校正因子。准确称取 25mg 经干燥的重铬酸钾（基准级），用硫酸（0.5＋1000）溶解后并准确稀释至 200mL，相当于 $c(K_2Cr_2O_7)=0.0004mol/L$。再吸取 25mL 此稀释液于 50mL 容量瓶中，加硫酸（0.5＋1000）稀释至刻度，相当于 0.0002mol/L 溶液。再吸取 25mL 此稀释液于 50mL 容量瓶中，加硫酸（0.5＋1000）稀释至刻度，相当于 0.0001mol/L 溶液。用 1cm 石英比色皿，在最大吸收峰的波长（接近 350nm 处）用硫酸（0.5＋1000）作空白，测得以上三种不同浓度的溶液的吸光度，并按式(3-5）计算出以上三种浓度的摩尔吸光系数的平均值。

$$\varepsilon_1=\frac{A}{c} \tag{3-5}$$

式中 ε_1——重铬酸钾溶液的摩尔吸光系数；

A——测得重铬酸钾溶液的吸光度；

c——重铬酸钾溶液的浓度。

再以此平均值与重铬酸钾的摩尔吸光系数值 3160 比较，应用式(3-6）即可求出使用仪器的校正因子。

$$f=\frac{3160}{\varepsilon} \tag{3-6}$$

式中 f——使用仪器的校正因子；

ε——测得的重铬酸钾摩尔吸光系数平均值。

若 $f>0.95$ 或 $f<1.05$，则使用仪器的校正因子可忽略不计。

4. 黄曲霉毒素 B_1 标准溶液的制备

准确称取 1～1.2mg 黄曲霉毒素 B_1 标准品，先加入 2mL 乙腈溶解后，再用苯稀释至 100mL，避光，置于 4℃冰箱中保存。该标准溶液约为 10μg/mL。用紫外分光光度计测此标准溶液的最大吸收峰的波长及该波长的吸光度。

黄曲霉毒素 B_1 标准溶液的浓度，按式(3-7）计算：

$$X=\frac{AM\times 1000f}{\varepsilon_2} \tag{3-7}$$

式中 X——黄曲霉毒素 B_1 标准溶液的浓度，μg/mL；

A——测得的吸光度；

f——使用仪器的校正因子；

M——黄曲霉毒素 B_1 的分子量，312；

ε_2——黄曲霉毒素 B_1 在苯-乙腈混合液中的摩尔吸光系数，19800。

根据计算，用苯-乙腈混合液调到标准溶液浓度恰为 10.0μg/mL，并用分光光度计核对其浓度。

5. 纯度的测定

取 10μg/mL 黄曲霉毒素 B_1 标准溶液 5μL，滴加于涂层厚度为 0.25mm 的硅胶 G 薄层板上，用甲醇-三氯甲烷（4+96）与丙酮-三氯甲烷（8+92）展开。在紫外光灯下观察荧光的产生，应符合以下条件：在展开后，只有单一的荧光点，无其他杂质荧光点；原点上没有任何残留的荧光物质。

6. 黄曲霉毒素 B_1 标准使用液

准确吸取 1mL 标准溶液（10μg/mL）于 10mL 容量瓶中，加苯-乙腈混合液至刻度，混匀。此溶液每毫升相当于 1.0μg 黄曲霉毒素 B_1。吸取 1.0mL 此稀释液，置于 5mL 容量瓶中，加苯-乙腈混合液稀释至刻度，此溶液每毫升相当于 0.2μg 黄曲霉毒素 B_1。再吸取黄曲霉毒素 B_1 标准溶液（0.2μg/mL）1.0mL，置于 5mL 容量瓶中，加苯-乙腈混合液稀释至刻度。此溶液每毫升相当于 0.04μg 黄曲霉毒素 B_1。

7. 次氯酸钠溶液（消毒用）

取 100g 漂白粉，加入 500mL 水，搅拌均匀。另将 80g 工业用碳酸钠（$Na_2CO_3 \cdot 10H_2O$）溶于 500mL 温水中，再将两液混合、搅拌澄清后过滤。此滤液含次氯酸浓度约为 25g/L。若用漂粉精制备，则碳酸钠的量可以加倍。所得溶液的浓度约为 50g/L。污染的玻璃仪器用 10g/L 次氯酸钠溶液浸泡半天或用 50g/L 次氯酸钠溶液浸泡片刻后，即可达到消毒效果。

三、分析步骤

1. 取样

样品中污染黄曲霉毒素高的霉粒一粒可以左右测定结果，而且有毒霉粒的比例小，同时分布不均匀。为避免取样带来的误差，需大量取样，并将该大量样品粉碎，混合均匀，才有可能得到能代表一批样品的相对可靠的结果，因此采样必须注意以下几点：

① 根据规定采取有代表性的样品；

② 对局部发霉变质的样品检验时，应单独取样；

③ 每份分析测定用的样品应从大样经粗碎与连续多次用四分法缩减至 0.5～1kg，然后全部粉碎。

2. 提取

适用于玉米、大米、麦类、面粉、薯干、豆类、花生、花生酱等样品的测点。

① 甲法。称取 20.00g 粉碎过筛的样品（面粉、花生酱不需粉碎），置于 250mL 具塞锥形瓶中，加 30mL 正己烷或石油醚和 100mL 甲醇水溶液，在瓶塞上涂上一层水，盖严防漏。振荡 30min，静置片刻，以叠成折叠式的快速定性滤纸过滤于分液漏斗中，待下层甲醇水溶液澄清后，放出甲醇水溶液于另一具塞锥形瓶内。将 20.00mL 甲醇水溶液（相当于 4g 样品）置于另一 125mL 分液漏斗中，加 20mL 三氯甲烷，振摇 2min，静置分层，如出现乳化现象可滴加甲醇促使分层。放出三氯甲烷层，经盛有约 10g 预先用三氯甲烷湿润的无水硫

酸钠的定量慢速滤纸滤于50mL蒸发皿中，再加5mL三氯甲烷于分液漏斗中，重复振摇提取，三氯甲烷层一并滤于蒸发皿中，最后用少量三氯甲烷洗过滤器，洗液合并于蒸发皿中。将蒸发皿放在通风柜，于65℃水浴上通风挥干，然后放在冰盒上冷却2～3min后，准确加入1mL苯-乙腈混合液（或将三氯甲烷用浓缩蒸馏器减压吹干后，准确加入1mL苯-乙腈混合液）。用带橡皮头的滴管的管尖将残渣充分混合，若有苯的结晶析出，将蒸发皿从冰盒上取出，继续溶解、混合，晶体即消失，再用此滴管吸取上清液转移于2mL具塞试管中。

② 乙法（限玉米、大米、小麦及其制品）。称取20.00g粉碎过筛样品于250mL具塞锥形瓶中，用滴管滴加约6mL水，使样品湿润，准确加入60mL三氯甲烷，振荡30min，加12g无水硫酸钠，振摇后，静置30min，用叠成折叠式的快速定性滤纸过滤于100mL具塞锥形瓶中。取12mL滤液（相当4g样品）于蒸发皿中，在65℃水浴上通风挥干，准确加入1mL苯-乙腈混合液，其余操作同甲法。

3. 测定——单向展开法

① 薄层板的制备。称取约3g硅胶G，加相当于硅胶量2～3倍的水，用力研磨1～2min，至成糊状后立即倒入涂布器内，推成5cm×20cm、厚度约0.25mm的薄层板三块。在空气中干燥约15min后，在100℃活化2h取出，放入干燥器中保存，一般可保存2～3天，若放置时间较长，可再活化后使用。

② 点样。将薄层板边缘附着的吸附剂刮净，在距薄层板下端3cm的基线上用微量注射器或血色素吸管滴加样液。一块板可滴加4个点，点距边缘和点间距约为1cm，点直径约为3mm。在同一板上滴加点的大小应一致，滴加时可用吹风机用冷风边吹边加。滴加试样如下。

第一点：10μL黄曲霉毒素B_1标准使用液（0.04μg/mL）。

第二点：20μL样液。

第三点：20μL样液+10μL 0.04μg/mL黄曲霉毒素B_1标准使用液。

第四点：20μL样液+10μL 0.2μg/mL黄曲霉毒素B_1标准使用液。

③ 展开与观察。在展开槽内加10mL无水乙醚，预展12cm，取出挥干，再于另一展开槽内加10mL丙酮-三氯甲烷溶液（8+92），展开10～12cm取出，在紫外光下观察结果，方法如下。

由于样液点上加滴黄曲霉毒素B_1标准使用液，可使黄曲霉毒素B_1标准点与样液中的黄曲霉毒素B_1荧光点重叠。如样液为阴性，薄层板上的第三点中黄曲霉毒素B_1为0.0004μg，可用作检查样液内黄曲霉毒素B_1最低检出量是否正常出现；如为阳性，则起定性作用，薄层板上的第四点中黄曲霉毒素B_1为0.002μg，主要起定位作用。

若第二点在与黄曲霉毒素B_1标准点的相应位置上无蓝紫色荧光点，表示样品中黄曲霉毒素B_1含量在5μg/kg以下；如在相应位置上有蓝紫色荧光点，则需进行确证试验。

④ 确证试验。为了证实薄层板上样液荧光是由黄曲霉毒素B_1产生的，加滴三氟乙酸，产生黄曲霉毒素B_1的衍生物，展开后此衍生物的比移值约为0.1。于薄层板左边依次滴加两个点。

第一点：10μL 0.04μg/mL黄曲霉毒素B_1标准使用液。

第二点：20μL样液。

于以上两个点各加一小滴三氟乙酸盖于其上，反应5min后，用吹风机吹热风2min后，使热风吹到薄层板上的温度不高于 40℃。再于薄层板上滴加以下两个点。

第三点：10μL 0.04μg/mL 黄曲霉毒素 B_1 标准使用液。

第四点：20μL 样液。

再展开同③，在紫外光灯下观察样液是否产生与黄曲霉毒素 B_1 校准点相同的衍生物。未加三氟乙酸的三、四两点，可依次作为样液与标准的衍生物空白对照。

⑤ 稀释定量。样液中的黄曲霉毒素 B_1 荧光点的荧光强度如与黄曲霉毒素 B_1 标准点的最低检出量（0.0004μg）的荧光强度一致，则样品中黄曲霉毒素 B_1 含量即为 5μg/kg。如样液中荧光强度比最低检出量强，则根据其强度估计减少滴加微升数或将样液稀释后再滴加不同微升数，直至样液点的荧光强度与最低检出量的荧光强度一致为止。滴加试样如下。

第一点：10μL 黄曲霉毒素 B_1 标准使用液（0.04μg/mL）。

第二点：根据情况滴加 10μL 样液。

第三点：根据情况滴加 15μL 样液。

第四点：根据情况滴加 20μL 样液。

四、结果计算

试样中黄曲霉毒素 B_1 的含量用 x 表示，按式(3-8) 计算：

$$x=0.0004\times\frac{V_1D}{V_2}\times\frac{1000}{m} \tag{3-8}$$

式中　x——样品中黄曲霉毒素 B_1 的含量，μg/kg；

V_1——加入苯-乙腈混合液的体积，mL；

V_2——出现最低荧光时滴加样液的体积，mL；

D——样液的总稀释倍数；

m——加入苯-乙腈混合液溶解时相当样品的质量，g；

0.0004——黄曲霉毒素 B_1 的最低检出量，μg。

结果表示到测定值的整数位。

第六节　食品中苏丹红的测定

一、方法原理（高效液相色谱法 GB/T 19681—2005）

样品经溶剂提取、固相萃取净化后，用反相高效液相色谱-紫外可见光检测器进行色谱分析，采用外标法定量。苏丹红Ⅰ、苏丹红Ⅱ、苏丹红Ⅲ和苏丹红Ⅳ最低检测限均为 10μg/kg。

二、仪器与试剂

1. 主要仪器

① 高效液相色谱仪（配有紫外-可见分光检测器）。

② 0.45μm 有机滤膜。

③ 色谱柱管。1cm（内径）×5cm（高）的注射器管。

④ 氧化铝色谱柱：在色谱柱管底部塞入一薄层脱脂棉，干法装入处理过的氧化铝至 3cm 高，轻敲实后加一薄层脱脂棉，用 10mL 正己烷预淋洗，洗净柱中杂质后，备用。

2. 试剂

① 乙腈（色谱纯）。

② 丙酮（色谱纯、分析纯）。

③ 色谱用氧化铝（中性，100～200 目）。105℃干燥 2h，于干燥器中冷至室温，每 100g 中加入 2mL 水降活，混匀后密封，放置 12h 后使用。

④ 5%丙酮的正己烷液。吸取 50mL 丙酮用正己烷定容至 1L。

⑤ 标准物质。苏丹红Ⅰ、苏丹红Ⅱ、苏丹红Ⅲ、苏丹红Ⅳ；纯度≥95%。

⑥ 标准贮备液。分别称取苏丹红Ⅰ、苏丹红Ⅱ、苏丹红Ⅲ及苏丹红Ⅳ各 10.0mg（按实际含量折算），用乙醚溶解后用正己烷定容至 250mL。

三、分析步骤

1. 样品制备

将液体、浆状样品混合均匀，固体样品需磨细。

（1）红辣椒粉等粉状样品　称取 1～5g（准确至 0.001g）样品于锥形瓶中，加入 10～30mL 正己烷，超声 5min，过滤，用 10mL 正己烷洗涤残渣数次，至洗出液无色，合并正己烷液，用旋转蒸发仪浓缩至 5mL 以下，慢慢加入氧化铝色谱柱中，为保证展开效果，在柱中保持正己烷液面为 2mm 左右时上样，在全程的色谱过程中不应使柱干涸，用正己烷少量多次淋洗浓缩瓶，一并注入色谱柱。控制氧化铝表层吸附的色素带宽宜小于 0.5cm，待样液完全流出后，视样品中含油类杂质的多少用 10～30mL 正己烷洗柱，直至流出液无色，弃去全部正己烷淋洗液，用含 5%丙酮的正己烷液 60mL 洗脱，收集、浓缩后，用丙酮转移并定容至 5mL，经 0.45μm 有机滤膜过滤后待测。

（2）红辣椒油、火锅料、奶油等油状样品　称取 0.5～2g（准确至 0.001g）样品于小烧杯中，加入适量正己烷溶解（1～10mL），难溶解的样品可于正己烷中加温溶解。慢慢加入到氧化铝色谱柱中，为保证展开效果，在柱中保持正己烷液面为 2mm 左右时上样，在全程的色谱过程中不应使柱干涸，用正己烷少量多次淋洗浓缩瓶，一并注入色谱柱。以下操作同（1）。

2. 高效液相色谱参考条件

（1）仪器条件　色谱柱，Zorbax SB-C_{18} 3.5μm 4.6mm×150mm（或相当型号色谱柱）；流动相，溶剂 A 为 0.1%甲酸的水溶液∶乙腈＝85∶15，溶剂 B 为 0.1%甲酸的乙腈溶液∶丙酮＝80∶20；梯度洗脱，流速 1mL/min，柱温 30℃，检测波长：苏丹红Ⅰ 478nm；苏丹红Ⅱ、苏丹红Ⅲ、苏丹红Ⅳ 520nm；于苏丹红Ⅰ出峰后切换。进样量 10μL。梯度条件见表 3-1。

表 3-1　梯度条件

时间/min	流动相		曲线
	A/%	B/%	
0	25	75	线性
10.0	25	75	线性
25.0	0	100	线性
32.0	0	100	线性
35.0	25	75	线性
40.0	25	75	线性

(2) 标准曲线　吸取标准贮备液 0mL、0.1mL、0.2mL、0.4mL、0.8mL、1.6mL，用正己烷定容至 25mL，此标准系列浓度为 0μg/mL、0.16μg/mL、0.32μg/mL、0.64μg/mL、1.28μg/mL、2.56μg/mL，绘制标准曲线。

四、结果计算

苏丹红含量按式(3-9) 计算：

$$R=\frac{cV}{m} \tag{3-9}$$

式中　R——样品中苏丹红含量，mg/kg；

c——由标准曲线得出的样液中苏丹红的浓度，μg/mL；

V——样液定容体积，mL；

m——样品质量，g。

五、方法讨论

1. 不同厂家和不同批号氧化铝的活度有差异，需根据具体购置的氧化铝产品略作调整，活度的调整采用标准溶液过柱，将 1μg/mL 苏丹红的混合标准溶液 1mL 加到柱中，用 5%丙酮正己烷溶液 60mL 完全洗脱为准，4 种苏丹红在色谱柱上的流出顺序为苏丹红Ⅱ、苏丹红Ⅳ、苏丹红Ⅰ、苏丹红Ⅲ，可根据每种苏丹红的回收率作出判断。苏丹红Ⅱ、苏丹红Ⅳ的回收率较低，表明氧化铝活性偏低，苏丹红Ⅲ的回收率偏低时表明活性偏高。

2. 检测过程中，标准物质乙醚溶解用正己烷定容，并用正己烷稀释配制的标准系列溶液不直接进标样测定，而经氧化铝色谱柱固相萃取处理蒸干后，用丙酮溶解并定容，再进样测定，效果较好。

3. 色谱用氧化铝活化时，应注意活化温度及活化时间，降活化时应注意加水量及平衡时间。样品处理用的氧化铝与标样处理用的氧化铝最好在一个器皿中一次活化，并降活化氧化铝，否则对样品检测结果有影响。

第七节　食品中铝的测定

一、方法原理（铬天青 S 比色法 GB/T 5009.182—2003）

样品经硝酸-高氯酸处理后，试液中三价铝离子在 pH＝5.5 的乙酸-乙酸钠缓冲介质中，与铬天青 S（CAS）及溴化十六烷基三甲铵（CTMAB）形成蓝绿色三元配合物，于波长 640nm 处测定吸光度并与标准比较定量。

二、仪器与试剂

① 分光光度计。

② 乙酸-乙酸钠缓冲溶液。称取 34g 乙酸钠（$NaAc \cdot 3H_2O$），溶于 450mL 水中，加 2.6mL 冰乙酸，调 pH 至 5.5，用水稀释至 500mL。

③ 0.5g/L 铬天青 S 溶液。称取 50mg 铬天青 S，用水溶解并稀释至 100mL。

④ 0.2g/L CTMAB 溶液。称取 20mg CTMAB，用水溶解并稀释至 100mL，必要时加热助溶。

⑤ 10g/L 抗坏血酸溶液。称取 1.0g 抗坏血酸，用水溶解并定容至 100mL，临用时现配。

⑥ 铝标准贮备液。精密称取1.0000g金属铝（纯度99.99%），加50mL 6mol/L盐酸溶液，加热溶解，冷却后，移入1000mL容量瓶中，用水稀释至刻度，该溶液含铝为1mg/mL。

⑦ 铝标准使用液。吸取1.00mL铝标准贮备液，置于100mL容量瓶中，用水稀释至刻度，再从中吸取5.00mL于50mL容量瓶中，用水稀释至刻度，该溶液含铝为1μg/mL。

三、分析步骤

1. 样品处理

将样品（不包括夹心、夹馅部分）粉碎均匀，取约30g，置于85℃烘箱中干燥4h后，称取1.00～2.00g，置于150mL锥形瓶中，各加入10～15mL硝酸-高氯酸（5+1）混合液，加玻璃珠，盖好玻片盖，放置片刻，置电热板上缓缓加热，至消化液无色透明，并出现大量高氯酸烟雾时，取下冷却，加0.5mL硫酸，再置电热板上加大热度以除去高氯酸，高氯酸除尽时取下，放冷后加10～15mL水，加热至沸。冷后用水定容至50mL容量瓶中。同时做空白试验。

2. 测定

吸取0.0mL、0.5mL、1.0mL、2.0mL、4.0mL、6.0mL铝标准使用液（分别相当于0.0μg、0.5μg、1.0μg、2.0μg、4.0μg、6.0μg铝），置于25mL比色管中，依次向各管中加入1mL硫酸溶液（1+99）。

吸取1.0mL样品消化液和空白液，各置于25mL比色管中。

向标准管、样品管、试剂空白管中各加入8.0mL乙酸-乙酸钠缓冲溶液、1.0mL 10g/L抗坏血酸溶液，混匀，然后各加2.0mL 0.2g/L的CTMAB溶液和2.0mL 0.5g/L的CAS溶液，轻轻混匀后，用水稀释至刻度。室温（20℃左右）放置20min后，用1cm比色皿于波长640nm处测定吸光度，以空白溶液作参比，绘制标准曲线。

四、结果计算

试样中铝的含量用$\rho(\mathrm{Al})$表示，按式(3-10)计算：

$$\rho(\mathrm{Al})=\frac{(A_1-A_2)\times 1000}{m\times\frac{V_2}{V_1}\times 1000} \tag{3-10}$$

式中 $\rho(\mathrm{Al})$——样品中铝的含量，mg/kg；

A_1——测定用样品消化液中铝的质量，μg；

A_2——试剂空白液中铝的质量，μg；

m——样品质量，g；

V_1——样品消化液总体积，mL；

V_2——测定用样品消化液体积，mL。

五、方法讨论

① 样品消化时关键是赶净高氯酸，因为残留高氯酸对显色有影响。配合物的稳定性与温度有关，温度越高，反应速率越快，显色越完全，故放置时间的长短要因温度而定。

② 我国食品卫生标准中面制食品中铝的允许量标准见表3-2。

表 3-2 面制食品中铝的允许量标准

品种		指标(以 Al 计)/(mg/kg)
油炸面制食品(干重计)	≤	100
蒸制面制食品(干重计)	≤	100
烘烤面制食品(干重计)	≤	100

国外在铝对人体健康的危害方面研究较多，但未规定食品中铝的允许限量。因为一般食品中的含铝量很低，对人体的危害较小。世界卫生组织于 1989 年正式将铝确定为食品污染物加以控制，提出铝的暂定每周容许摄入量为 7mg/(kg 体重)，即每天 1mg/(kg 体重)。

③ 加入抗坏血酸的目的是消除试样中可能存在的 Fe^{3+} 的干扰。

④ 本方法为 CAS 吸光光度法，适用于面制食品及其他食品中铝的测定。采用 CTMAB 为表面活性剂，显色较稳定，反应快速，有效地提高了方法的灵敏度。本方法操作简便，不需特殊仪器，其精密度和准确度均可达到化学定量分析的要求，适合一般实验室的样品检测。

习 题

一、填空题

1. 食品分析的主要内容包括________、________和________。

2. 食品中总酸度的测定常使用________，用________作指示剂。

3. 饮料中维生素 C 的测定可使用________，样品用________提取。测定时，应取试液两份，一份加入________溶液，一份只加入________溶液，目的是消除可能存在的________的干扰。

4. 食品中亚硝酸盐的测定常使用________法，亚硝酸盐在________条件下，与________重氮化后，再与盐酸萘乙二胺偶合形成________偶氮染料，在 538nm 处有最大吸收，测定吸光度以定量。

5. 样品中黄曲霉毒素 B_1 经有机溶剂提取、浓缩后需经________分离后测定。

6. 食品中苏丹红的测定使用________。样品经处理后用________________进行色谱分析，采用外标法定量。

7. 食品中铝的测定使用铬天青 S 比色法。样品经处理后，试液中三价铝离子在________介质中，与________及________形成________三元络合物。

二、选择题

1. 食品分析中最基本的、最重要的分析方法是（ ）。

A. 化学分析法　B. 仪器分析法　C. 微生物分析法　D. 酶分析法

2. 总酸度测定结果通常以样品含量最多的那种酸表示，以下说法不正确的是（ ）。

A. 当用酒石酸表示时，$K=0.075$　B. 当用柠檬酸表示时，$K=0.065$

C. 当用苹果酸表示时，$K=0.067$　D. 当用乳酸表示时，$K=0.090$

3. 顺式抗坏血酸与以下哪种物质结合可生成一种荧光化合物（ ）。

A. 邻苯二胺　B. 硫脲

C. 硫酸奎宁　D. 2,6-二氯酚靛酚

4. 维生素 C 测定时，使用 2,6-二氯酚靛酚的作用是（ ）。

A. 提取样品　B. 氧化反式抗坏血酸为顺式

C. 校正仪器　D. 做还原剂

5. 以下溶液需避光保存的有（　　）。（多选）

A. 对氨基苯磺酸溶液　　B. 盐酸萘乙二胺溶液

C. 亚铁氰化钾溶液　　D. 乙酸锌溶液

6. 高效液相色谱法可用于检测（　　）。

A. 仅苏丹红Ⅰ和苏丹红Ⅱ

B. 仅苏丹红Ⅱ和苏丹红Ⅲ

C. 仅苏丹红Ⅲ和苏丹红Ⅳ

D. 包括苏丹红Ⅰ、苏丹红Ⅱ、苏丹红Ⅲ和苏丹红Ⅳ

7. 分光光度法测定食品中的铝时，加入的CTMAB的作用是（　　）。

A. 显色剂　　B. 蛋白质沉淀剂　　C. 表面活性剂　　D. 提取剂

三、判断题

1. 若样液颜色过深或浑浊，最好选用酸碱滴定法测定食品中总酸度。（　　）

2. 维生素C测定中加入硫脲，既可起到还原剂的作用，还可掩蔽Cu^{2+}、Co^{3+}、Ni^{2+}等干扰离子。（　　）

3. 黄曲霉素B_1测定时，薄层分离所用的展开剂为甲醇。（　　）

4. 测定食品中亚硝酸盐含量，样品预处理时，若浸泡不完全，会导致结果偏高。（　　）

5. 测定亚硝酸盐含量时，通过加入亚铁氰化钾溶液除去蛋白质和脂肪。（　　）

6. 四种苏丹红在色谱柱上首先流出的为苏丹红Ⅰ。（　　）

7. 测定食品铝的含量，可加入抗坏血酸以消除Fe^{3+}的干扰。（　　）

8. 面制食品中铝的允许量标准规定不允许大于100mg/kg。（　　）

四、问答题

1. 测定食品中总酸度，蒸馏水为什么要用新煮沸冷却的？

2. 测定食品中总酸度，指示剂能用甲基橙吗？为什么？

3. 对于有颜色的肉制品，在测定其中亚硝酸盐含量时，应如何处理？

4. 食品中黄曲霉毒素B_1的测定取样应注意哪些方面？

5. 测定苏丹红含量，应如何判断氧化铝活度？

五、计算题

1. 称取12.0g葡萄果汁饮料于容量瓶中，加入蒸馏水稀释至250mL。准确吸取稀释液50mL，加入3～4滴酚酞指示剂，用0.1mol/L NaOH标准溶液滴定至终点，消耗NaOH标准溶液13.5mL，计算葡萄果汁饮料的总酸度。

2. 称取5.5g经绞碎混匀的肉制品，样品在500mL容量瓶中经沉淀蛋白质、去除脂肪后定容，取滤液60mL于100mL容量瓶中，加氢氧化铝乳液至刻度，制备样品处理液，吸取40mL该溶液于538nm处测定吸光度。从标准曲线上查出样品溶液中含亚硝酸盐的量为6.50μg。计算该肉制品中亚硝酸盐的含量。

3. 称取红辣椒粉试样2.5g，用高效液相色谱法测定其苏丹红含量。试样经处理后用丙酮转移并定容至5mL，经有机滤膜过滤后进样10μL测定。由标准曲线得出的样液中苏丹红的浓度为0.35μg/mL，计算该红辣椒粉中苏丹红含量。

4. 称取面制品试样1.5g，用铬天青S比色法测定试样中铝的含量。样品经硝酸-高氯酸处理后，用水定容至50mL容量瓶中，同时做空白试验。分别吸取1.0mL样品消化液和空白液，置于25mL比色管中。经测定，测定用样品消化液中铝的质量为2.6μg，试剂空白液中铝的质量为0.05μg。计算样品中铝的含量。

第四章　硅酸盐分析

学习目标

1. 了解硅酸盐的种类及其基本分析项目。
2. 掌握硅酸盐试样的分解方法及原理。
3. 了解硅酸盐的经典系统分析法。
4. 掌握硅酸盐的快速分析系统的基本方法及基本原理。
5. 学会硅酸盐试样中主要成分的化学及仪器分析方法，掌握各种分析方法的基本原理及检测方法。

第一节　概　　述

本章主要介绍硅酸盐中水分、烧失量、SiO_2、Fe_2O_3、Al_2O_3、CaO、MgO、TiO_2 等分析项目。

硅酸盐是硅酸（$mSiO_2 \cdot nH_2O$）中的氢被铁、铝、钙、镁、钾、钠及其他金属离子取代而生成的盐。硅酸盐约占地壳组成的四分之三，是组成地壳的主要成分。

由于硅酸分子中 m、n 的比例不同，从而形成偏硅酸、正硅酸、多硅酸。因此，不同硅酸中的氢被不同金属取代后，就形成元素种类不同、含量也有很大差异的多种硅酸盐。硅酸盐可分为天然硅酸盐和人造硅酸盐两类。

一、天然硅酸盐

天然硅酸盐包括硅酸盐岩石和硅酸盐矿物等，在自然界分布很广，是构成地壳岩石、土壤和许多矿物的主要成分。在已知的 2000 种矿石中，硅酸盐矿石就多达 800 余种。在地质学上，通常根据 SiO_2 含量的大小，将硅酸盐矿石分为五种类型，即极酸性岩（$SiO_2>78\%$）、酸性岩（65%～78%）、中性岩（55%～65%）、基性岩（38%～55%）和超基性岩（$SiO_2<38\%$）。

常见的天然硅酸盐矿石主要有：正长石［$K(AlSi_3O_8)$］、钠长石［$Na(AlSi_3O_8)$］、钙长石［$Ca(AlSi_3O_8)_2$］、滑石［$Mg_3Si_4O_{10}(OH)_2$］、白云母［$KAl_2(AlSi_3O_{10})(OH)_2$］、高岭土［$Al_2(Si_4O_{10})(OH)_2$］、石棉［$CaMg_3(Si_4O_{12})$］、石英（$SiO_2$）等。

二、人造硅酸盐

人造硅酸盐是以天然硅酸盐为主要原料，经加工而制得的各种硅酸盐材料和制品。传统的人造硅酸盐材料及制品主要有硅酸盐水泥及制品、玻璃及制品、陶瓷及制品、耐火材料砖、瓦等。

1. 硅酸盐水泥

凡细磨成粉末状，加入适量水后可成为塑性浆体，既能在空气中硬化又能在水中继续硬化，并能将砂、石等胶结在一起的水硬性胶凝材料，通称为水泥。

水泥的种类有很多，按其用途和性能，可将水泥分为通用水泥、专用水泥和特性水泥等；按其所含的主要水硬性矿物的不同，可将水泥分为硅酸盐水泥、铝酸盐水泥、氟铝酸盐水泥等。

凡由硅酸盐水泥熟料、0～5%石灰石或粒化高炉矿渣、适量石膏磨细制成的水硬性胶凝材料，称为硅酸盐水泥（即国外通称的波特兰水泥）。硅酸盐水泥分两种类型：一种是由硅酸盐水泥熟料及少量石膏制成的，称为Ⅰ型硅酸盐水泥，代号 P.Ⅰ；另一种是由硅酸盐水泥熟料、粉磨时掺加不超过水泥质量 5%石灰石或粒化高炉矿渣混合材料及适量石膏制成的，称为Ⅱ型硅酸盐水泥，代号 P.Ⅱ。

由硅酸盐水泥熟料、6%～15%的混合材料及适量石膏制成的水硬性胶凝材料，称为普通硅酸盐水泥，代号为 P.O。

常见的硅酸盐水泥，一般组成为 SiO_2 20%～24%、Al_2O_3 2%～7%、Fe_2O_3 2%～4%、CaO 64%～68%、MgO 0～4%、SO_3 0～2%、酸不溶物 1.5%～3%。

2. 玻璃

普通硅酸盐玻璃的主要成分为：SiO_2、Al_2O_3、CaO、MgO、K_2O、Na_2O、Fe_2O_3、B_2O_3 等。几种常见玻璃的化学成分见表 4-1。

表 4-1　几种常见玻璃的化学成分

玻璃类	化学成分大致含量/%							
	SiO_2	B_2O_3	Al_2O_3	CaO	MgO	Na_2O	K_2O	PbO
钠钙镁玻璃	69～75	—	0～2.5	5～10	1～4.5	13～15	0～2	—
钠铝硅酸盐玻璃	5～55	0～7	20～40	—	—	—	—	—
硼硅酸盐玻璃	60～80	10～25	1～4	—	—	2～10	2～10	—
低铝玻璃	55～62	—	0～1	—	—	10～20	2～10	—
高铝玻璃	30～50	—	—	—	—	5～10	5～10	35～69

玻璃及其原料中主要测定项目有：SiO_2、Fe_2O_3、Al_2O_3、CaO、MgO、K_2O、Na_2O、B_2O_3 等。

3. 陶瓷

陶瓷有普通陶瓷和特种陶瓷之分，普通陶瓷是指以黏土为主要原料，与其他矿物原料经过破碎、混合、成型，经过烧制而成的制品。特种陶瓷是指具有某些特殊性能的陶瓷制品，广泛应用于电子、航空、航天、生物医学等领域。

陶瓷制品最基本的原料是石英、长石和黏土三大类硅酸盐矿物，同时也使用一部分碱土金属的硅酸盐、硫酸盐和其他矿物原料，如石灰石、方解石、白云石、萤石、石膏等。

陶瓷原料的主要化学成分为：SiO_2、Al_2O_3、CaO、MgO、Fe_2O_3、K_2O、Na_2O、CaF_2、SO_3 等。

4. 耐火材料

耐火材料是耐火温度不低于 1580℃，并能在高温下经受结构应力和各种物理作用、化学作用和机械作用的无机非金属材料。大部分耐火材料是以天然矿石（如耐火黏土、硅石、菱镁矿、白云石等）为原料制成的。按化学成分可分为酸性耐火材料、中性耐火材料和碱性耐火材料，其中酸性耐火材料都含有相当数量的 SiO_2，一般硅质耐火材料含 SiO_2 高达 90%以上，半硅质的 SiO_2 含量超过 65%，而黏土质的耐火材料中 SiO_2 含量为 40%～50%。

SiO_2 含量越高，其耐酸性也越强。

耐火材料的主要测定项目有：烧失量、SiO_2、Fe_2O_3、Al_2O_3、CaO、MgO、K_2O、Na_2O、TiO_2 等。有时根据材料或制品的特性要求，还要测定 MnO、Cr_2O_3、ZrO_2、P_2O_5、FeO、ZnO、B_2O_3、PbO 等。

第二节 分析试样的分解

一、分析试样的准备

按规定取平均试样进行粉碎、缩分、研磨，全部通过 100～200 目筛后，装入磨口玻璃瓶中，使用前应将瓶中试样摇匀，取部分试样置于称量瓶中（必要时在玛瑙研钵中再研细），在 105～110℃于烘箱中干燥至恒重备用。也可在称样分析的同时，称样测定吸附水的含量，然后把分析结果进行基准换算。

二、分析试样的分解

1. 酸分解法

硅酸盐能否溶解于酸（如盐酸等），主要由其中二氧化硅含量与金属氧化物含量之比（二氧化硅/金属氧化物）及金属性质所决定。比值愈大，愈不易被酸所分解；比值愈小及金属氧化物的碱性愈强，则硅酸盐愈易被酸所分解，如硅酸钠可溶于水，硅酸钙不溶于水而能被酸所分解，硅酸铝则不能被酸完全分解。

试样分解通常选用盐酸、硝酸、高氯酸、磷酸及氢氟酸等。在系统分析中，常用盐酸分解试样，而硝酸、硫酸应用较少。例如在用称量法测定二氧化硅时，当蒸发溶液使硅酸转化为不溶状态的偏硅酸时，硝酸易形成难溶性的碱式盐；硫酸则易形成溶解度很小或几乎不溶解的碱土金属的硫酸盐。但是，分解某些矿物或某种元素进行单独测定时，有时要用硫酸、硝酸或高氯酸，如用硫酸分解铬铁矿以测定其中铬；用硫酸或高氯酸分解某些钛硅酸盐；用硝酸或高氯酸分解某些铅硅酸盐等。

磷酸本身是无氧化性的中强酸，但在 200～300℃时是一种强有力的溶剂。主要原因是在此温度下，其失去一部分水缩合成为焦磷酸及多聚磷酸，两者是强的配位剂，并具有较强的酸效应，从而使磷酸的溶解能力大大提高。

对于一些不为盐酸、硫酸分解的硅酸盐，有时可以用磷酸分解。例如陶瓷分析中，可用磷酸和氟硼酸溶解黏土中的硅酸盐，测定其中游离的二氧化硅。

硅酸盐能被酸所分解的不多，而大部分的硅酸盐能被氢氟酸所分解，即氢氟酸与硅酸盐中的硅作用生成挥发性的 SiF_4 而逸出。

$$SiO_2 + 6HF \longrightarrow H_2SiF_6 + 2H_2O$$

$$H_2SiF_6 \longrightarrow SiF_4 \uparrow + 2HF$$

加入氢氟酸的同时应加硫酸，其作用如下。

① 防止 SiF_4 水解。

$$3SiF_4 + 3H_2O \longrightarrow 2H_2SiF_6 + H_2SiO_3$$

② 使硅酸盐中的金属成分变为可溶性的硫酸盐。

③ 使钛、锆等具有挥发性质的氟化物转变为硫酸盐而不致随 SiF_4 同时逸出。

用氢氟酸-硫酸分解样品时，两种酸必须是分析纯的，以防止试剂中杂质引起分析误差。温度不宜过高，一般在微热的电热板上进行，以免试样从坩埚中飞溅。由于碱土金属与铅的硫酸盐不溶于水，分解含有这些元素的硅酸盐时，常以硝酸代替硫酸。氢氟酸分解试样适用于硅酸盐单项测定，也适用于高硅样品中二氧化硅的测定，如石英砂直接用氢氟酸-硫酸挥发称量法，根据失去的质量计算二氧化硅的含量。用氢氟酸分解试样需要用铂皿，也可采用聚四氟乙烯制的烧杯或坩埚，在250℃以下分解试样（如温度超过250℃时，聚四氟乙烯开始分解而产生极毒的全氟异丁烯气体）。氢氟酸对人体有毒性，且对皮肤腐蚀性大，操作时应戴上胶皮手套，用塑料量筒量取。氢氟酸蒸气具有强烈的刺激性，分解试样需在通风橱中进行，要特别注意安全。

2. 碱熔融法

不能被酸直接溶解的硅酸盐，加入碱性熔剂一起在高温熔融后，则硅酸盐转化为溶于水或能被酸所分解的形式。常用的碱性熔剂是碱金属的化合物，如碳酸盐、氢氧化物、过氧化物、硼酸盐、焦硫酸盐等。

不同熔剂分解试样的效果不同，有时某种熔剂只适合于某种组分而不适合于其他组分的测定，有时某种熔剂则适用于样品中所有组分的测定。因此，在选择熔剂时，除了要考虑熔剂的特性外，还要根据样品的组成和各组分之间的相对含量、对分析的不同要求以及实验室条件等来综合考虑。

（1）碳酸钠（钾）作熔剂　常用的碱性熔剂是碱金属的碳酸盐（如碳酸钠等），是大多数硅酸盐及其他矿物最常用的重要熔剂之一。它与硅酸盐熔融后生成碱金属的硅酸盐、铝酸盐、锰酸盐等，有时还可能生成某些金属的碳酸盐或氧化物。这些生成物有的可以溶解于水，有的可以溶解于酸中。由于试样的不同，则熔融的生成物也略有不同。熔剂一般为分析纯或优级纯的无水碳酸钠，碳酸钠往往含有微量或痕量杂质，在高准确度的分析中，须进行空白实验校正。

$$Al_2O_3 \cdot 2SiO_2 \cdot 2H_2O + 3Na_2CO_3 \longrightarrow 2Na_2SiO_3 + 2NaAlO_2 + 3CO_2\uparrow + 2H_2O$$

$$K_2O \cdot Al_2O_3 \cdot 6SiO_2 + 7Na_2CO_3 \longrightarrow 6Na_2SiO_3 + 2NaAlO_2 + K_2CO_3 + 6CO_2\uparrow$$

通常使用碳酸钠比碳酸钾多，因为碳酸钾吸湿性强，使用前需先脱水，并且钾盐被沉淀吸附的倾向比钠盐大，难以洗净。但碳酸钾熔融后的熔块要比碳酸钠的熔块易于溶解，所以在某些情况下也用碳酸钾。碳酸钠熔点为852℃，碳酸钾熔点为891℃，两者混合使用时熔点可降至700℃左右，可用于熔融温度较低的测定项目。熔融样品时的温度一般为950～1000℃，熔剂用量一般为试样用量的4～6倍，熔融时间为30～40min。较难熔的样品，熔剂用量可增至试样用量的6～10倍，熔融时间也需适当增加。用碳酸钠分解试样时，需使用铂坩埚。

（2）氢氧化钠（钾）作熔剂　氢氧化钠和氢氧化钾是强碱性熔剂，前者熔点318.4℃，后者熔点360.4℃。它适用于含硅量高的样品，对铝含量高的样品往往不能将其分解。对于亚铁含量较高或含有还原性物质的样品，若用碳酸钠在铂坩埚中熔融，则样品中的铁很容易与铂熔合形成铁-铂合金，不仅使坩埚受到侵蚀，还会使铁损失，导致铁的分析结果偏低。而用氢氧化钠（钾）在银坩埚中熔融，可使铁的测定得到满意的结果。氢氧化钠熔样反应为：

$$K_2O \cdot Al_2O_3 \cdot 6SiO_2 + 12NaOH \longrightarrow 6Na_2SiO_3 + 2KAlO_2 + 6H_2O\uparrow$$

熔融在银坩埚中进行，使用温度低于700℃，熔融后会有少量银转入熔融物中；在镍坩埚中熔融，熔融后也会有少量镍转入熔融物中，应考虑对测定有无影响。此外，还可在石墨或铁坩埚中熔融。熔样的具体条件应根据样品的实际情况灵活掌握。注意用氢氧化钠或氢氧化钾为熔剂时，不得使用铂坩埚。

该熔剂分解试样的速度快，反应剧烈，常用于硅酸盐的快速分析。

(3) 硼酸锂（钠）作熔剂 硼酸锂是一种碱性较强的熔剂，可用于分解多种硅酸盐矿物。其熔样速度快且分解完全。所得试样溶液，可进行包括钾、钠在内的各元素的测定。其不足之处是试样分解后较难提取，试剂价格也比较贵。硼酸钠也是有效的熔剂之一，它能使刚玉、锡石等耐熔矿物分解，通常是将硼酸钠和碳酸钠混合使用。

熔融应在铂坩埚中进行，熔剂用量一般不宜过多。

3. 碳酸钙-氯化铵烧结法

硅酸盐试样中氧化钾和氧化钠的测定，不能用含有钾或钠的熔剂分解试样。所用分解试样的方法，除氢氟酸分解法外，还可以采用碳酸钙-氯化铵烧结法。

$$2KAlSi_3O_8+6CaCO_3+2NH_4Cl \longrightarrow 6CaSiO_3+Al_2O_3+2KCl+6CO_2\uparrow+2NH_3\uparrow+H_2O$$

烧结温度为750～800℃，反应后的混合物仍为粉末状，故此法亦称半熔法。经烧结后转化为可被水浸取的碱金属氯化物。烧结使用铂坩埚。

4. 酸性熔剂熔融法

常用的酸性熔剂为焦硫酸钾（$K_2S_2O_7$），主要用于分解分析过程中所得灼烧过的金属氧化物。$K_2S_2O_7$ 在450℃时析出 SO_3，故熔融后使金属氧化物变为可溶性硫酸盐。该熔剂对酸性矿物作用很小，一般硅酸盐矿物很少用此熔剂进行熔融。

在硅酸盐的分析中，焦硫酸钾主要用于分解在分析过程中所得到的已氧化过的物质或已灼烧过的混合氧化物。其熔样反应为

$$K_2S_2O_7 \longrightarrow K_2SO_4+SO_3$$

$$Fe_2O_3+3SO_3 \longrightarrow Fe_2(SO_4)_3$$

$$Al_2O_3+3SO_3 \longrightarrow Al_2(SO_4)_3$$

$$TiO_2+2SO_3 \longrightarrow Ti(SO_4)_2$$

也可用 $KHSO_4$ 代替 $K_2S_2O_7$

$$2KHSO_4 \xrightarrow{\triangle} K_2S_2O_7+H_2O$$

熔融使用石英坩埚为宜，也可在铂坩埚或瓷坩埚中进行，但 $K_2S_2O_7$ 对铂皿稍有腐蚀，熔融时间愈长，铂皿所受的侵蚀也愈大。熔融温度为450℃，温度过高时，三氧化硫来不及与被分解的物质起反应而自身挥发。另外，在高温下长时间熔融，会使钛、锆、铬等元素形成难溶性的盐类。

第三节 水分和烧失量的测定

一、水分的测定

根据水分与岩石、矿物的结合状态不同，可以将水分为吸附水和化合水两类。通常以低温烘干测定吸附水，高温灼烧测定化合水。吸附水烘干的温度一般为105～110℃。测定吸附水是为了计算干燥基样品中其他组分的含量，不列入分析报告中。除少数硅酸盐（如云母、滑石等）含化合水外，一般硅酸盐矿石很少含化合水。人造硅酸盐为高温煅制品，一般只含吸附水。

1. 吸附水的测定

对于一般样品，取风干样品于105～110℃下烘2h；对于含水分多或易被氧化的样品，

宜在真空恒温干燥箱中干燥后称重测定或在较低温度（60～80℃）下烘干测定。

由于吸附水并非矿物内的固定组成部分，因此在计算总量时，该水分不参与计算总量。对于易吸湿的试样，则应在同一时间称出各份分析试样，测定吸附水并加以扣除。

2. 化合水的测定

化合水包括结晶水和结构水两部分。结晶水是以水分子状态存在于矿物晶格中的，如石膏 $CaSO_4 \cdot 2H_2O$ 等，通常在较低的温度（低于 300℃）下灼烧即可排出，有的甚至在测定吸附水时就可能部分逸出。结构水是以化合状态的氢或氢氧根存在于矿物的晶格中，需加热到 300～1300℃才能分解而放出的水分。

化合水的测定方法有重量法、气相色谱法、库仑法等。

二、烧失量的测定

烧失量，又称为灼烧减量，是试样在 1000℃灼烧至恒重后所失去的质量。烧失量主要包括化合水、二氧化碳和少量的硫、氟、氯、有机质等在高温下可挥发的物质，一般主要指化合水和二氧化碳。在硅酸盐全分析中，当亚铁、二氧化碳、硫、氟、氯、有机质含量不高时，有时可以用烧失量代替化合水等易挥发组分，参加总量计算，使平衡达到 100%（99.50%～100.50%），如以烧失量的结果参加计算，应注意灼烧后组分的变化，并加以换算校正。但是，当试样的组成复杂或上述组分中某些组分的含量较高时，高温灼烧过程中的化学反应比较复杂，如有机物、硫化物、低价化合物被氧化；碳酸盐、硫酸盐分解；碱金属化合物挥发；吸附水、化合水、二氧化碳被排除等。有的反应使试样的质量增加，有的反应却使试样的质量减少，因此，严格地说灼烧后试样质量的变化，是各种化学反应所引起的质量增加和减少的代数和。在样品较为复杂时，测定烧失量就没有意义了。

在建筑材料、耐火材料、陶瓷配料等物料的全分析中，烧失量的测定结果对工艺过程有直接的指导意义。若烧失量的取舍不当，将造成分析结果总量的偏高或偏低。例如，对于试样组成比较简单的硅酸盐岩石，可测烧失量，并将烧失量测定结果直接计入总量；对于组成较复杂的试样，应测定水分、二氧化碳、硫、氟、氯等组分，不测烧失量。

测定时，称取 1～1.5g 试样（准确至 0.0001g），置于已灼烧恒重的瓷坩埚中，将盖斜置于坩埚上，在马弗炉内从低温开始逐渐升高温度，在（900±25)℃下灼烧 15～20min，取出坩埚置于干燥器内冷却至室温，称量，直至恒重。

烧失量（以质量分数表示）按式(4-1）计算：

$$烧失量=\frac{m_1-m_2}{m_1}\times100\% \tag{4-1}$$

式中 m_1——试样的质量，g；

m_2——灼烧后试样的质量，g。

第四节 二氧化硅含量的测定

硅酸盐中二氧化硅的测定方法较多，通常采用重量法和氟硅酸钾容量法。对于硅含量低的试样，可采用硅钼蓝分光光度法和原子吸收分光光度法进行测定。

一、重量法

1. 方法原理

试样用无水碳酸钠烧结，使不溶的硅酸盐转化为可溶性的硅酸钠，用盐酸分解熔融块。

$$Na_2SiO_3 + 2HCl \longrightarrow H_2SiO_3 + 2NaCl$$

加入足量的固体氯化铵，于沸水浴上加热蒸发，使硅酸迅速脱水析出。沉淀用中速定量滤纸过滤，沉淀经灼烧后，得到含有铁、铝等杂质的不纯二氧化硅。

然后用氢氟酸处理沉淀，使沉淀中的二氧化硅量以 SiF_4 形式挥发，失去的质量即为胶凝性二氧化硅的量。

$$SiO_2 + 6HF \longrightarrow H_2SiF_6 + 2H_2O$$

$$H_2SiF_6 \longrightarrow SiF_4\uparrow + 2HF\uparrow$$

用硅钼蓝分光光度法测定滤液中残余的可溶性二氧化硅的量，二者之和即为二氧化硅的总量。此法为国家标准 GB/T 176—1996 规定的基准法。

2. 胶凝性二氧化硅的测定（碳酸钠烧结、氯化铵称量法）

称取 0.5g 试样（精确至 0.0001g），置于铂坩埚中，将盖斜置于坩埚上，在 950～1000℃下灼烧 5min，取出坩埚冷却。用玻璃棒仔细压碎块状物，加入 0.3g 已磨细的无水碳酸钠，混匀，再将坩埚置于 950～1000℃下灼烧 10min，放冷。

将烧结块移入瓷蒸发皿中，加少量水润湿，用平头玻璃棒压碎块状物，盖上表面皿，从皿口慢慢加入 5mL 盐酸及 2～3 滴硝酸，待反应停止后取下表面皿，用平头玻璃棒压碎块状物使分解完全，用热盐酸（1+1）清洗坩埚数次，洗液合并于蒸发皿中。将蒸发皿置于蒸汽水浴上，皿上放一玻璃三脚架，再盖上表面皿。蒸发至糊状后，加入约 1g 氯化铵，充分搅匀，在蒸汽水浴上蒸发至干后继续蒸发 10～15min。蒸发期间用平头玻璃棒仔细搅拌并压碎大颗粒。

取下蒸发皿，加入 10～20mL 热盐酸（3+97），搅拌使可溶性盐类溶解。用中速定量滤纸过滤，用胶头擦棒擦洗玻璃棒及蒸发皿，以热盐酸（3+97）洗涤沉淀 3～4 次，然后用热水充分洗涤沉淀，直至检验无氯离子为止。滤液及洗液收集于 250mL 容量瓶中。

将沉淀连同滤纸一并移入铂坩埚中，将盖斜置于坩埚上，在电炉上干燥、灰化完全后，放入 950～1000℃的高温炉内灼烧 1h。取出坩埚，置于干燥器中，冷却至室温，称量。反复灼烧，直至恒重（m_1）。向坩埚中加数滴水润湿沉淀，加 3 滴硫酸（1+4）和 10mL 氢氟酸，放入通风橱内电热板上缓慢蒸发至干，升高温度继续加热至三氧化硫白烟完全逸尽。将坩埚放入 950～1000℃的马弗炉内灼烧 30min。取出坩埚，置于干燥器中，冷却至室温，称量，反复灼烧，直至恒重（m_2）。

在上述经过氢氟酸处理后得到的残渣中加入 0.5g 焦硫酸钾，在喷灯上熔融，熔块用热水和数滴盐酸（1+1）溶解，溶液并入分离二氧化硅后得到的滤液和洗液中。用水稀释至标线，摇匀，此为待测液。此溶液用来测定溶液中残留的可溶性二氧化硅、三氧化二铁、三氧化二铝、氧化钙、氧化镁、二氧化钛等。

3. 可溶性二氧化硅的测定（硅钼蓝分光光度法）

（1）基本原理　在一定的酸度下，硅酸与钼酸生成黄色硅钼杂多酸（硅钼黄），$\lambda_{max}=350\sim355nm$，摩尔吸光系数 $\varepsilon=8.3\times10^3 L/(mol \cdot cm)$，此法为硅钼黄分光光度法。硅酸与钼酸的反应如下：

$$H_4SiO_4 + 12H_2MoO_4 \longrightarrow H_8[Si(Mo_2O_7)_6] + 10H_2O$$

硅钼黄可在一定酸度下，被硫酸亚铁、氯化亚锡、抗坏血酸等还原剂还原，得到蓝色硅钼杂多酸（硅钼蓝），可用于分光光度法测定硅，$\varepsilon=8.3\times10^3 L/(mol \cdot cm)$，通常在 660nm 波长处测定，由于灵敏度稍低，适应于较高硅含量的测定。

测定中可加入一定量的乙醇，以加速硅钼黄的形成，并增加其稳定性。

（2）二氧化硅标准溶液的配制

① 0.20mg/mL 二氧化硅标准贮备溶液的配制。称取 0.2000g 经 1000～1100℃新灼烧过 60min 以上的二氧化硅（光谱纯），置于铂坩埚中，加入 2g 无水碳酸钠，搅拌均匀，在 950～1000℃高温下熔融 15min。冷却后，将熔融物浸出于盛有约 100mL 沸水的塑料烧杯中，待全部溶解，冷却至室温后，移入 1000mL 容量瓶中，用水稀释至标线，摇匀，贮存于塑料瓶中。

② 0.02mg/mL 二氧化硅标准使用溶液。吸取 50.00mL 上述标准溶液于 500mL 容量瓶中，用水稀释至标线，摇匀，移入塑料瓶中保存。

（3）工作曲线的绘制　吸取 0.02mg/mL 二氧化硅标准溶液 0mL、2.00mL、4.00mL、5.00mL、6.00mL、8.00mL、10.00mL，分别放入 7 只 l00mL 容量瓶中，加水稀释至约 40mL，依次加入 5mL 盐酸（1＋10）、8mL 乙醇（体积分数 95％）、6mL 钼酸铵溶液（50g/L）。放置 30min 后，加入 20mL 盐酸（1＋1）、5mL 抗坏血酸溶液（5g/L），用水稀释至标线，摇匀。放置 lh 后，使用 1.0cm 比色皿于分光光度计上，以水作参比，于波长 660nm 处测定溶液的吸光度，绘制工作曲线或求出线性回归方程。

（4）样品测定　从待测溶液中吸取 25.00mL 样品溶液，移入 100mL 容量瓶中，按照与工作曲线绘制中的测定步骤及测定方法测定样品溶液的吸光度，然后根据工作曲线，求出二氧化硅的含量（m_3）。

4. 结果计算

胶凝性二氧化硅的质量分数按式(4-2) 计算：

$$w(\text{胶凝 } SiO_2)=\frac{m_1-m_2}{m}\times 100\% \tag{4-2}$$

可溶性二氧化硅的质量分数按式(4-3) 计算：

$$w(\text{可溶 } SiO_2)=\frac{m_3\times 10^{-3}}{m\times\frac{25}{250}}\times 100\% \tag{4-3}$$

式中　m_1——灼烧后未经氢氟酸处理的沉淀及坩埚的质量，g；

m_2——用氢氟酸处理并经灼烧后的残渣及坩埚的质量，g；

m_3——测定的 100mL 溶液中二氧化硅的含量，mg；

m——试料的质量，g。

总二氧化硅的质量分数：

$$w(\text{总})=w(\text{胶凝 } SiO_2)+w(\text{可溶 } SiO_2) \tag{4-4}$$

5. 方法讨论

（1）试样的处理　由于水泥试样中或多或少含有不溶物，如用盐酸直接溶解样品，不溶物将混入二氧化硅沉淀中，造成结果偏高。所以，在国家标准中规定，水泥试样要用碳酸钠烧结后再用盐酸溶解。若需准确测定，应以氢氟酸处理。

以碳酸钠烧结法分解试样，应预先将固体碳酸钠用玛瑙研钵研细，碳酸钠的加入量要相对准确，需用分析天平称量 0.30g 左右。若加入量不足，试料烧结不完全，测定结果不稳定；若加入量过多，烧结块不易脱除。加入碳酸钠后，要用细玻璃棒仔细混匀，否则试料烧结不完全。

(2) 硅酸脱水　硅酸属于弱酸（$K_{a_1}=1.7\times10^{-10}$），在溶液中呈胶体状态，并且具有吸附性。要得到硅酸沉淀，就要使水溶胶状态的硅酸（H_2SiO_3）转变为不溶于水或几乎不溶于稀酸的水凝胶（$xSiO_2\cdot yH_2O$），这种转化作用叫硅酸脱水。硅酸脱水后即可沉淀下来，与其他元素分离。

用盐酸浸出烧结块后，应控制溶液体积，若溶液太多，蒸干耗时太长。通常加5mL浓盐酸溶解烧结块，再以约5mL盐酸（1+1）和少量的水洗净坩埚。加入氯化铵可起到加速脱水的作用。因为氯化铵是强电解质，当浓度足够大时，对硅酸胶体有盐析作用，从而加快硅酸胶体的凝聚。由于大量NH_4^+的存在，还减少了硅酸胶体对其他阳离子的吸附，而硅酸胶粒吸附的NH_4^+在加热时即可除去，从而获得比较纯净的硅酸沉淀。

(3) 脱水的温度与时间　用盐酸蒸干法使硅酸脱水，脱水的温度不要超过110℃。若温度过高，某些氯化物（$MgCl_2$、$AlCl_3$等）将变成碱式盐，甚至与硅酸结合成难溶的硅酸盐，用盐酸洗涤时不易除去，使硅酸沉淀夹带较多的杂质，结果偏高。反之，若脱水温度不够或时间不够，则可溶性硅酸不能完全转变成不溶性硅酸，在过滤时会透过滤纸，使二氧化硅结果偏低，且过滤速度很慢。

为保证硅酸充分脱水，又不致温度过高，应采用水浴加热。不宜使用砂浴、红外灯或电炉加热，因其温度难以控制。

为加速脱水，氯化铵不要在一开始就加入，否则由于大量氯化铵的存在，使溶液的沸点升高，水的蒸发速率反而降低。应在蒸至糊状后再加氯化铵，继续蒸发至干。黏土试样要多蒸发一些时间，直至蒸发到干粉状。

总之，脱水是一个缓慢过程，经一次脱水只能使部分硅酸以水凝胶状态析出，其余仍留在溶液中。

(4) 沉淀的过滤与洗涤　为防止钛、铝、铁水解产生氢氧化物沉淀及硅酸，洗涤剂应以温热的稀盐酸（3+97）将沉淀中夹杂的可溶性盐类溶解，用中速定量滤纸过滤硅酸沉淀，再以热稀盐酸溶液（3+97）洗涤沉淀3～4次，盐酸浓度不要过高，否则会使硅酸沉淀因溶解而转移到滤液中的量增大。然后再以热蒸馏水充分洗涤沉淀，直到无氯离子为止。但洗涤次数也不要过多，否则漏失的可溶性硅酸会明显增加。一般洗液体积不超过120mL。另外，洗涤的速度要快，防止因温度降低而使硅酸形成胶冻，以致过滤更加困难。

(5) 沉淀的灼烧　要使硅酸完全失去水分，转变为白色的二氧化硅沉淀，只要在950～1000℃充分灼烧（约1.5h），并且在干燥器中冷却至与室温一致，灼烧温度对结果的影响并不显著。

灼烧后生成的无定形二氧化硅极易吸水，故每次灼烧后冷却的条件应保持一致，且称量要迅速。

灼烧前，滤纸以及硅酸沉淀一定要在铂坩埚中缓慢灰化完全，坩埚盖要半开，温度由低温至高温缓慢升高，不要产生火焰，以防止造成二氧化硅沉淀的损失。同时，也不能有残余碳存在，以免高温或快速灼烧时发生下述反应而使结果产生负误差。

$$SiO_2+3C \longrightarrow SiC(\text{黑色})+2CO\uparrow$$

二、氟硅酸钾容量法

氟硅酸钾容量法确切地应称为氟硅酸钾沉淀分离-酸碱滴定法，该法应用广泛，在国家标准GB/T 176—2008中被列为代用法。

1. 方法原理

试样经苛性碱熔剂（KOH或NaOH）熔融后，加入硝酸使硅生成游离硅酸。在有过量的氟离子和钾离子存在的强酸性溶液中，使硅形成氟硅酸钾（K_2SiF_6）沉淀，反应式如下：

$$SiO_2 + 2KOH \longrightarrow K_2SiO_3 + H_2O$$

$$2K^+ + H_2SiO_3 + 6F^- + 4H^+ \longrightarrow K_2SiF_6 \downarrow + 3H_2O$$

沉淀经过滤、洗涤及中和残余酸后，加沸水使氟硅酸钾沉淀水解，然后以溴麝香草酚蓝-酚红混合指示剂为指示剂，用氢氧化钠标准滴定溶液滴定生成的氢氟酸，终点颜色为紫红色，根据氢氧化钠标准溶液的浓度和消耗的体积计算出二氧化硅的含量。

$$K_2SiF_6 + 3H_2O \longrightarrow 2KF + H_2SiO_3 + 4HF$$

$$HF + NaOH \longrightarrow NaF + H_2O$$

2. 测定步骤

称取约0.5g硅酸盐试样（准确至0.0001g），置于铂坩埚中，加入6～7g氢氧化钾，滴加2～3滴无水乙醇，盖上坩埚盖，稍留缝隙，置于具有保温套的电炉（或高温炉）中，在650～700℃的高温下熔融10min，取出坩埚并使之旋转至使熔融物附着于坩埚内壁，冷却。将冷却后的坩埚放入盛有100mL近沸腾水的烧杯中，盖上表面皿，于电热板上适当加热，待熔块完全浸出后，取出坩埚，用水冲洗坩埚和盖，在搅拌下一次加入25～30mL盐酸，再加入1mL硝酸，用热盐酸（1＋5）洗净坩埚和盖，将溶液加热至沸，冷却，然后移入250mL容量瓶中，用水稀释至标线，摇匀。此溶液作为待测溶液，供测定二氧化硅、氧化铁、氧化铝、氧化钙、氧化镁、二氧化钛用。

吸取50.00mL待测溶液，放入300mL塑料杯中，加入10～15mL硝酸，搅拌，冷却至30℃以下，加入氯化钾，仔细搅拌、压碎大颗粒氯化钾至饱和并有少量氯化钾析出，再加2g氯化钾及10mL氟化钾溶液（150g/L），仔细搅拌、压碎大颗粒氯化钾使其完全饱和，并有少量氯化钾析出（此时搅拌，溶液应该比较浑浊，如氯化钾析出量不够，应再补充加入，但氯化钾析出量不宜过多），在30℃下放置15～20min，期间搅拌1～2次。用中速滤纸过滤，用氯化钾溶液（50g/L）洗涤塑料杯及沉淀3次。洗涤过程中使原来析出的固体氯化钾溶解，洗涤液总量不超过25mL。将滤纸连同沉淀取下置于原塑料杯中，并沿杯壁加入10mL 30℃以下的氯化钾-乙醇溶液（50g/L）及1mL酚酞指示剂溶液，将滤纸展开，用氢氧化钠标准滴定溶液中和未洗尽的酸，仔细搅动，挤压滤纸并随之擦洗杯壁直至溶液呈红色（过滤、洗涤、中和残余酸的操作应迅速，以防止氟硅酸钾沉淀的水解），向杯中加入约200mL沸水（煮沸后用氢氧化钠溶液中和至酚酞呈微红色的沸水），用氢氧化钠标准滴定溶液滴定至微红色。

3. 结果计算

二氧化硅的质量分数按式(4-5)计算：

$$w(SiO_2) = \frac{T_{SiO_2/NaOH} \times V}{m \times \frac{50}{250}} \times 100\% \qquad (4\text{-}5)$$

式中 $T_{SiO_2/NaOH}$——氢氧化钠标准滴定溶液对二氧化硅的滴定度，g/mL；

V——滴定时消耗氢氧化钠标准滴定溶液的体积，mL；

m——试样的质量，g。

4. 方法讨论

(1) 试样的分解　单独称取试样测定二氧化硅时，可采用氢氧化钾为熔剂，在镍坩埚中熔融；或以碳酸钾作熔剂，在铂坩埚中熔融。进行系统分析时，多采用氢氧化钠作熔剂，在银坩埚中熔融。对于高铝试样，最好用氢氧化钾或碳酸钾熔样，因为在溶液中易生成比 K_3AlF_6 溶解度更小的 Na_3AlF_6 而干扰测定。

（2）溶液的酸度　以硝酸作介质，溶液的酸度应保持在氢离子浓度为 3mol/L 左右。在使用硝酸时，于 50mL 试验液中加入 10～15mL 浓硝酸即可。酸度过低易生成其他金属的氟化物沉淀（如 K_3AlF_6）而干扰测定；酸度过高将使 K_3SiF_6 沉淀溶解度增大，沉淀反应不完全，还会给后面的沉淀洗涤、残余酸的中和操作带来麻烦。

使用硝酸比盐酸好，既不易析出硅酸胶体，又可以减弱铝的干扰。溶液中共存的 Al^{3+} 在生成 K_2SiF_6 的条件下亦能生成 K_3AlF_6（或 Na_3AlF_6）沉淀，从而严重干扰硅的测定。由于 K_2SiF_6 在硝酸介质中的溶解度比在盐酸中小，而 K_3AlF_6 在硝酸介质中的溶解度比在盐酸中的大，不会析出 K_3AlF_6 沉淀，从而防止了 Al^{3+} 的干扰。

（3）氯化钾的加入量　熔样时虽然引入了熔剂中的钾，但沉淀前还要加入一定量的钾盐（氯化钾）才能保证沉淀完全。氯化钾应加至饱和，过量的钾离子有利于 K_2SiF_6 沉淀完全，这是本法的关键之一。加入固体氯化钾时，要不断搅拌，压碎氯化钾颗粒，溶解后再加，直到不再溶解为止，再过量 1～2g，一般控制在氯化钾的过饱和溶液中进行沉淀。

（4）氟化钾的加入量　过量的氟与钾均有利于沉淀的生成，但氟化钾的加入量要适宜。一般硅酸盐试样，在含有 0.1g 试样的试验溶液中，加入 10mL KF 溶液（150g/L）。如加入量过多，则 Al^{3+} 易与过量的氟离子生成 K_3AlF_6 沉淀，该沉淀水解生成氢氟酸而使结果偏高。反应式如下：

$$K_3AlF_6 + 3H_2O \longrightarrow 3KF + H_3AlO_3 + 3HF$$

因此，当铝含量较多时，氟化钾的加入量要相应减少。一般情况下在约 60mL 测定溶液中加入氟化钾 1～1.5g 即可。

（5）氟硅酸钾沉淀的过滤和洗涤　氟硅酸钾属于中等细度晶体，过滤时用中速或快速定性滤纸过滤。为加快过滤速度，宜使用带槽长颈塑料漏斗，并在漏斗颈中形成水柱。

过滤时应采用倾泻法，先将溶液倒入漏斗中，而将氯化钾固体和氟硅酸钾沉淀留在塑料杯中，溶液滤完后，再用氯化钾溶液（150g/L）洗烧杯 2～3 次，洗漏斗 1 次，洗涤液总量不超过 25mL。洗涤液的温度不宜超过 30℃。

（6）中和残余酸　氟硅酸钾晶体中夹杂的金属阳离子不会干扰测定，而夹杂的硝酸却严重干扰测定。当采用洗涤法来彻底除去硝酸时，会使氟硅酸钾严重水解，因而只能洗涤 2～3 次，残余的酸则采用中和法消除。

中和残余酸的操作十分关键，要快速、准确，以防氟硅酸钾提前水解。中和时，要将滤纸展开、捣烂，用塑料棒反复挤压滤纸，使其吸附的酸能进入溶液而被碱中和，最后还要用滤纸擦洗杯内壁，中和至溶液呈紫红色。但要注意局部过浓现象，因为碱局部过浓，会使 K_2SiF_6 分解，导致结果偏低。中和完放置后如有褪色，则不能再作为残余酸继续中和了。

（7）NaOH 标准溶液对 SiO_2 的滴定度　按下式计算：

$$T_{SiO_2/NaOH} = \frac{c_{NaOH} \times M\left(\frac{1}{4}SiO_2\right)}{1000} = \frac{c_{NaOH} \times \frac{1}{4} \times 60.084}{1000} = c_{NaOH} \times 0.01502(g/mL)$$

第五节　氧化铁含量的测定

测定氧化铁的方法很多，目前常用的是 EDTA 配位滴定法、重铬酸钾氧化还原滴定法和原子吸收分光光度法。如样品中铁含量较高时，可采用EDTA配位滴定法；样品中铁含量较低（<10%）时，可采用磺基水杨酸钠分光光度法和邻菲啰啉分光光度法。国家标准GB/T 176—2008中，将EDTA络合滴定法列为基准法，邻菲啰啉分光光度法和原子吸收分光光度法列为代用法。本节主要介绍EDTA络合滴定法和原子吸收分光光度法。

一、EDTA滴定法

1. 方法原理

在pH为1.8～2.0及60～70℃的溶液中，以磺基水杨酸为指示剂，用EDTA标准溶液直接滴定溶液中的三价铁离子。此法适用于Fe_2O_3含量小于10%的试样，如水泥、生料、熟料、黏土、石灰石等。

用EDTA直接滴定Fe^{3+}，一般以磺基水杨酸或其钠盐作指示剂。在溶液pH为1.8～2.0时，Fe^{3+}既能与EDTA生成黄色的配合物，也能与磺基水杨酸钠生成紫红色配合物。但前者反应趋势大，形成的配合物也较后者稳定，以磺基水杨酸钠作指示剂，生成的配合物能被EDTA所取代。反应过程如下：

$$Fe^{3+} + Sal^{2-} \longrightarrow FeSal^{+}（紫红色）$$

$$Fe^{3+} + H_2Y^{2-} \longrightarrow FeY^{-}（黄色）+ 2H^{+}$$

$$FeSal^{+} + H_2Y^{2-} \longrightarrow FeY^{-}（黄色）+ Sal^{2-}（无色）+ 2H^{+}$$

因此，终点时溶液颜色由紫红色变为亮黄色。试样中铁含量越高，则黄色越深；铁含量低时为浅黄色，甚至近于无色。若溶液中含有大量Cl^-时，FeY^-与Cl^-生成黄色更深的配合物，所以，在盐酸介质中滴定比在硝酸介质中滴定可以得到更明显的终点。

2. 测定步骤

从测定二氧化硅时所制备的待测溶液中，吸取25.00mL试液放入300mL烧杯中，加水稀释至约100mL，用氨水（1+1）和盐酸（1+1）调节溶液pH在1.8～2.0之间（用精密pH试纸或酸度计检验）。将溶液加热至70℃，加入10滴磺基水杨酸钠指示剂溶液（100g/L），用0.015mol/L EDTA标准滴定溶液缓慢滴定至亮黄色（终点时溶液温度应该不低于60℃，如终点前溶液温度降至近60℃，应再加热至65～70℃）。保留此溶液供测定三氧化二铝用。

3. 结果计算

氧化铁的质量分数按式(4-6)计算：

$$w(Fe_2O_3) = \frac{T_{Fe_2O_3/EDTA} \times V}{m \times \frac{25}{250}} \times 100\% \tag{4-6}$$

式中　$T_{Fe_2O_3/EDTA}$——EDTA标准滴定溶液对Fe_2O_3的滴定度，g/mL；

V——滴定时消耗EDTA标准滴定溶液的体积，mL；

m——试样的质量，g。

4. 方法讨论

（1）酸度控制　准确控制溶液的酸度是本法的关键，用精密pH试纸检验。若pH<1，EDTA不能与Fe^{3+}定量配位；同时，磺基水杨酸钠与Fe^{3+}生成的配合物也很不稳定，致使滴定终点提前，滴定结果偏低；若pH=1.0～1.5，滴定终点变化缓慢；若pH>2.5，热溶液中Fe^{3+}易水解，使Fe^{3+}与EDTA的配位能力减弱甚至完全消失。在实际样品的分析中，还必须考虑共存的其他金属阳离子特别是Al^{3+}、TiO^{2+}的干扰。试验证明，pH>2时，

Al^{3+}的干扰增强，而TiO^{2+}的含量一般不高，其干扰作用不显著。因此，对于单独Fe^{3+}的滴定，当有Al^{3+}共存时，溶液的最佳pH范围为1.8～2.0（室温下），滴定终点的变色最明显。

（2）反应温度　Fe^{3+}与EDTA的配位反应在常温下较为缓慢，因此滴定反应宜在热溶液中进行，一般准确控制溶液的温度在60～70℃。在pH为1.8～2.0时，Fe^{3+}与EDTA的配位反应速率较慢，因部分Fe^{3+}水解生成羟基配合物，需要离解时间。一般在滴定时，溶液的起始温度以70℃为宜，高铝类样品不要超过70℃。在滴定结束时，溶液的温度不宜低于60℃。温度过高，Al^{3+}、TiO^{2+}等干扰元素对测定的干扰增大。

（3）溶液的体积　一般以80～100mL为宜。体积过大，滴定终点不敏锐，也不便于混合均匀；体积过小，溶液中Al^{3+}浓度相对增高，干扰增强，同时溶液的温度下降较快，对滴定不利。

（4）滴定速度　滴定近终点时，要慢滴快摇，最后要半滴半滴地加入EDTA溶液，每加半滴，剧烈摇动数秒，直至无残余红色为止。如滴定过快，Fe_2O_3的结果将偏高，接着测定Al_2O_3结果又会偏低。

二、原子吸收分光光度法（代用法）

1. 方法原理

试样经氢氟酸和高氯酸分解后，分取一定量的溶液，以锶盐消除硅、铝、钛等对铁的干扰。用原子吸收分光光度计，在空气-乙炔火焰中，于波长248.3nm处测定吸光度，从而计算出试样中三氧化二铁的含量。

2. 测定步骤

（1）三氧化二铁标准溶液配制　称取0.1000g已于（950±25）℃灼烧过60min的三氧化二铁（光谱纯），精确至0.0001g，置于300mL烧杯中，依次加入50mL水、30mL盐酸（1+1）、2mL硝酸，低温加热微沸，待溶解完全，冷却至室温后，移入1000mL容量瓶中，用蒸馏水稀释至标线，摇匀。此标准溶液每毫升含0.1mg三氧化二铁。

（2）工作曲线的绘制　吸取0.1mg/mL的三氧化二铁标准溶液0mL、10.00mL、20.00mL、30.00mL、40.00mL、50.00mL，分别放入500mL容量瓶中，加入30mL盐酸及10mL氯化锶溶液（50g/L），用水稀释至标线，摇匀。将原子吸收光谱仪调节至最佳工作状态，在空气-乙炔火焰中，用铁元素空心阴极灯，于248.3nm处，以水校零测定溶液的吸光度。绘制工作曲线或求出线性回归方程。

（3）样品测定　氢氟酸-高氯酸分解试样，称取约0.1g试样（精确至0.0001g）置于铂坩埚中，用0.5～1mL水润湿，加5～7mL氢氟酸和0.5mL高氯酸，放入通风橱内低温电热板上加热，近干时摇动坩埚以防溅失。待白色浓烟驱尽后取下放冷。加入20mL盐酸（1+1），温热至溶液澄清，冷却后转移到250mL容量瓶中，加5mL氯化锶溶液（锶50g/L），用水稀释至标线，摇匀。此溶液供原子吸收光谱法测定氧化镁、三氧化二铁、氧化锰、氧化钾和氧化钠用。

从上述待测溶液中，分取一定量的溶液，放入容量瓶中（试样溶液的分取量及容量瓶的容积视三氧化二铁的含量而定），加入氯化锶溶液（锶50g/L），使测定溶液中锶的浓度为1mg/mL。用水稀释至标线，摇匀。在与工作曲线绘制相同的仪器条件下测定溶液的吸光度，在工作曲线上查出三氧化二铁的浓度$\rho_{Fe_2O_3}$。

3. 结果计算

三氧化二铁的质量分数按式(4-7)计算：

$$w(Fe_2O_3)=\frac{\rho_{Fe_2O_3}\times V\times n}{m\times 1000}\times 100\% \qquad (4\text{-}7)$$

式中 $\rho_{Fe_2O_3}$——测定溶液中三氧化二铁的浓度，mg/mL；

m——试样质量，g；

n——全部试样溶液与所分取试样溶液的体积比；

V——测定溶液的体积，mL。

4. 方法讨论

① 试样的吸光度应在标准曲线的线性范围内，否则，可改变取样的体积。

② 经常检查管道气密性，防止气体泄漏，严格遵守有关操作规程，注意安全。

③ 全部测定均先喷蒸馏水，待记录仪基线平稳后，再喷试液。

④ 乙炔关闭后，检查乙炔钢瓶上压力表指针是否回零，否则乙炔钢瓶总开关未关紧。

第六节　氧化铝含量的测定

铝的测定方法有很多，有重量法、滴定法、分光光度法、原子吸收分光光度法、等离子体发射光谱法等。硅酸盐中铝含量较高时，氧化铝的测定均采用EDTA滴定分析法，但对于不同类型的硅酸盐制品，氧化铝的测定方法略有不同。如钠钙硅铝硼玻璃中氧化铝的测定，用乙酸锌或硫酸铜返滴定法；水泥中则采用直接滴定法或硫酸铜返滴定法。硅酸盐试样中铝含量很低时，可采用铬天青S比色法。在国家标准GB/T 176—2008中，将EDTA直接滴定法列为基准法，硫酸铜返滴定法列为代用法。

一、EDTA直接滴定法

1. 方法原理

调整滴定铁后溶液的pH为3左右，加热，使TiO^{2+}水解为TiO(OH)沉淀，在煮沸下用EDTA-Cu和等物质的量的PAN为指示剂，用EDTA标准溶液直接滴定Al^{3+}，由EDTA标准溶液的浓度和消耗的体积，计算氧化铝的含量。

在pH为3的热溶液中加入EDTA-Cu和等物质的量的PAN为指示剂，发生下列反应：

$$Al^{3+}+CuY^{2-}(\text{蓝色})\longrightarrow AlY^{-}+Cu^{2+}$$

$$Cu^{2+}+PAN(\text{黄色})\longrightarrow Cu\text{-}PAN^{2+}(\text{红色})$$

用EDTA标准溶液直接滴定时，发生下列反应

$$Al^{3+}+H_2Y^{2-}\longrightarrow AlY^{-}+2H^{+}$$

$$Cu\text{-}PAN^{2+}(\text{红色})+H_2Y^{2-}(\text{稍过量})\longrightarrow CuY^{2-}(\text{蓝色})+PAN(\text{黄色})+2H^{+}$$

滴定终点时溶液由红色变为亮黄色。由于滴定前加入的CuY^{2-}与PAN和滴定后生成的CuY^{2-}与PAN物质的量是相等的，因此指示剂不影响滴定结果。

2. 测定步骤

将滴定铁后的溶液用水稀释至200mL，加1～2滴溴酚蓝指示剂溶液（2g/L），滴加氨水（1+2）至溶液出现蓝紫色，再滴加盐酸（1+2）至黄色，加入15mL乙酸-乙酸钠缓冲溶液（pH=3.0），加热至微沸并保持1min，加入10滴EDTA-Cu溶液及2～3滴PAN指示剂溶液（2g/L），用0.015mol/L EDTA滴定至红色消失，继续煮沸，滴定，直至溶液经煮沸后红色不再出现，溶液呈稳定的亮黄色为止。

3. 结果计算

氧化铝的质量分数按式(4-8) 计算：

$$w(Al_2O_3)=\frac{T_{Al_2O_3/EDTA}V}{m\times\frac{V_0}{250}}\times 100\% \qquad (4-8)$$

式中　$T_{Al_2O_3/EDTA}$——EDTA 标准溶液对氧化铝的滴定度，g/mL；

V——滴定时消耗 EDTA 标准溶液的体积，mL；

V_0——从待测液中移取测定用试样溶液的体积，mL；

m——试样的质量，g。

4. 方法讨论

① EDTA-Cu 溶液。用浓度各为 0.015mol/L 的 EDTA 标准溶液和硫酸铜标准溶液等体积混合而成。

② 酸度。Al^{3+} 与 EDTA 配位反应的最高酸度为 4.1，但此时不能避免 Al^{3+} 水解生成一系列配合物，如 $[Al_2(H_2O)_6(OH)_3]^{3+}$、$[Al_3(H_2O)_6(OH)_6]^{3+}$ 等，该配合物与 EDTA 配位反应速率缓慢，且配位比不恒定，不利于进行滴定分析。提高配位时的酸度（pH＝3.0)，可消除以上不利影响。

二、硫酸铜返滴定法

1. 方法原理

在滴定铁后的溶液中，加入对铝、钛过量的 EDTA 标准滴定溶液，加热至 70～80℃，调节溶液的 pH 为 3.8～4.0，煮沸 1～2min，使 EDTA 与 Al^{3+}、TiO^{2+} 配位完全。

$$Al^{3+} + H_2Y^{2-} \longrightarrow AlY^- + 2H^+$$

$$TiO^{2+} + H_2Y^{2-} \longrightarrow TiOY^{2-} + 2H^+$$

剩余的 EDTA 用硫酸铜标准溶液滴定

$$Cu^{2+} + H_2Y^{2-}(\text{剩余}) \longrightarrow CuY^{2-}(\text{蓝色}) + 2H^+$$

以 PAN 为指示剂，当过量一滴硫酸铜与 PAN 形成红色配合物，即为终点。

$$Cu^{2+} + PAN(\text{黄色}) \longrightarrow Cu\text{-}PAN^{2+}(\text{红色})$$

2. 测定步骤

(1) 0.015mol/LEDTA 标准溶液与 0.015mol/L 硫酸铜标准溶液体积比（K）的标定　从滴定管中缓慢放出 10.00～15.00mL 0.015mol/L EDTA 标准滴定溶液于 300mL 烧杯中，加水稀释至约 150mL，加入 15mL，pH＝4.3 的乙酸-乙酸铵缓冲液。加热煮沸，取下稍冷，加入 4～5 滴 PAN 指示剂（2g/L）溶液，用 0.015mol/L 的硫酸铜标准溶液滴定，试液由黄色变为亮紫色即为终点。记录消耗硫酸铜标准溶液的体积。

$$K = V_1 / V_2$$

式中　K——EDTA 标准滴定溶液与硫酸铜标准滴定溶液的体积比；

V_1——加入 EDTA 标准滴定溶液的体积，mL；

V_2——滴定时消耗硫酸铜标准滴定溶液的体积，mL。

(2) 样品测定　向滴定完铁的溶液中准确加入 0.015mol/L 标准滴定溶液至过量 10～15mL，用水稀释至 150～200mL。将溶液加热至 70～80℃后，在搅拌下用氨水（1＋1）调节溶液 pH 在 3.0～3.5 之间（以精密 pH 试纸检验），加入 15mL 乙酸-乙酸铵缓冲溶液(pH＝4.3)，煮沸并保持微沸 1～2min，取下稍冷，待溶液温度为 80～90℃时，加入 4～5 滴 PAN 指示剂溶液（2g/L)，用 0.015mol/L 硫酸铜标准滴定溶液滴定至试液由黄色变为亮紫色即为终点。记录消耗硫酸铜标准溶液体积。

3. 结果计算

三氧化二铝的质量分数按式（4-9）计算：

$$w(Al_2O_3)=\frac{T_{Al_2O_3/EDTA}(V_1-KV_2)}{m\times\frac{V_0}{250}}\times 100\%-0.64w(TiO_2) \quad (4-9)$$

式中 $T_{Al_2O_3/EDTA}$——EDTA 标准溶液对三氧化二铝的滴定度，g/mL；

V_1——加入 EDTA 标准溶液的体积，mL；

V_2——滴定时消耗硫酸铜标准溶液的体积，mL；

V_0——从待测液中移取测定用试样溶液的体积，mL；

K——每毫升硫酸铜标准溶液相当于 EDTA 标准滴定溶液的体积，mL；

$w(TiO_2)$——用二安替比林甲烷光度法测得的二氧化钛的质量分数；

0.64——二氧化钛对三氧化二铝的换算系数，即$\frac{M\left(\frac{1}{2}Al_2O_3\right)}{M(TiO_2)}$；

m——试料的质量，g。

4. 方法讨论

① 终点的颜色。在用铜盐回滴时，EDTA 标准溶液过量的多少和 PAN 指示剂的用量，对终点的颜色影响很大。正常终点的颜色应是蓝色的 CuY^{2-} 颜色中有少量的 $Cu\text{-}PAN^{2+}$ 离子的红色，即亮紫色。若 EDTA 过量太多，会使终点的颜色中绿色成分增多，呈现灰绿色；PAN 指示剂用量太多时，会使终点的颜色中红色成分增多，呈现暗红色。因此，测定中要通过预试验的方法来确定和协调好两者的用量。

② 常见的返滴定法有以 PAN 为指示剂的铜盐返滴定法和以二甲酚橙为指示剂的锌盐返滴定法。前者多用于水泥化学分析中，只适用于一氧化锰含量在 0.5%以下的试样。后者常用于耐火材料、玻璃及其原料中铝的测定。

③ 反应温度。Cu^{2+}与 EDTA 的配位反应较为缓慢，需要加热以加快反应速率。若温度过低，指示剂 PAN 的溶解度变小，导致终点变化不明显。但温度也不要过高，以防止配合物稳定性降低，使终点不稳定。一般控制温度为煮沸后稍冷再滴定。

第七节　二氧化钛含量的测定

钛的测定方法很多，常用的有分光光度法和返滴定法两种。分光光度法主要有二安替比林甲烷分光光度法、过氧化氢分光光度法和钛铁试剂分光光度法等，其中二安替比林甲烷分光光度法在国家标准 GB/T 176—2008 中列为基准法。返滴定法通常有苦杏仁酸置换-铜盐溶液返滴定法和过氧化氢-铋盐溶液返滴定法。但返滴定法不太完善，很少采用。分光光度法准确、快速，至今仍被采用。这里只介绍二安替比林甲烷分光光度法。

一、方法原理

在盐酸介质中，二安替比林甲烷（DAPM）与 TiO^{2+} 生成极为稳定的组成为 1∶3 的黄色配合物，其摩尔吸光系数约为 $1.47\times10^4 L/(mol\cdot cm)$。在波长 420nm 处测定其吸光度，求出钛（$TiO^{2+}$）含量。用抗坏血酸消除 Fe^{3+} 的干扰。

在盐酸的酸性溶液中（0.5～3.0mol/L），钛（TiO^{2+}）与DAPM生成稳定的黄色配合物，反应为

$$TiO^{2+}+3DAPM+2H^+ \longrightarrow [Ti(DAPM)_3]^{4+}(黄色)+H_2O$$

其颜色深浅与钛（TiO^{2+}）含量成正比。

二、测定步骤

1. 二氧化钛标准溶液的配制

（1）0.100mg/mL二氧化钛标准溶液　称取0.1000g（准确至0.0001g）已于（950±25)℃灼烧过60min的二氧化钛（光谱纯），置于铂（瓷）坩埚中，加2g焦硫酸钾，500～600℃下熔融至透明。熔块用硫酸（1+9）浸出，加热至50～60℃，使熔块完全溶解，冷却后移入1000mL容量瓶中，用硫酸（1+9）稀释至标线，摇匀。

（2）0.0200mg/mL二氧化钛标准溶液　吸取20.00mL上述标准溶液于100mL容量瓶中，用硫酸（1+9）稀释至标线，摇匀。

2. 工作曲线的绘制

吸取0.0200mg/mL二氧化钛标准溶液0mL、2.00mL、4.00mL、6.00mL、8.00mL、10.00mL、12.00mL、15.00mL分别放入100mL容量瓶中，依次加入10mL盐酸（1+2）、10mL抗坏血酸溶液（5g/L）、5mL 95%（体积分数）乙醇、20mL二安替比林甲烷溶液(30g/L)，用水稀释至标线，摇匀。放置40min后，以1.0cm比色皿，以水作参比，使用分光光度计于420nm处测定溶液的吸光度。绘制工作曲线或求出线性回归方程。

3. 样品测定

从测定二氧化硅时所制备的待测溶液中，吸取25.00mL待测溶液放入100mL容量瓶中，加入10mL盐酸（1+2）及10mL抗坏血酸溶液（5g/L）、放置5min，加入5mL95%(体积分数）乙醇、20mL二安替比林甲烷溶液（30g/L），用水稀释至标线，摇匀。用上述方法测定溶液的吸光度。

三、结果计算

二氧化钛的质量分数按式(4-10）计算：

$$w(TiO_2)=\frac{\rho_{TiO_2}\times 10^{-3}}{m\times\frac{25.00}{250}}\times 100\% \tag{4-10}$$

式中　ρ_{TiO_2}——100mL测定溶液中二氧化钛的含量，mg；

m——试样的质量，g。

四、方法讨论

① 三价铁与DAPM形成棕色配合物，严重干扰测定，用抗坏血酸还原成二价铁，以消除其干扰。

② 该法有较高的选择性。在此条件下大量的铝、钙、镁、铍、锰（Ⅱ）、锌、镉及BO_3^{3-}、SO_4^{2-}、EDTA、$C_2O_4^{2-}$、NO_3^-和100mgPO_4^{3-}、5mgCu^{2+}、Ni^{2+}、Sn^{4+}、3mg Co^{2+}等均不干扰。铬（Ⅲ）、钒（Ⅴ）、铈（Ⅳ）本身具有颜色，使测定结果产生显著的正误差，可加入抗坏血酸还原。

③ 因硫酸溶液降低配合物的吸光度，高氯酸与试剂生成白色沉淀，所以反应介质选用盐酸。比色溶液最适宜的盐酸酸度范围为0.5～1mol/L。如果溶液的酸度太低（小于0.25mol/L），一方面很容易引起TiO^{2+}的水解；另一方面，当以抗坏血酸还原Fe^{3+}时，由

于 TiO^{2+} 与抗坏血酸形成不易破坏的微黄色配合物，而导致测定结果偏低。如果溶液酸度达 1mol/L 以上，有色溶液的吸光度将明显下降。所以应选用合适的酸度以消除其干扰。

第八节　氧化钙和氧化镁含量的测定

硅酸盐中，钙、镁含量在不同的物料中有很大的差别，在二氧化硅和氧化铝含量较高的物料中，钙、镁含量不到 1%；而在石灰石、白云石类的物料或人造硅酸盐水泥中氧化钙的含量可能高达 50%以上。钙、镁的测定方法有经典的称量法和配位滴定法。对于低含量钙、镁，往往采用原子吸收光谱法测定。

一、氧化钙含量的测定

1. 方法原理

在 pH>13 的强碱性溶液中，以三乙醇胺（TEA）为掩蔽剂，用钙黄绿素-甲基百里香酚蓝-酚酞（CMP）混合指示剂，EDTA 标准滴定溶液滴定，过量一滴的 EDTA 标准溶液，使指示剂游离出来，溶液由绿色荧光变为红色，即为终点。

$$Ca^{2+} + CMP(红色) \longrightarrow Ca\text{-}CMP^{2+}(绿色荧光)$$

$$Ca^{2+} + H_2Y^{2-} \longrightarrow CaY^{2-} + 2H^+$$

$$Ca\text{-}CMP^{2+}(绿色荧光) + H_2Y^{2-} \longrightarrow CaY^{2-} + CMP(红色) + 2H^+$$

2. 测定步骤

移取 25.00mL 待测溶液放入 300mL 烧杯中，加水稀释至约 200mL，加 5mL 三乙醇胺（1+2）及少许的钙黄绿素-甲基百里香酚蓝-酚酞混合指示剂（1～3mg），在搅拌下加入氢氧化钾溶液（200g/L），至出现绿色荧光后再过量 5～8mL，使溶液 pH>13。用 0.015mol/L EDTA 标准滴定溶液滴定至绿色荧光消失并呈现红色为终点，记录消耗 EDTA 的体积。

3. 结果计算

氧化钙的质量分数按式(4-11) 计算：

$$w(CaO) = \frac{T_{CaO/EDTA}V}{m \times \frac{25.00}{250}} \times 100\% \tag{4-11}$$

式中　$T_{CaO/EDTA}$——EDTA 标准滴定溶液对氧化钙的滴定度，g/mL；

V——滴定时消耗 EDTA 标准滴定溶液的体积，mL；

m——试样的质量，g。

4. 方法讨论

① 该法在国家标准 GB/T 176—2008 中列为基准法。在代用法中，预先向酸溶液中加入适量氟化钾，以抑制硅酸的干扰。

② CMP 混合指示剂制备。称取 1g 钙黄绿素、1g 甲基百里香酚蓝、0.2g 酚酞与 50g 干燥的硝酸钾混合研细，保存于磨口瓶中。

钙黄绿素是一种常用的荧光指示剂，在 pH>12 时，指示剂本身呈橘红色，并无荧光，但与 Ca^{2+}、Mg^{2+}、Sr^{2+}、Ba^{2+}、Al^{3+} 等形成配合物时显现黄绿色荧光，其中对 Ca^{2+} 的反应特别灵敏。但是，有时在合成或贮存时会分解而产生荧光黄，使滴定终点仍有残余荧光。因此，常对指示剂进行提纯处理，或以酚酞、百里酚酞溶液加以掩蔽，常将钙黄绿素与其混合使用。另外，在强碱性溶液中钙黄绿素也能与钾离子、钠离子产生微弱的荧光，但钾的作用比钠弱，故应尽量避免使用钠盐，本操作采用氢氧化钾来调节溶液的酸度（一般试液应为0.025mol/L KOH溶液）。

使用此指示剂滴定时，光线不能直接照射测定试液的底部和侧面，应使光线从上向下照射为宜。近终点时应观察整个液层，至烧杯底部绿色荧光消失，呈现红色。

③ 在不分离硅的试液中测定钙时，在强碱性溶液中生成硅酸钙，使钙的测定结果偏低。可将试液调为酸性后，加入一定量的氟化钾溶液，搅拌，放置2min以上，生成氟硅酸，再用氢氧化钾碱化，反应式如下：

$$H_2SiO_3 + 6H^+ + 6F^- \longrightarrow H_2SiF_6 + 3H_2O$$

$$H_2SiF_6 + 6OH^- \longrightarrow H_2SiO_3 + 3H_2O + 6F^-$$

该反应速率较慢，新释出的硅酸为非聚合状态的硅酸，在30min内不会生成硅酸钙沉淀。因此，当碱化后应立即滴定，即可避免硅酸的干扰。

加入氟化钾的量应根据试样中二氧化硅的大致含量而定。例如，含SiO_2为2～15mg的水泥、矾土、生料、熟料等试样，应加入氟化钾溶液（20g/L）5～7mL；而含SiO_2为25mg以上的黏土、煤灰等试样，则加入15mL。若加入氟化钾的量太多，则生成氟化钙沉淀，影响测定结果及终点的判断；若加入量不足，则不能完全消除硅的干扰，两者都使测定结果偏低。

二、氧化镁含量的测定

氧化镁的测定方法主要有三种，即焦磷酸镁重量法、原子吸收光谱法及配位滴定法。重量法操作繁琐、费时；配位滴定法在钙含量较大而镁含量较小时，常使测得的镁含量产生较大的误差。在国家标准GB/T 176—2008中，原子吸收光谱法被列为基准法，配位滴定法列为代用法。

（一）原子吸收光谱法

1. 方法原理

以氢氟酸-高氯酸分解或氢氧化钠熔融-盐酸分解试样的方法制备溶液，分取一定量的溶液，用锶盐消除硅、铝、钛等的干扰，在空气-乙炔火焰中，于285.2nm处测定吸光度。

2. 分析步骤

（1）氧化镁标准溶液的配制

① 1.00mg/mL氧化镁标准溶液。称取1.0000g（精确至0.0001g）已于（950±25）℃灼烧过60min的氧化镁（基准试剂或光谱纯），置于250mL烧杯中，加入50mL水，再缓缓加入20mL盐酸（1+1），低温加热至全部溶解，冷却至室温后，移入1000mL容量瓶中，用水稀释至标线，摇匀。

② 0.050mg/mL氧化镁标准溶液。吸取25.00mL上述标准溶液于500mL容量瓶中，用水稀释至标线，摇匀。

（2）工作曲线的绘制　分别吸取0.050mg/mL氧化镁标准溶液0mL、2.00mL、4.00mL、6.00mL、8.00mL、10.00mL、12mL，分别放入500mL容量瓶中，加入30mL盐酸及10mL氯化锶溶液（锶50g/L）用水稀释至标线，摇匀。将原子吸收光谱仪调节至最佳工作状态，在空气-乙炔火焰中，用镁空心阴极灯，于285.2nm处，以蒸馏水校零测定溶液的吸光度。绘制工作曲线或求出线性回归方程。

（3）样品的测定

① 试样分解。利用原子吸收光谱法测定氧化镁含量时，既可采用氢氟酸-高氯酸分解试样的方法，也可采用氢氧化钠熔融-盐酸分解试样的方法来制备待测溶液。前者在原子吸收分光光度法测定三氧化二铁的操作中已经介绍，这里主要介绍氢氧化钠熔融-盐酸分解试样的方法。

氢氧化钠熔融-盐酸分解试样：称取约 0.1g 试样（精确至 0.0001g），置于银坩埚中，加入 3～4g 氢氧化钠，盖上坩埚盖（留有缝隙），放入高温炉中，在 750℃ 的高温下熔融 10min，取出冷却。将坩埚放入已盛有约 100mL 沸水的 300mL 烧杯中，盖上表面皿，待熔块完全浸出后（必要时适当加热），取出坩埚，用水冲洗坩埚和盖。在搅拌下一次加入 35mL 盐酸（1+1），用热盐酸（1+9）洗净坩埚和盖。将溶液加热煮沸，冷却后，移入 250mL 容量瓶中，加 5mL 氯化锶溶液（锶 50g/L），用水稀释至标线，摇匀。此溶液供原子吸收光谱法测定氧化镁。

② 样品测定。从已制备好的供原子吸收光谱法测定氧化镁的待测溶液中，吸取一定量的试液放入 100mL 容量瓶中（试液的分取量及容量瓶的体积视氧化镁的含量而定），加入盐酸（1+1）及氯化锶溶液（锶 50g/L），使测定溶液中盐酸的体积分数为 6%，锶浓度为 1mg/mL，用水稀释至标线，摇匀。以蒸馏水校零，采用与工作曲线绘制相同的操作条件下测定溶液的吸光度，从工作曲线中找出相应浓度。

3. 结果计算

氧化镁的质量分数按式(4-12）计算：

$$w(\mathrm{MgO})=\frac{cVn}{m\times 1000}\times 100\% \tag{4-12}$$

式中 c——由工作曲线查得测定溶液中氧化镁的浓度，mg/mL；

V——测定溶液的体积，mL；

m——试料的质量，g；

n——全部试样溶液与所分取试样溶液的体积比，若实验中分取试样溶液的体积为 V_0 mL，则本实验中 $n=250/V_0$。

（二）配位滴定法

1. 方法原理

在 pH=10 的溶液中，以三乙醇胺、酒石酸钾钠为掩蔽剂，用酸性铬蓝 K-萘酚绿 B 混合指示剂（简称 K-B 指示剂），以 EDTA 标准滴定溶液滴定，测得钙、镁合量，然后扣除氧化钙的含量，即得氧化镁含量。

酸性铬蓝 K 以 H_3In^{2-} 表示其离子式，则 pH=10 时，酸性铬蓝 K 与 Ca^{2+}、Mg^{2+} 离子生成酒红色配合物。

$$Ca^{2+}+H_3In^{2-}\longrightarrow CaHIn^{2-}+2H^+$$

$$Mg^{2+}+H_3In^{2-}\longrightarrow MgHIn^{2-}+2H^+$$

当用 EDTA 标准溶液滴定

$$Ca^{2+}+H_2Y^{2-}\longrightarrow CaY^{2-}+2H^+$$

$$Mg^{2+}+H_2Y^{2-}\longrightarrow MgY^{2-}+2H^+$$

当过量 1 滴 EDTA 标准溶液时，能使指示剂离子游离出来，试液由酒红色变为纯蓝色，即为终点。

$$CaHIn^{2-}+MgHIn^{2-}+2H_2Y^{2-}\longrightarrow CaY^{2-}+MgY^{2-}+2HIn^{4-}+4H^+$$

2. 测定步骤

(1) 氧化锰含量在0.5%以下　准确吸取25.00mL待测溶液放入400mL烧杯中，加水稀释至约200mL，加1mL酒石酸钾钠溶液（100g/L）、5mL三乙醇胺溶液（1+2），搅拌，然后加入25mL缓冲溶液（pH=10）及少许酸性铬蓝K-萘酚绿B混合指示剂，用0.015mol/L EDTA标准滴定溶液滴定，近终点时应缓慢滴定至纯蓝色。

(2) 氧化锰含量在0.5%以上　将上述测定步骤中三乙醇胺溶液（1+2）体积改为10mL，并于滴定前加入0.5～1g盐酸羟胺固体，其余与上述操作步骤相同，用0.015mol/L EDTA标准滴定溶液滴定。

3. 结果计算

(1) 若氧化锰含量在0.5%以下时，氧化镁的质量分数按式(4-13)计算：

$$w(\mathrm{MgO})=\frac{T_{\mathrm{MgO/EDTA}}(V_1-V_2)}{m\times\frac{25.00}{250}}\times 100\% \tag{4-13}$$

式中　$T_{\mathrm{MgO/EDTA}}$——EDTA标准滴定溶液对氧化镁的滴定度，g/mL；

V_1——滴定钙、镁总量时消耗EDTA标准滴定溶液的体积，mL；

V_2——测定氧化钙时消耗EDTA标准滴定溶液的体积，mL；

m——试样的质量，g。

(2) 若氧化锰含量在0.5%以上时，氧化镁的质量分数按式(4-14)计算：

$$w(\mathrm{MgO})=\frac{T_{\mathrm{MgO/EDTA}}\times(V_1-V_2)}{m\times\frac{25.00}{250}}\times 100\%-0.57w(\mathrm{MnO}) \tag{4-14}$$

式中　$T_{\mathrm{MgO/EDTA}}$——EDTA标准滴定溶液对氧化镁的滴定度，g/mL；

V_1——滴定钙、镁总量时消耗EDTA标准滴定溶液的体积，mL；

V_2——测定氧化钙时消耗EDTA标准滴定溶液的体积，mL；

m——试样的质量，g；

$w(\mathrm{MnO})$——测得的氧化锰的质量分数；

0.57——氧化锰对氧化镁的换算系数，即$\frac{M(\mathrm{MgO})}{M(\mathrm{MnO})}=0.57$。

4. 方法讨论

① 当溶液中氧化锰含量在0.5%以下时对镁的干扰不显著，但超过0.5%则有明显的干扰，此时三乙醇胺的量需增至10mL，并于滴定前加入0.5～1g盐酸羟胺，使锰还原成Mn^{2+}，与Mg^{2+}、Ca^{2+}一起被定量配位滴定，然后再用配位滴定法测定氧化钙含量，比色法测定氧化锰含量，最后再从总量中扣除氧化钙、氧化锰的含量，即得氧化镁含量。

② 滴定近终点时，一定要充分搅拌并缓慢滴定至由蓝紫色变为纯蓝色。若滴定速度过快，将使结果偏高，因为滴定近终点时，由于加入的EDTA夺取镁-酸性铬蓝K中的Mg^{2+}，而使指示剂游离出来，此反应速率较慢。

③ 酸性铬蓝K-萘酚绿B混合指示剂中，酸性铬蓝K是一种酸碱指示剂，在酸性溶液中呈玫瑰红色。它在碱性溶液中显蓝色，能与Mg^{2+}、Ca^{2+}形成酒红色的配合物，故可用作滴定钙、镁的指示剂。为使终点变化敏锐，常加入萘酚绿B作为衬色剂，萘酚绿B在此仅起衬托终点的作用，二者配比要合适。若萘酚绿B的比例过大，绿色背景加深，使终点提前

到达。反之，终点拖后且不明显。一般为 1∶2 左右，但须根据试剂质量，通过试验确定合适的比例。

习　题

一、填空题

1. 氯化铵重量法测定硅酸盐中二氧化硅时，熔融时采用________坩埚，加入氯化铵的作用是__________、______________________，氯化铵不应在一开始时就加入，而应在烧结块用盐酸和硝酸蒸发至______时加入，原因是____。

2. 可溶性二氧化硅的测定方法常采用_______________，以______为还原剂，将硅钼黄还原为硅钼蓝。

3. 用 EDTA 滴定法测定硅酸盐中的三氧化二铁时，使用的指示剂是________________，终点呈现______。

4. 二安替比林甲烷（DAPM）分光光度法测定 TiO^{2+} 时，三价铁与 DAPM 形成棕色配合物，严重干扰测定，可用________将________还原成______，以消除其干扰。该测定通常在酸度为___________的酸性条件下进行，酸性介质为________。

5. 硫酸铜返滴定法测定硅酸盐中 Al_2O_3 的含量时，采用 PAN 指示剂，终点颜色由黄色变为______。

6. 用原子吸收法测定硅酸盐中镁含量时，可采用________________或__________________分解试样的方法制备溶液，用______消除硅、铝、钛等的干扰，在____________火焰中，于 285.2nm 处测定吸光度。

二、选择题

1. 下列物质中不属于人造硅酸盐的是（　　）。

A. 石棉　　B. 陶瓷　　C. 玻璃　　D. 水泥

2. 以碳酸钠作熔剂，处理硅酸盐试样时，一般选择（　　）坩埚处理样品。

A. 镍　　B. 瓷　　C. 铂　　D. 银

3. 熔融硅酸盐样品时，不能使用铂坩埚的是（　　）。

A. 碳酸钠　　B. 硼酸锂　　C. 氢氧化钠　　D. 焦硫酸钾

4. 氟硅酸钾容量法测定二氧化硅含量时，氢氧化钠滴定氢氟酸时应选择（　　）作指示剂。

A. 甲基红-溴甲酚绿混合指示剂　　B. 酚酞

C. 溴麝香草酚蓝-酚红混合指示剂　　D. 甲基橙

5. 配位滴定法测定硅酸盐中 Fe_2O_3 的测定温度是（　　）。

A. 60～70℃　　B. 70～80℃　　C. 沸腾　　D. 沸腾后稍冷

6. 配位滴定法测定硅酸盐中 Fe_2O_3 的测定 pH 是（　　）。

A. 2～3　　B. 4.3　　C. 3　　D. 1.8～2.0

7. 直接配位法测定硅酸盐中 Al_2O_3 的含量时，其温度应为（　　）。

A. 60～70℃　　B. 70～80℃　　C. 沸腾　　D. 沸腾后稍冷

8. 分光光度法测定二氧化钛含量时，采用（　　）作显色剂。

A. 邻菲啰啉　　B. 铬天青 S　　C. 磺基水杨酸　　D. 二安替比林甲烷

9. 已知 $c(\text{EDTA})=0.05000\text{mol/L}$，那么 $T(\text{Al}_2\text{O}_3/\text{EDTA})$ 滴定度为（　　）mg/mL。已知 $M(\text{Al}_2\text{O}_3)=102\text{g/mol}$。

A. 2.55　　B. 5.10　　C. 10.2　　D. 1.28

10. 已知 $T(CaO/EDTA)=56mg/mL$，那么 $c(EDTA)=$(　　)mol/L。已知 $M(CaO)=56g/mol$。

A. 0.02500　　B. 0.05000　　C. 0.1000　　D. 0.01000

三、判断题

1. 硅酸盐能否溶解于酸，主要由其中二氧化硅含量与金属氧化物含量之比及金属的性质所决定。(　　)

2. 氢氟酸与其他酸一样，使用时不需要特别的注意。(　　)

3. 磷酸在 200～300℃条件下，具有较强的溶解能力。(　　)

4. 熔融时不仅要保证坩埚不受损失，而且还要保证分析的准确度。(　　)

5. 用氢氟酸-硫酸分解样品时，两种酸必须是分析纯的，且使用温度不宜过高。(　　)

6. 称量法测 SiO_2 时，应迅速升温对硅酸沉淀进行灼烧，以使滤纸充分燃烧。(　　)

7. 直接配位法测定硅酸盐中 Al_2O_3 的含量时，其 pH 值应控制在 4.3 左右。(　　)

8. 测定硅酸盐中钙、镁含量时，通常用 KOH 调节溶液的 pH。(　　)

四、问答题

1. 什么是“烧失量”?

2. 水泥试样中 EDTA 配位滴定法测定氧化钙的原理是什么?

3. 氟硅酸钾法测定二氧化硅的实验中，应如何掌握和控制定量析出氟硅酸钾沉淀的条件?

五、计算题

1. 称取硅酸盐试样 0.1000g，经熔融分解，沉淀出 K_2SiF_6，然后经过滤洗净，水解产生的 HF 用 0.1124mol/L NaOH 标准滴定溶液滴定，以酚酞为指示剂，耗去标准滴定溶液 28.54mL。计算试样中 SiO_2 的质量分数。

2. 称取含铁、铝的试样 0.2015g，溶解后调节溶液 pH=2.0，以磺基水杨酸作指示剂，用 0.02008mol/L EDTA 标准溶液滴定至红色消失并呈亮黄色，消耗 15.20mL。然后加入 EDTA 标准溶液 25.00mL，加热煮沸，调 pH=4.3，以 PAN 作指示剂，趁热用 0.02102mol/L 硫酸铜标准溶液返滴定，消耗 8.26mL。试计算试样中 Fe_2O_3 和 Al_2O_3 的含量。

3. 称取白云石试样 0.5000g，用酸分解后转入 250mL 容量瓶中定容。准确移取 25.00mL 试验溶液，加入掩蔽剂掩蔽干扰离子，调整溶液 pH=10，以 K-B 为指示剂，用 0.02010mol/L 的 EDTA 标准滴定溶液滴定，消耗了 24.10mL；另取一份 25.00mL 试验溶液，加掩蔽剂后在 pH>12时，以 CMP 混合指示剂指示，用同浓度的 EDTA 标准滴定溶液滴定，消耗了 16.50mL。试计算试样中 $CaCO_3$ 和 $MgCO_3$ 的质量分数。

4. 往水泥生料 0.4779g 试料中加入 20.00mL 0.5000mol/L HCl 标准滴定溶液，过量的酸需要用 7.38mL NaOH 标准滴定溶液返滴定，已知 1mL NaOH 相当于 0.6140mL HCl 溶液。试求生料中以碳酸钙表示的质量分数。

5. 采用配位滴定法分析水泥熟料中铁、铝、钙和镁的含量时，称取 0.5000g 试样，碱熔后分离除去 SiO_2，滤液收集并定容于 250mL 的容量瓶中，待测。

(1) 移取 25.00mL 待测溶液，加入磺基水杨酸钠指示剂，快速调整溶液至 pH=2.0，用 $T_{CaO/EDTA}=0.5600mg/mL$ EDTA 标准溶液滴定，溶液由紫红色变为亮黄色消耗 3.40mL。

(2) 在滴定完铁的溶液中，加入 15.00mL EDTA 标准溶液，加热至 70～80℃，加热 pH=4.3 的缓冲溶液，加热煮沸 1～2min，稍冷后 PAN 为指示剂，用 0.01000mol/L 的硫酸铜标准溶液滴定过量的 EDTA 至溶液变为亮紫色，消耗 9.90mL。

(3) 移取 10.00mL 待测溶液，掩蔽铁、铝、钛，然后用 KOH 溶液调节溶液 pH>13，加入几滴 CMP 混合指示剂，用 EDTA 标准溶液滴至黄绿色荧光消失并呈红色，消耗 22.10mL。

(4) 移取 10.00mL 待测溶液，掩蔽铁、铝、钛，加入 pH＝10.0 的氨性缓冲溶液，以 K-B 为指示剂，用 EDTA 标准溶液滴定至纯蓝色，消耗 23.54mL。

若用二安替比林甲烷分光光度法测定试样中 TiO_2 的含量为 0.29%，试计算水泥熟料中 Fe_2O_3、Al_2O_3、CaO 和 MgO 的质量分数。

第五章　钢铁分析

学习目标

1. 掌握钢铁五元素的测定方法。
2. 了解钢铁五元素对钢铁性能的影响。
3. 了解钢铁试样的采集和制备方法。
4. 了解不同类别钢铁的基本区别和生铁的基本性质。

第一节　概　　述

一、钢铁的组成和分类

钢铁是应用最广泛的金属材料，生铁和钢的基体元素都是铁。生铁是以氧化铁为主要成分的铁矿石为原料，用焦炭在高炉中还原得到的。其中除基体铁外，还含有冶炼原料中残留的碳、硅、锰、磷、硫等元素。生铁经炼钢炉冶炼后，使其中的碳等元素降至规定要求，即可得到钢。所以碳、硅、锰、磷、硫五种元素是存在于生铁和钢中最主要的五种基本元素，通常所说的钢铁五元素即是指该五种元素。五元素含量的多少对钢铁的性能存在极大的影响，是钢铁分析主要控制的项目。

生铁和钢的主要区别就在于其碳含量的多少。通常碳含量高于1.7%称为生铁，碳含量在0.04%～1.7%之间称为钢，碳含量低于0.04%称工业纯铁，属于钢的范畴，又称极软钢。

根据生铁中碳元素存在形式的不同，生铁又可分为白口铁和灰口铁。当碳以化合物形式存在时，生铁剖面呈暗白色，故称白口铁，又称白生铁，白口铁性能硬且脆，难以加工，主要用于炼钢；当碳以游离态的石墨碳形式存在时，其剖面呈灰色，故称灰口铁，也称灰生铁，灰口铁硬度低，流动性大，便于加工，主要用于铸造。

依据钢的化学成分不同，又可将钢分为碳素钢和合金钢。碳素钢是指不含故意加入的其他元素的钢，按照含碳量的多少，碳素钢又分为低碳钢、中碳钢、高碳钢；合金钢是在五元素之外，向钢中再加入适量的其他元素或加入较一般碳素钢中比例更多的硅、锰等，使钢的性能得到改变，以适应某些特殊用途的钢。

二、钢铁五元素对钢铁性能的影响

碳是决定钢铁性能的主要元素之一，在钢中主要以化合态形式存在，在铁中主要以游离碳形式存在，化合碳与游离碳之和称为总碳。一般含碳量高，会使硬度增加，延性及冲击韧性降低，熔点下降。

硫在钢铁中的主要存在形式为MnS和FeS。FeS熔点低，最后凝固，夹杂于钢铁的晶格之间，当加热压制时，FeS首先熔融，使钢铁的晶格之间失去连接作用而碎裂，这种性质称为热脆性。热脆性严重影响钢铁的性能，所以硫是钢铁中的有害元素。除热脆性外，硫还会影响钢铁的力学性能，降低钢铁的耐磨性、耐腐蚀性和可焊性。

硅在钢铁中主要以固溶体和硅化铁等形式存在。硅是钢铁中的有益元素，可以使钢的强度、硬度、弹性增加，并能提高钢的耐酸性、耐热性和耐腐蚀性，同时还可以增加钢的电阻以及抗氧化能力。但硅含量过高，会使钢的塑性和韧性降低，并影响焊接性能。

锰在钢中通常以固溶体和化合态形式存在，是金属材料中的主要合金元素之一。锰与硫和氧有较强的化合能力，是良好的脱硫剂和脱氧剂；锰可以和硫生成熔点较高的 MnS，从而降低钢中的硫所引起的热脆性，使钢的热加工性能和可锻性得以提高和改善；锰含量的增加，还可提高钢的强度、硬度和耐磨性。

磷是钢铁中的有害元素之一，在钢中主要以固溶体和磷化物形式存在。磷能使钢产生冷脆性，影响钢的塑性和韧性。但磷含量稍高时，可使钢铁流动性增加而易于铸造，并可避免在轧钢中轧辊与钢板黏合，所以，有时特殊情况下又有意加入一定量磷来达到此目的。

三、钢铁试样的采取和制备

钢铁都是熔炼产品，凝固过程中的偏析现象通常不可避免，因此杂质元素在铸锭中的分布往往不均匀，所以钢铁取样一般是从质地均匀的熔融液态钢水（或铁水）中进行，但成品的取样则只能从固态中进行。取得试样后，需通过相应的方法，按照一定的程序制备成分析试样。

出炉铁水采用钢制长柄取样勺取样。在高炉铁水流出量达 1/4、1/2、3/4 时，从铁水流中取样三次，分别浇入砂模中，凝固后制取试样。

白口铁因其硬度较大，一般采用砸取法。用大锤砸下一块，用砂轮机打光表面，再用冲击钵破碎至过 100 目筛，用磁铁除去不被磁铁吸引的杂质，得到分析用试样。灰口铁通常采用钻取法制备试样。将锭块表面打净，钻头由试样中心或靠近中心位置垂直钻孔，最初 5mm 钻屑弃去，钻至距试样底部 5mm 为止。钻孔时，进钻速度不要太快，以免钻屑太厚或氧化变质。将钻屑混合后于钢质捣缸中捣碎，使其通过规定筛孔。

成品铁锭一般是随机从一批铁锭中取 3 个以上的铁锭，总量超过 30t 时，每超过 10t 增加一个铁锭，用上述方法制备分析试样。

炉前钢水取样一般是将长柄铁勺粘上炉渣，从炉中直接取样倒入铸样模中，出炉钢水是在盛钢桶倒出钢水时用取样模接取试样，在钢水凝固后制备分析试样。试样的制备一般采用钻取法，由试样块侧面中部垂直方向钻取，钻屑厚度不宜太厚，钻速也不宜过快，以防钻样时温度过高，使钻屑氧化。

炼钢炉前取样及盛钢桶（钢水包）取样，现在的钢厂一般采取用标准取样器插入渣层以下的方式得到固定形状的试样，经过砂轮、砂带或机械切削加工成成品试样，用于直读光谱分析。

半成品和成品钢材样品的制备采用刨取法或钻取法。将表面打净，从钢材整个横截面刨取；或在横截面上沿轧制方向钻取。

钢铁试样易溶于酸，常用的有盐酸、硫酸和硝酸，三种酸可单独使用，也可混合使用。除此之外，磷酸、氢氟酸、高氯酸及双氧水等，也会在某些试样的溶解时使用。使用酸溶解时，一般采用稀酸，而不用浓酸，防止反应过于激烈。对某些难溶试样，有时还需用碱熔法分解。

第二节　钢铁五元素分析

钢铁分析一般不做基体元素检验，而主要针对其所含杂质元素及添加元素进行分析，本书主要介绍钢铁五元素的分析方法。

一、总碳的测定

钢样通常只测总碳，生铁类试样有时需测定游离碳和化合碳。游离碳不与稀硝酸作用，可用热的稀硝酸分解试样，使化合碳溶解，与游离碳分开，采用测总碳的方法测定不溶的游离碳，用总碳量减去游离碳量，即可求出化合碳量。

总碳测定的化学方法通常都是将试样中的碳在高温及富氧条件下转化为二氧化碳，然后用适当方法测定二氧化碳的量，从而求出碳含量。

测定二氧化碳的方法很多，如燃烧后气体容量法、吸收重量法、电导法、库仑法、红外吸收法等。目前应用比较广泛的是气体容量法，该法为国家标准规定方法，分析准确度高，适合于含碳量在0.10%～2.00%试样的测定。下面主要介绍该种测定方法。

1. 方法原理

试料与助熔剂在高温（1200～1350℃）管式炉内通氧燃烧，碳被完全氧化成二氧化碳。除去二氧化硫后将混合气体收集于量气管中，测量体积，然后以氢氧化钾溶液吸收二氧化碳，再测定剩余气体的体积。吸收前后气体体积之差即为二氧化碳的体积，以此计算碳含量。各种形态的碳转化成二氧化碳的反应如下：

$$C+O_2 \longrightarrow CO_2$$

$$4Fe_3C+13O_2 \longrightarrow 4CO_2\uparrow +6Fe_2O_3$$

$$Mn_3C+3O_2 \longrightarrow CO_2\uparrow +Mn_3O_4$$

2. 试剂和材料

① 氧。纯度不低于99.5%（质量分数）。

② 溶剂。适于洗涤试样表面的油质和污垢，如丙酮等。

③ 活性二氧化锰（或钒酸银）。粒状。

④ 高锰酸钾-氢氧化钾溶液。称取30g氢氧化钾溶于70mL高锰酸钾饱和溶液中。

⑤ 硫酸封闭溶液。1000mL水中加1mL硫酸（ρ1.84g/mL），滴加数滴1g/L甲基橙溶液至呈稳定的浅红色。

⑥ 氯化钠封闭溶液。称取26g氯化钠溶于74mL水中，滴加数滴1g/L甲基橙溶液，滴加硫酸（1+2）至呈稳定的浅红色。

⑦ 助熔剂。锡粒、铜、氧化铜、五氧化二钒、铁粉。各助熔剂中的碳含量一般不应超过0.0050%（质量分数）。使用前应做空白试验，并从试料的测定值中扣除。

3. 仪器与设备

仪器与设备装置见图5-1。

① 缓冲瓶。

② 洗气瓶Ⅰ。内盛高锰酸钾-氢氧化钾溶液，溶液装入量约为洗气瓶Ⅰ容积的1/3。

③ 洗气瓶Ⅱ。内盛硫酸（ρ1.84g/mL），硫酸装入量约为洗气瓶Ⅱ容积的1/3。

④ 干燥塔。上层装碱石棉（或碱石灰），下层装无水氯化钙，中间隔以玻璃棉，底部及顶端也铺以玻璃棉。

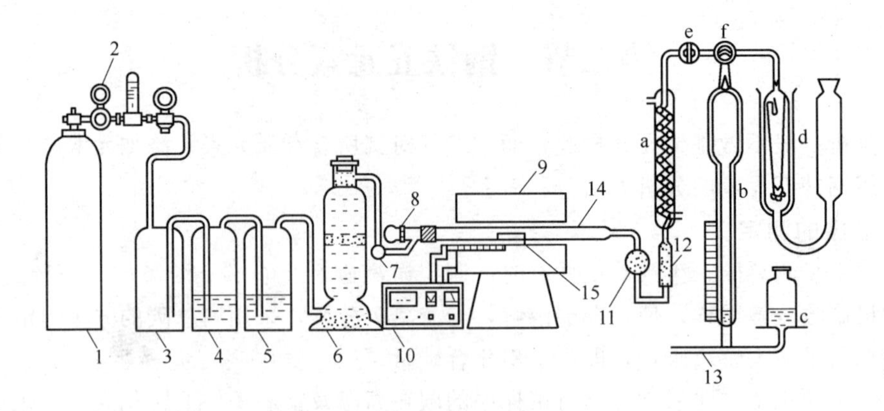

图 5-1　气体容量法定碳装置

1—氧气瓶；2—氧气表；3—缓冲瓶；4—洗气瓶Ⅰ；5—洗气瓶Ⅱ；6—干燥塔；7—供氧旋塞；8—玻璃磨口塞；9—管式炉；10—温度控制器（或调压器）；11—球形干燥管；12—除硫管；13—容量定碳仪（包括蛇形管 a、量气管 b、水准瓶 c、吸收器 d、小活塞 e、三通活塞 f）；14—瓷管；15—瓷舟

⑤ 管式炉。附热电偶与温度控制器。高温加热设备也可用高频加热装置。

⑥ 瓷管。瓷管长 600mm，内径 23mm（近似规格瓷管亦可）。瓷管粗口端连接玻璃磨口塞，锥形端用橡皮管连接于球形干燥管。使用时先检验是否漏气，然后灼烧。

⑦ 瓷舟。瓷舟长 88mm 或 97mm，使用前应在 1200℃的管式炉中通氧灼烧 2～4min。也可于 1000℃的高温炉中灼烧 1h 以上，冷却后贮于盛有碱石棉或碱石灰及无水氯化钙的未涂油脂的干燥器中备用。

⑧ 球形干燥管。内装干燥的玻璃棉，阻留气体带出固体。

⑨ 除硫管。长约 100mm、直径 10～15mm 的玻璃管，内装 4g 颗粒活性二氧化锰（或粒状钒酸银），两端塞有脱脂棉。

⑩ 定碳仪（气体体积测量仪）。由蛇形冷凝管、量气管、水准瓶、吸收器、活塞等组成。量气管必须保持清洁，有水滴附着在管内壁时，须用铬酸洗液清洗，测定时，量气管中装硫酸封闭溶液或氯化钠封闭液。定碳仪应装在距离管式炉 300～500mm 处，且应避免阳光直射。

⑪ 长钩。用低碳镍铬丝或耐热合金丝制成，用以推进、拉出瓷舟。

4. 分析步骤

① 仪器检查。将全部仪器连通，接通电源，升温。铁、碳钢和低合金钢试样，升温至 1200～1250℃，中高合金钢、高温合金升温至 1350℃。小心开启氧气，然后关闭量气管上的活塞，若洗气瓶内无气泡发生或量气管内的红色液面下降，表示系统漏气，应重新检查仪器各接头及活塞，直到系统气密性良好为止。调节并保持仪器装置在正常的工作状态。当更换水准瓶中的封闭液溶液、玻璃棉、除硫剂和高锰酸钾-氢氧化钾溶液后，均应先燃烧几次高碳试样，使其二氧化碳饱和后再开始分析操作。

② 空白试验。吸收瓶、水准瓶的溶液与待测混合气体的温度应基本一致，否则将产生正、负空白值。在分析试样前要反复做空白试验，直至得到稳定的空白值。由于室温的变化和分析中引起的冷凝管内水温的变动，在测量试样的过程中须常做空白试验。

③ 选择适当的标准试样，按上述方法测定，以检查仪器装置，在装置达到要求后再开始试样分析。

④ 称样。用适当的溶剂洗涤试样表面的油渍和污垢，加热蒸发除去残留的洗涤液，按表 5-1 的规定称取试料量。

表 5-1　碳含量测定试料称取量

碳含量/%	试料量/g
0.10～0.50	2.00±0.01(称准至 0.005g)
0.50～1.00	1.00±0.01(称准至 0.001g)
1.00～2.00	0.50±0.01(称准至 0.0001g)

⑤ 测定。将试样均匀地铺在瓷舟中，按表 5-2 规定取适量助熔剂覆盖于试料上。然后使吸收器量气管中各液面升至顶端，关闭三通旋塞。

表 5-2　助熔剂量

试　样　种　类	助熔剂量/g				
	锡粒	铜或氧化铜	锡粒+铁粉(1+1)	氧化铜+铁粉(1+1)	五氧化二钒+铁粉(1+1)
铁、碳钢及低合金钢	0.25～0.50	0.25～0.50	—	—	—
中高合金钢、高温合金等难熔试样	—	—	0.25～0.50	0.25～0.50	0.25～0.50

启开玻璃磨口塞，将装好试料和助熔剂的瓷舟放入瓷管内，用长钩推至瓷管加热区的中部，立即塞紧磨口塞，预热 1min。转动三通旋塞，使冷凝管和量气管相通，以适当速度通入氧气（每秒 3～4 个气泡），将水准瓶缓慢下移，待试样燃烧完毕，混合气体经冷凝进入量气管，使量气管液面下降到接近零点时，关闭三通旋塞，停止通氧，提起水准瓶，使之液面与量气管液面对齐，读取量气管上的刻度，转动三通旋塞使量气管与吸收器相通，抬高水准瓶，使混合气体压入吸收器，再降低水准瓶使气体再全部压回量气管中，如此反复吸收 2 次，使二氧化碳完全吸收，最后将剩余气体全部压入量气管，使吸收器内液面恢复到原来位置。关闭三通旋塞，将水准瓶与量气管的液面对齐，再次读数，同时记录大气压力及量气管上温度计的读数。按照定碳仪操作规程操作，记录读数，并从记录中扣除所有的空白试验值。

启开玻璃磨口塞，用长钩将瓷舟拉出。检查试料是否燃烧完全。如熔渣不平，熔渣断面有气孔，表明燃烧不完全，须重新称样测定。

5. 结果计算

① 量气管标尺刻度以 CO_2 的体积（mL）表示时，碳含量按式(5-1）计算：

$$w(\mathrm{C})=\frac{AVf}{m}\times 100\% \tag{5-1}$$

式中　w——碳的质量分数，%；

A——温度 16℃、气压 101.3kPa，封闭液液面上每毫升二氧化碳中含碳的质量，g；A 值大小与封闭液种类有关，硫酸作封闭液时，A=0.0005000g；氯化钠作封闭液时，A=0.0005022g；

V——吸收前后气体的体积差，即 CO_2 的体积，mL；

f——温度、气压校正系数，采用不同封闭液时其值不同；

m——试样质量，g。

在实际测定中，测每份气体体积时的温度、压力是变化的，因此需要将实际测得的体积折算成16℃、101.3kPa大气压下的体积 V_{16}，其校正系数 f 可由表5-3查到，也可根据气态方程求得。

例如：17℃、100.6kPa时，测得气体体积为 V_{17} mL，17℃时饱和水蒸气压力为1.933kPa，则这份气体在16℃、101.3kPa大气压时的体积 V_{16} 应是

$$V_{16}=V_{17}\times\frac{p_{17}T_{16}}{p_{16}T_{17}}=V_{17}\times\frac{100.6-1.933}{101.3-1.813}\times\frac{273+16}{273+17}=0.989V_{17}$$

$$f=0.989$$

② 量气管标尺刻度用碳含量表示（即将定碳仪量气管的刻度标示为碳的质量分数，使每个刻度为0.0500%，相当于1mL CO_2，如有的将体积为25mL的量气管刻成碳含量为1.250%的刻度；有的将体积为30mL的量气管刻成碳含量为1.500%的刻度）时，碳含量可由式(5-2)计算：

$$w(\mathrm{C})=\frac{Ax\times 20f}{m}\times 100\% \tag{5-2}$$

式中 x——标尺读数（含碳量）；

20——标尺读数（含碳量）换算成二氧化碳气体体积的系数（即25/1.250或30/1.500）；如称样1.000g，101.3kPa，16℃时，测得 CO_2 的总体积是1.00mL，则该样含碳为0.0500%。符号 A、f、m 的意义见式(5-1)。

6. 方法讨论

① 通氧速度要适当、稳定。速度过快，CO_2 没来得及全部进入，而量气管就已被气体充满，会使结果偏低；速度过慢，费时；气流速度不均匀，气流紊乱，CO_2 易残留于燃烧管内，结果偏低。

② 洗气瓶Ⅰ中装 $KMnO_4$-KOH，用于初步洗去 O_2 中可能存在的酸性及还原性气体；洗气瓶Ⅱ装浓 H_2SO_4，用于初步洗去 O_2 中水分及碱性杂质。操作中切勿倒流，防止发生危险。

③ 除硫管中装颗粒活性二氧化锰（或粒状钒酸银），目的是除去钢铁燃烧过程中产生的二氧化硫。由于钢铁中的杂质硫在燃烧过程中会生成 SO_2，干扰 CO_2 的测定，所以需在测定 CO_2 体积前，将生成的 SO_2 除去。除硫反应如下：

$$MnO_2+SO_2 \longrightarrow MnSO_4$$

$$2AgVO_3+3SO_2+O_2 \longrightarrow Ag_2SO_4+2VOSO_4$$

④ 吸收器内的氢氧化钾出现浑浊后应及时更换。

⑤ 分析高碳试样后要测低碳试样，应通氧数次，再进行低碳测定，否则导致测定结果偏低。

二、硫的测定

钢铁中硫的测定方法主要有硫酸钡重量法、燃烧后碘酸钾滴定法、红外吸收碳硫联合测定和亚甲基蓝分光光度法等。其中，燃烧后碘酸钾滴定法，适用于0.0030%～0.20%硫含

表 5-3 温度、气压校正系数 f 值

项 目	p/kPa									
t/℃	91.99	92.66	93.33	93.99	94.66	95.33	95.99	96.56	97.33	97.99
10	0.932	0.938	0.945	0.952	0.959	0.966	0.973	0.980	0.986	0.993
11	0.928	0.934	0.941	0.948	0.955	0.962	0.868	0.976	0.982	0.989
12	0.923	0.929	0.937	0.943	0.951	0.957	0.964	0.971	0.978	0.984
13	0.919	0.926	0.933	0.939	0.946	0.953	0.960	0.967	0.973	0.980
14	0.915	0.922	0.929	0.935	0.942	0.948	0.956	0.963	0.969	0.976
15	0.911	0.918	0.924	0.931	0.938	0.944	0.951	0.958	0.965	0.972
16	0.907	0.914	0.920	0.926	0.933	0.940	0.947	0.953	0.960	0.968
17	0.902	0.909	0.916	0.922	0.929	0.936	0.942	0.949	0.956	0.963
18	0.898	0.905	0.911	0.918	0.924	0.931	0.938	0.945	0.951	0.958
19	0.893	0.900	0.907	0.913	0.920	0.927	0.933	0.940	0.946	0.953
20	0.889	0.895	0.902	0.909	0.915	0.922	0.929	0.935	0.942	0.949
21	0.885	0.891	0.898	0.904	0.911	0.917	0.924	0.931	0.937	0.944
22	0.880	0.886	0.893	0.900	0.906	0.913	0.919	0.926	0.932	0.939
23	0.875	0.882	0.888	0.896	0.902	0.909	0.915	0.922	0.928	0.935
24	0.871	0.878	0.884	0.890	0.897	0.903	0.910	0.916	0.923	0.930
25	0.866	0.873	0.879	0.885	0.892	0.898	0.905	0.911	0.918	0.925
26	0.861	0.867	0.874	0.880	0.887	0.893	0.900	0.906	0.913	0.920
27	0.856	0.862	0.869	0.875	0.882	0.888	0.895	0.901	0.908	0.915
28	0.852	0.858	0.864	0.870	0.877	0.883	0.890	0.896	0.903	0.909
29	0.845	0.852	0.859	0.865	0.872	0.878	0.885	0.981	0.898	0.904
30	0.841	0.847	0.854	0.860	0.867	0.873	0.880	0.886	0.893	0.899
31	0.836	0.842	0.849	0.855	0.862	0.868	0.875	0.881	0.887	0.894
32	0.831	0.837	0.844	0.850	0.857	0.863	0.869	0.875	0.882	0.888
33	0.826	0.832	0.839	0.845	0.851	0.857	0.864	0.870	0.876	0.883
34	0.820	0.826	0.833	0.839	0.846	0.852	0.858	0.864	0.871	0.877
35	0.815	0.821	0.828	0.834	0.840	0.846	0.853	0.859	0.865	0.872

项 目	p/kPa								
t/℃	98.66	99.33	99.99	100.6	101.3	102.0	102.7	103.3	104.0
10	1.000	1.007	1.014	1.020	1.027	1.034	1.041	1.048	1.055
11	0.996	1.002	1.009	1.016	1.023	1.030	1.037	10.43	1.050
12	0.991	0.998	1.005	1.012	1.019	1.025	1.032	1.039	1.046
13	0.987	0.993	1.000	1.007	1.014	1.021	1.028	1.034	1.041
14	0.983	0.989	0.996	1.003	1.010	1.016	1.023	1.030	1.037
15	0.978	0.984	0.991	0.998	1.005	1.011	1.018	1.025	1.032
16	0.974	0.980	0.987	0.993	1.000	1.007	1.014	1.021	1.027
17	0.969	0.976	0.982	0.989	0.996	1.002	1.009	1.016	1.022
18	0.964	0.971	0.978	0.985	0.991	0.997	1.004	1.011	1.018
19	0.960	0.966	0.973	0.980	0.986	0.993	1.000	1.007	1.013
20	0.955	0.961	0.968	0.975	0.982	0.988	0.995	1.002	1.008
21	0.950	0.957	0.964	0.971	0.977	0.983	0.990	0.997	1.003
22	0.946	0.953	0.959	0.965	0.972	0.978	0.985	0.992	0.998
23	0.941	0.948	0.954	0.961	0.967	0.973	0.980	0.987	0.993
24	0.936	0.943	0.949	0.956	0.962	0.968	0.975	0.982	0.988
25	0.931	0.937	0.944	0.951	0.957	0.963	0.970	0.977	0.983
26	0.926	0.933	0.939	0.945	0.952	0.958	0.965	0.971	0.978
27	0.921	0.927	0.934	0.940	0.947	0.953	0.960	0.966	0.973
28	0.916	0.922	0.929	0.935	0.942	0.948	0.955	0.961	0.967
29	0.911	0.917	0.924	0.930	0.936	0.943	0.949	0.956	0.962
30	0.905	0.911	0.918	0.924	0.931	0.937	0.944	0.950	0.957
31	0.900	0.906	0.913	0.919	0.926	0.932	0.938	0.945	0.951
32	0.895	0.901	0.907	0.914	0.920	0.926	0.933	0.939	0.945
33	0.889	0.896	0.902	0.908	0.914	0.921	0.927	0.934	0.940
34	0.883	0.890	0.896	0.902	0.909	0.915	0.921	0.928	0.934
35	0.878	0.884	0.890	0.897	0.903	0.909	0.916	0.922	0.928

量的测定，该法以其操作简便快速、准确度较高而得到广泛应用，为国家标准规定方法；近年来红外吸收碳硫联合测定应用也相当广泛，已有相应国家标准。本节主要介绍燃烧后碘酸钾滴定法和红外吸收碳硫联合测定法。

（一）燃烧后碘酸钾滴定法

1. 方法提要

试料与助熔剂在高温（1250～1350℃）管式炉中通氧燃烧，硫被完全氧化成二氧化硫，用酸性淀粉溶液吸收并以碘酸钾标准溶液滴定。根据消耗的碘酸钾溶液的体积计算硫含量。

2. 方法原理

1250～1300℃高温下，试样在氧气流中燃烧生成 SO_2，吸收生成 H_2SO_3 后，以 KIO_3-KI 标准溶液（或 I_2）滴定。反应如下：

$$3FeS+5O_2 \longrightarrow Fe_3O_4+3SO_2$$

$$3MnS+5O_2 \longrightarrow Mn_3O_4+3SO_2$$

$$SO_2+H_2O \longrightarrow H_2SO_3$$

$$IO_3^-+5I^-+6H^+ \longrightarrow 3I_2+3H_2O$$

$$I_2+H_2SO_3+H_2O \longrightarrow 2HI+H_2SO_4$$

3. 主要试剂和材料

① 五氧化二钒。预先置于 600℃高温炉中灼烧 2～3h，冷却后置于磨口瓶中备用。

② 二氧化锡。筛选粒度为 0.125mm 的二氧化锡盛于大瓷舟中，于 1300℃管式炉中通氧灼烧 2min，冷却后置于磨口瓶内备用。

③ 淀粉吸收液。称取 10g 可溶性淀粉（山芋粉），用少量水调成糊状，加入 500mL 沸水，搅拌，加热煮沸后取下，加 500mL 水及 2 滴盐酸，搅拌均匀后静置澄清，使用时，取 25mL 上层清液，加 15mL 盐酸，用水稀释至 1000mL，混匀。

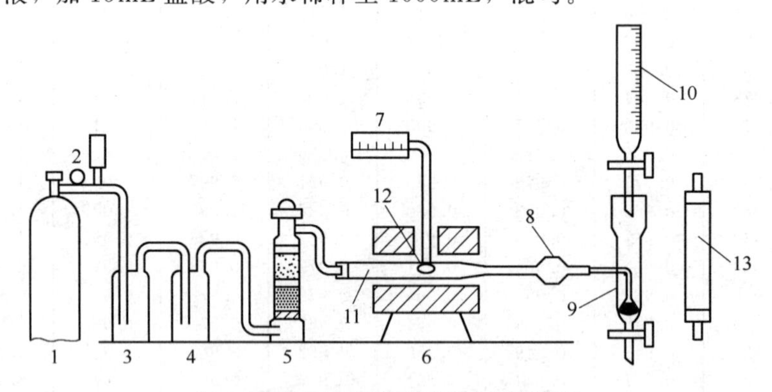

图 5-2　燃烧后碘酸钾滴定法测硫装置

1—氧瓶；2—分压表（带流量计和缓冲阀）；3—缓冲瓶；4—洗气瓶；5—干燥塔；6—管式炉；7—温度控制器；8—球形干燥管；9—吸收杯；10—滴定管（25mL）；11—瓷管；12—带盖的瓷舟；13—日光灯

④ $c\left(\frac{1}{6}KIO_3\right)$=0.01mol/L。称取 0.3560g（称准至 0.0001g）碘酸钾基准试剂，溶于水后，加 1mL 氢氧化钾（100g/L）溶液，移入 1000mL 容量瓶中，用水稀释至刻度，摇匀。

⑤ $c\left(\frac{1}{6}KIO_3\right)=0.001mol/L$。移取 100mL $c\left(\frac{1}{6}KIO_3\right)=0.01mol/L$ 的碘酸钾溶液于 1000mL 容量瓶中，加 1g 碘化钾并使其溶解，用水稀释至刻度，摇匀。此溶液用于硫含量大于 0.010%的试样的测定。

⑥ $c\left(\frac{1}{6}KIO_3\right)=0.00025mol/L$。移取 25.00mL $c\left(\frac{1}{6}KIO_3\right)=0.01mol/L$ 的碘酸钾溶液于 1000mL 容量瓶中，加 1g 碘化钾并使其溶解，用水稀释至刻度，摇匀。此溶液用于硫含量小于 0.010%的试样的测定。

4. 仪器与设备

仪器与设备装置如图 5-2 所示。

本实验设备在供氧和净化部分与定碳实验相同。

① 吸收杯。如图 5-3 所示。

② 瓷舟（带盖）。规格与处理方法与定碳实验所用瓷舟相同。

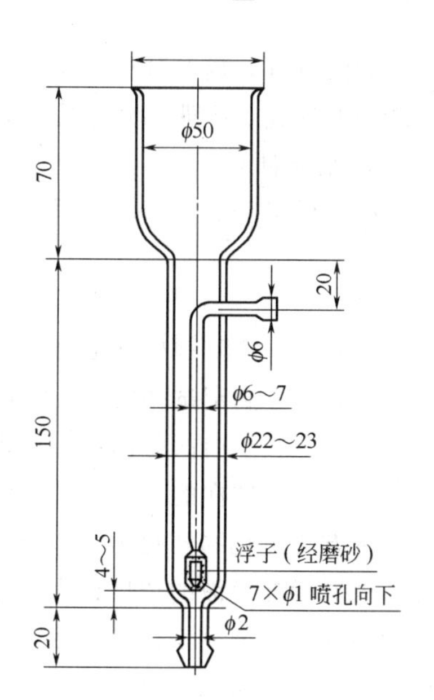

图 5-3　硫吸收杯

注：实验中所用到的其余试剂、材料及设备均与气体容量法定碳实验中所用到的相同，在此不再列出。

5. 分析步骤

本实验在称量、供氧及仪器检查等部分的操作与碳含量测定实验基本相同，称样量按表 5-4 所示。燃烧及吸收过程操作如下。

表 5-4　硫含量测定试料称取量

硫含量/%	试料量/g	硫含量/%	试料量/g
0.0030～0.010	1.00±0.01(称准至 0.001g)	0.050～0.100	0.25±0.01(称准至 0.0001g)
0.010～0.050	0.50±0.01(称准至 0.001g)	0.100～0.200	0.10±0.01(称准至 0.0001g)

于吸收杯中加入 25mL 淀粉吸收液，通氧，用碘酸钾标准溶液滴定至淀粉吸收液呈浅蓝色不褪，以此色为起始色泽。

将试样置于瓷舟中，按表 5-5 取适量助熔剂均匀覆盖于试样上。

表 5-5　硫含量测定助熔剂量

试　样　种　类	助熔剂量/g		
	五氧化二钒	五氧化二钒＋铁粉(3＋1)	二氧化锡锡粒＋铁粉(3＋4)
生铁、铁粉、碳钢及低合金钢	0.10～0.30	—	—
中高合金钢、高温合金等难熔试样	—	0.40～1.00	0.40～1.00

启开硅橡胶塞，将装好试样和助熔剂的瓷舟盖上瓷盖，放入瓷管内，用长钩推至瓷管加热区的中部，立即塞紧硅橡胶塞，预热 30～60s，通氧燃烧。将燃烧后的气体导入吸收杯，待淀粉吸收液的蓝色开始消退，立即用碘酸钾标准溶液滴定，并使液面保持蓝色。褪色速度变慢时，应相应降低滴定速度，滴至吸收液色泽与起始色泽一致。间歇通氧三次，色泽仍不改变时即为滴定终点，读数。

关闭氧气，启开硅橡胶塞，用长钩拉出瓷舟。检查试样是否燃烧完全。如熔渣不平，熔渣断面有气孔，表明燃烧不完全，须重新称样测定。

6. 结果计算

硫的质量分数 $w(S)$ 以式(5-3) 计算：

$$w(S)=\frac{T(V-V_0)}{m}\times 100\% \tag{5-3}$$

式中 T——碘酸钾标准溶液对硫的滴定度，g/mL；

V——滴定试样时消耗碘酸钾标准溶液的体积，mL；

V_0——空白试验消耗碘酸钾标准溶液的体积，mL；

m——试样的质量，g。

本方法硫化物转化为二氧化硫的转化率不能达到100%，因此不能依据化学反应的计量关系根据标准溶液的浓度计算硫含量。所以实验所用标准溶液的浓度用已知的与待测样品含硫量相近的标准钢铁标样标定，以每毫升标准溶液对硫的滴定度表示。通常取三份与试样钢种相似、含量相近的标准样品，按试样测定的方法操作，当三份标准样所消耗碘酸钾标准溶液的体积极差不超过0.20mL时，即可取其平均值，按式(5-4) 计算碘酸钾标准溶液对硫的滴定度。

$$T=\frac{w(S)m}{V-V_0} \tag{5-4}$$

式中 T——碘酸钾标准溶液对硫的滴定度，g/mL；

$w(S)$——标准样品中硫的质量分数，%；

V——滴定标准样品时消耗碘酸钾标准溶液的平均体积，mL；

V_0——空白试验消耗碘酸钾标准溶液的平均体积，mL；

m——标准钢样量，g。

7. 方法讨论

① 氧气流量要适宜，一般控制在1.5～2L/min。流量过小，分析速度慢，样品不易燃烧；流量过大，液面波动，熔体易生成气泡且吸收液中的碘有可能被带走。

② 在氧气充足的条件下，硫化物的转化率主要与温度有关。试验表明：1399℃时转化率为90%～96%，1450～1510℃时，转化率为98%。一般规定：铸铁、碳钢及低合金钢的炉温为1250～1300℃；高合金钢为1300～1350℃。

③ 在分析过程中，每测一次试样，都要更换一次吸收液，并调节好起始颜色。

④ 控制滴定速度，在通氧燃烧30～40s后，二氧化硫大量产生，此时必须控制滴定速度，使溶液在通气过程中始终呈现蓝色，否则会导致结果偏低。如液面显白色，可能二氧化硫未吸收完全就已逸出；但也不能蓝色过深，以防终点过量。

⑤ 使用带盖的瓷舟，使氧化铁尽量保留在瓷舟中，以减少氧化铁对瓷管以及干燥管中脱脂棉等的污染。因为当瓷管管壁和干燥管中脱脂棉上堆积大量氧化铁时，会发生下面反应：

$$2SO_2+O_2\xrightarrow[\text{催化剂}]{Fe_2O_3}2SO_3$$

(二) 铁矿中碳硫的联合测定——高频感应炉燃烧红外吸收法

1. 方法原理

试样在通入氧气流的高频感应炉中，在助熔剂的存在下，高温下燃烧，其中碳生成二氧化碳、硫生成二氧化硫，由氧气输送进入红外吸收池中，仪器可自动测量其对红外能的吸收，然后计算和显示碳硫结果。本法适用于0.005%～10.00%的碳含量、0.001%～2.00%的硫含量的测定。

2. 试剂和材料

① 助熔剂。低碳低硫钨粒、锡粒（片）、纯铁。

② 净化剂和催化剂。无水过氯酸镁、烧碱、石棉、玻璃棉。

③ 氧气。纯度大于99.95%以上。

④ 标准样品或合适的基准物（蔗糖、硫酸钾）。

⑤ 陶瓷坩埚。使用前应在1000℃高温下灼烧2h，取出置于备有变色硅胶的干燥器内冷却备用。

3. 仪器

高频红外碳硫分析仪。

4. 分析步骤

（1）开机预热　工作前应检查室内温度、湿度是否符合室温在15～30℃、相对湿度≤80%的分析条件，室内环境达到仪器工作所需条件，即可进行正常工作，如室内环境不符合要求，应查明原因并解决，然后仪器可进行正常工作。

打开高频红外碳硫分析仪、电子天平电源开关及气源开关，对仪器预热（根据不同厂家设备预热时间不同，预热后仪器稳定性好，分析结果准确性高）。

（2）试验前准备

① 调节动力气（一般为氮气或压缩空气）及氧气压力，达到仪器分析要求。

② 通道的选择。根据试样种类选择合适的分析通道。

（3）仪器的校准（标定）　校准（标定）应选用国家定点单位生产的标准样品，校准时应选用与分析样品同种类的标准样品。

① 称样。用在900℃高温灼烧冷却后的坩埚在电子天平上称取样品，称取质量0.1～0.2g，具体根据仪器规定。

② 加助熔剂。加入一定量的纯铁及钨粒等助熔剂。

③ 仪器校准操作。用不同含量的标准样品分别分析2～3次，对仪器进行校正，分析结果与标准样品标准值之间的差值应不大于规定允许误差。

④ 试样分析。启动仪器按分析程序、分析过程自动进行，分析过程完成后，显示分析结果。

⑤ 空白试验。按分析程序进行不加试料的助熔剂空白测量，检查空白值是否稳定和足够小。

三、锰的测定

钢铁中锰的测定方法可分为光度法和滴定法两大类。光度法包括分光光度法和原子吸收分光光度法等；根据所用氧化剂和还原剂的不同，滴定法又分为过硫酸铵氧化滴定法和硝酸铵氧化滴定法。国家标准GB/T 223.58规定了过硫酸铵氧化滴定法对钢铁中锰的测定方法，该方法应用广泛，方法完善，本节主要介绍该方法。

1. 方法原理

试样经酸溶解，在硫酸、磷酸介质中，以硝酸银为催化剂，用过硫酸铵将锰氧化成七价，用亚砷酸钠-亚硝酸钠标准溶液滴定。反应如下：

$$MnS + H_2SO_4 \longrightarrow MnSO_4 + H_2S\uparrow$$
$$3Mn + 8HNO_3 \longrightarrow 3Mn(NO_3)_2 + 2NO\uparrow + 4H_2O$$
$$Mn + H_2SO_4 \longrightarrow MnSO_4 + H_2\uparrow$$
$$3Mn_3C + 28HNO_3 \longrightarrow 9Mn(NO_3)_2 + 10NO\uparrow + 3CO_2\uparrow + 14H_2O$$
$$2Mn(NO_3)_2 + 5(NH_4)_2S_2O_8 + 8H_2O \longrightarrow 2HMnO_4 + 5(NH_4)_2SO_4 + 4HNO_3 + 5H_2SO_4$$
$$2HMnO_4 + 5Na_3AsO_3 + 4HNO_3 \longrightarrow 5Na_3AsO_4 + 2Mn(NO_3)_2 + 3H_2O$$
$$2HMnO_4 + 5NaNO_2 + 4HNO_3 \longrightarrow 5NaNO_3 + 2Mn(NO_3)_2 + 3H_2O$$

2. 主要试剂

(1) 硫酸-磷酸混合酸　将150mL硫酸（1.84g/mL）、150mL磷酸（1.70g/mL）在不断搅拌下，缓缓注入700mL水中，冷却。

(2) 硝酸银溶液（0.5%）　称取0.5g硝酸银溶于水中，滴加数滴硝酸（1.42g/mL），用水稀释至100mL，贮于棕色瓶中。

(3) 过硫酸铵溶液（20%）　用时配制。

(4) 锰标准溶液　称取1.4383g基准高锰酸钾，置于600mL烧杯中，加入30mL水溶解，加10mL硫酸（1+1），滴加过氧化氢（1.10g/mL）至红色恰好消失，加热煮沸5～10min，冷却，移入1000mL容量瓶中，用水稀释至刻度，混匀。此溶液含锰500μg 1mL。

(5) 亚砷酸钠-亚硝酸钠标准溶液　称取1.63g亚砷酸钠和0.86g亚硝酸钠，置于1000mL烧杯中，用水溶解并稀释至1000mL，混匀。

亚砷酸钠-亚硝酸钠标准溶液标定：称取与试样近似的铁（含锰量不大于0.002%）三份，分别置于300mL锥形瓶中，加30mL硫酸-磷酸混合酸，加热溶解后，滴加硝酸（1.42g/mL）破坏碳化物，煮沸驱尽氮氧化物，取下冷却，分别加入锰标准溶液（锰量与试样中锰量相似），用水稀释至体积约80mL，按测定步骤进行测定。亚砷酸钠-亚硝酸钠标准溶液对锰的滴定度按式(5-5) 计算：

$$T = \frac{V_1 c}{V_2} \tag{5-5}$$

式中　T——亚砷酸钠-亚硝酸钠标准溶液对锰的滴定度，g/mL；

V_1——移取锰标准溶液的体积，mL；

V_2——滴定所消耗的亚砷酸钠-亚硝酸钠标准溶液的平均值，mL；

c——锰标准溶液的浓度，g/mL。

3. 分析步骤

根据试样中锰含量的不同，称取0.2500～0.5000g试样，置于300mL锥形瓶中，加入30mL硫酸-磷酸混合酸，加热溶解后，加HNO_3（1.42g/mL）破坏碳化物，煮沸驱尽氮氧化物。如溶液中仍有黑色不溶物，则应将溶液蒸发至刚冒硫酸烟时，小心滴加2mL HNO_3（1.42g/mL）以破坏碳化物，继续加热至冒硫酸烟并至溶液清澈，取下冷却，用水稀释至体积约80mL。

向溶液中加入10mL硝酸银溶液和10mL过硫酸铵溶液，低温加热煮沸45s，停止加热，静置2min，再用流水冷却至室温。向溶液中加入10mL氯化钠溶液，摇匀，立即用亚砷酸钠-亚硝酸钠标准溶液滴定，控制滴定速度不超过6mL/min，当溶液为红色时，以更慢的速度滴定至溶液粉红色消失即为终点。

4. 结果计算

试样中锰的质量分数$w(\text{Mn})$可通过式(5-6) 计算：

$$w(\mathrm{Mn})=\frac{VT}{m}\times 100\% \tag{5-6}$$

式中　T——亚砷酸钠-亚硝酸钠标准溶液对锰的滴定度，g/mL；

V——测定时所消耗的亚砷酸钠-亚硝酸钠标准溶液的体积，mL；

m——试样质量，g。

5. 方法讨论

① 溶解样品时加入硫酸、硝酸和磷酸，其中 H_2SO_4 可使试样中的 Mn、MnS 转化成 $MnSO_4$，HNO_3 可使试样中的 Mn_3C 均溶解成 Mn^{2+}，而加入磷酸，一方面可以防止 Mn^{2+} 在氧化成高价锰的过程中生成 MnO_2，另一方面可与 Fe^{3+} 生成无色可溶性配合物 $[Fe(PO_4)_2]^{3-}$，掩蔽了 Fe^{3+} 的黄色，而不影响终点观察。

② 实验中要保证二价锰完全氧化成七价锰而不生成其他价态的锰，同时又要保证生成的 $HMnO_4$ 不能分解。

二价锰的氧化程度主要决定于两个因素：一是酸度；二是煮沸时间。当酸度过高时，氧化不完全；而酸度过低，$AgNO_3$ 会失去催化作用，使 Mn^{2+} 易形成四价锰沉淀，当无 $AgNO_3$时，只能氧化成四价锰。煮沸时间约为 45s，然后再放置 2min，即可保证氧化完全，煮沸和放置时间不可过长，否则 $HMnO_4$ 可能分解，煮沸时，还可使过剩的过硫酸铵分解。

③ 滴定前须加入 NaCl，以和 $AgNO_3$ 生成 AgCl 沉淀除去 Ag^+，否则，Ag^+ 在滴定时仍会起催化作用，使滴定生成的 Mn^{2+} 与氧化剂作用重新转化成高价锰。NaCl 加入稍过量即可，用量过多，Cl^- 会使 $HMnO_4$ 还原，产生误差。

④ 单独用 Na_3AsO_3，七价锰将部分地被还原成三价锰及四价锰；单独用 $NaNO_2$，虽基本上能将二价锰氧化成七价锰，但室温下，作用缓慢，二者混合使用，可取长补短。

⑤ 铬对实验存在干扰。当铬含量不同时，溶样方法有所不同。

四、硅的测定

钢铁中硅的测定主要有重量法和分光光度法。根据硅含量的高低可分别采用不同的方法。重量法测定方法与硅酸盐中二氧化硅测定方法相同。该法准确，但操作复杂繁琐。国家标准 GB/T 223.5—2008 规定了硅钼酸盐分光光度法测定硅含量的方法，该法具有简单快速、灵敏度高等特点，是目前应用较为广泛的一种方法。本节主要介绍该方法。

1. 方法原理

将试料以适宜比例的硫酸-硝酸或盐酸-硝酸溶解，用碳酸钠和硼酸混合熔剂熔融酸不溶残渣。在弱酸性溶液中，硅酸与钼酸盐生成氧化型硅钼酸盐（即硅钼黄），增加硫酸浓度，加入草酸消除磷、砷、钒的干扰，以抗坏血酸选择性还原，将硅钼酸盐还原成蓝色的还原型硅钼酸盐（硅钼蓝），于波长约 810nm 处测量硅钼蓝的吸光度。

2. 主要试剂和材料

（1）纯铁　硅含量小于 0.004%，并已知其准确含量。

（2）混合熔剂　二份碳酸钠和一份硼酸研磨至粒度小于 0.2mm，混匀。

（3）钼酸钠溶液　将 2.5g 二水合钼酸钠（$Na_2MoO_4 \cdot 2H_2O$）溶于水中，用水稀释至 100mL，混匀。

（4）草酸溶液（50g/L）　将 5g 二水合草酸（$C_2H_2O_4 \cdot 2H_2O$）溶于少量水中，用水稀释至 100mL，混匀。

（5）抗坏血酸溶液（20g/L）　将 2g 抗坏血酸溶于 50mL 水中，用水稀释至 100mL，混匀。用前配制。

（6）硅标准溶液　称取 0.4279g（称准至 0.0001g）二氧化硅（大于 99.9%，用前于 1000℃灼烧 1h 后，置于干燥器中，冷却至室温），置于加有 3g 无水碳酸钠的铂坩埚中，上面再覆盖 1～2g 无水碳酸钠，先将铂坩埚于低温处加热，再置于 950℃高温处加热熔融至透明，继续加热熔融 3min，取出，冷却。置于盛有冷水的聚丙烯或聚四氟乙烯烧杯中至熔块完全溶解。取出坩埚，仔细洗净，冷却至室温，将溶液移入 1000mL 单刻度容量瓶中，用水稀释至刻度，混匀，贮于聚丙烯或聚四氟乙烯瓶中。此溶液 1mL 含 200μg 硅。

3. 仪器与设备

分析中，除下列规定外，使用通常的实验室仪器、设备。

① 聚丙烯或聚四氟乙烯烧杯，250mL。

② 分光光度计。

4. 分析步骤（以硅含量在 0.050%～0.25%的试料为例）

称取试料（粉末或屑样）(0.20±0.01)g（称准至 0.0001g），置于 250mL 聚丙烯或聚四氟乙烯烧杯中，加入 25mL 硫酸-硝酸混合酸，盖上盖子，微热溶解试料，溶解过程中不断补加水，保持溶液体积无明显减少。

用水稀释至约 60mL，小心将试液加热至沸，滴加高锰酸钾溶液（22.5g/L）至析出水合二氧化锰沉淀，保持微沸 2min。滴加过氧化氢（1＋4）至二氧化锰沉淀恰好溶解，并加热微沸 5min 使过氧化氢分解。冷却，将试液转移至 100mL 容量瓶中，用水稀释至刻度，混匀。

称取（0.20±0.01)g（称准至 0.0001g）纯铁代替试料，用同样的试剂，按上述同样的方法配制 10mL 铁基空白试验溶液，该溶液留作底液绘制工作曲线用。

移取 10.00mL 上述试料溶液两份，分别置于 50mL 容量瓶中，各加 10mL 水，分别作显色溶液和参比溶液，在 15～25℃条件下，按下列顺序用移液管加入试剂溶液，每次加入一种溶液后都要摇动。

显色溶液：先加入 10.0mL 钼酸钠溶液，静置 20min 后，加入 5.0mL 硫酸，再加入 5.0mL 草酸溶液，然后立即加入 5.0mL 抗坏血酸溶液，用水稀释至刻度，混匀。

参比溶液：先加入 5.0mL 硫酸，再加入 5.0mL 草酸溶液，再加入 10.0mL 钼酸钠溶液，然后，立即加入 5.0mL 抗坏血酸溶液，用水稀释至刻度，混匀。

将上述溶液静置 30min 后，将部分显色溶液移入 1cm 吸收皿中，以其对应的参比溶液为参比，于分光光度计波长 810nm 处，测量各溶液的吸光度值。从工作曲线上查出相应的硅量。

工作曲线的绘制方法：分取 10.00mL 铁基空白试验溶液 7 份于 7 个 50mL 容量瓶中，分别加入 0.00mL、0.00mL、1.00mL、2.00mL、3.00mL、4.00mL、5.00mL 硅标准溶液，补加水至 20mL。其中第一份加 0.00mL 硅标准溶液的空白试验溶液，按上述参比溶液的制备方法制备参比溶液，其余 6 份溶液按上述制备显色溶液的方法制备显色溶液。然后用 1cm 比色皿，于分光光度计波长 810nm 处测量各工作曲线显色溶液对参比溶液的吸光度。

用硅标准溶液中硅量和纯铁中硅量之和为横坐标，测得的吸光度值为纵坐标，绘制工作曲线。

5. 结果计算

试样中硅的质量分数 $w(\mathrm{Si})$ 按式(5-7) 计算：

$$w(\mathrm{Si})=\frac{m_1 V}{m V_1 \times 10^6}\times 100\% \tag{5-7}$$

式中 V_1——分取试液体积，mL；

V——试料溶液总体积，mL；

m_1——从工作曲线上查得的硅量，μg；

m——试料量，g。

6. 方法讨论

① 该法产物为硅钼蓝，呈蓝色，最大吸收波长为810nm，但也可在680nm或760nm波长处测定吸光度。

② 溶解试样时，不要煮沸且要不断补充蒸发失去的水分，以免溶液体积显著减少，硅酸析出。加$KMnO_4$是要除去试样中的碳化物，剩余的$KMnO_4$要用过氧化氢还原除去，然后再加热煮沸分解剩余的过氧化氢。

③ 酸度对显色反应影响较大。酸度过大，硅钼黄不稳定，钼酸钠与硅反应不完全；酸度过小，会生成大量钼酸铁沉淀，影响硅钼酸的形成且磷、砷的干扰较大。实际测定中，由于所用试剂浓度、还原剂种类用量等的不同，适宜酸度存在较大差异，而且随溶液温度升高和加入钼酸钠后放置时间的延长，适宜酸度也会有所增大。一般控制生成硅钼黄的酸度在pH＝1.0～1.8，将硅钼黄还原为硅钼蓝的酸度0.8～1.35mol/L。为严格控制显色酸度，加试剂时需使用移液管。

④ 磷和砷与钼酸铵也会生成相应的黄色杂多酸，且也能被还原成钼蓝而干扰测定。但由于硅钼杂多酸一旦在较低酸度溶液中生成后就很稳定，而磷钼酸、砷钼酸在酸度增高时会被分解破坏掉，所以可先在较低酸度下使硅、磷形成杂多酸，然后提高酸度，使磷钼杂多酸分解而消除其干扰。同时，加入草酸，也可以迅速分解磷和砷所生成的杂多酸，从而消除磷和砷的干扰。

但是草酸能迅速分解磷和砷所生成的杂多酸，也能逐渐分解硅钼杂多酸，因此加入草酸后，应立即加入抗坏血酸溶液，以防硅钼杂多酸被草酸分解，使结果偏低。

五、磷的测定

磷的测定主要有重量法、滴定法和分光光度法等，重量法操作繁琐，而滴定法操作时间也比较长，因此一般情况下，主要采用分光光度法。

分光光度法主要有钒钼黄法和钼蓝法两类，其中钼蓝法应用较为广泛。钼蓝法是在酸性条件下使磷反应生成磷钼黄，再用还原剂将磷钼黄还原成磷钼蓝进行比色。根据实际反应情况，采用不同的还原剂进行还原。如以氯化亚锡为还原剂时，发生的反应如下：

$$H_3PO_4+12H_2MoO_4 \longrightarrow H_3[P(Mo_3O_{10})_4](\text{磷钼黄})+12H_2O$$

$$H_3[P(Mo_3O_{10})_4]+4Sn^{2+}+8H^+ \longrightarrow (2MoO_2\cdot 4MoO_3)_2\cdot H_3PO_4(\text{磷钼蓝})+4Sn^{4+}+4H_2O$$

国家标准GB/T 223.59—2008规定了铋磷钼蓝分光光度法和锑磷钼蓝分光光度法测定钢铁中磷含量的方法，本节只介绍锑磷钼蓝分光光度法测定磷的方法。

1. 方法原理

磷在硫酸介质中与锑、钼酸铵生成黄色配合物，用抗坏血酸将锑磷钼黄还原为锑磷钼蓝，于700nm处测量其吸光度。

2. 主要试剂

(1) 硝酸-盐酸混合酸 一份硝酸（ρ1.42g/mL）和两份盐酸（ρ1.19g/mL）混合。

（2）氢溴酸-盐酸混合酸　一份氢溴酸（ρ1.49g/mL）和两份盐酸（ρ1.19g/mL）混合。

（3）抗坏血酸溶液（30g/L）　用时现配。

（4）钼酸铵溶液（20g/L）。

（5）酒石酸锑钾溶液（2.7g/L，1mL含1mg锑）。

（6）亚硝酸钠溶液（100g/L）。

（7）淀粉溶液（1%）　1g可溶性淀粉[若淀粉中含磷量高，先用盐酸（5+95）充分搅拌洗涤，待下沉后倾出酸液，用水洗至中性]，用少量水润湿后，在搅拌下倒入100mL沸水，搅匀，煮沸片刻。用前加热至溶液呈透明后，冷却至室温使用。

（8）铁溶液　称取0.4g纯铁（含磷0.001%以下），用10mL盐酸（ρ1.19g/mL）溶解后，滴加硝酸（ρ1.42g/mL）氧化，加3mL高氯酸（ρ1.67g/mL）蒸发至冒高氯酸烟并继续蒸发至呈湿盐状，冷却，用20.0mL硫酸（1+5）溶解盐类，冷却至室温，移入100mL容量瓶中，用水稀释至刻度，混匀。

（9）磷标准溶液　称0.4393g预先经105℃烘干至恒量的基准磷酸二氢钾（KH_2PO_4），用适量水溶解，加5mL硫酸（1+5）移入1000mL容量瓶中，用水稀释至刻度，混匀。此溶液1mL含100μg磷。

移取20.00mL上述磷标准溶液，置于1000mL容量瓶中，用水稀释至刻度，混匀。此溶液1mL含2.0μg磷。

3. 分析步骤

称取试样0.20g（精确至0.0001g），置于150mL烧杯中，加10mL硝酸-盐酸混合酸，加热溶解，加8mL高氯酸（需要挥铬的试样多加2～3mL），蒸发至刚冒高氯酸烟，稍冷，加10mL氢溴酸-盐酸混合酸挥砷，加热至刚冒高氯酸烟，再加5mL氢溴酸-盐酸混合酸再挥砷一次，继续蒸发至冒高氯酸烟，至烧杯内部透明并回流3～4min（如试样中含锰超过2%，则多加3～4mL高氯酸，回流时间保持15～20min），继续蒸发至湿盐状。

冷却，加10mL硫酸（1+5）溶解盐类，滴加亚硝酸钠溶液将铬还原至低价并过量1～2滴，煮沸驱除氮氧化物，冷却至室温，移入100mL容量瓶中，用水稀释至刻度，混匀。

移取10.00mL上述试液两份，分别置于25mL容量瓶中。

加2.0mL硫酸（1+5）、0.3mL酒石酸锑钾溶液、2mL淀粉溶液、2mL抗坏血酸溶液（每加一种试剂均需混匀）。一份加5.0mL钼酸铵溶液，摇匀，用水稀释至刻度，混匀。另一份不加钼酸铵溶液，用水稀释至刻度，混匀。

在20～30℃放置10min后，移入2～3cm比色皿中，以不加钼酸铵溶液的一份为参比，在分光光度计上，于波长700nm处，测量其吸光度。随同试样做空白试验。减去随同试样空白的吸光度，从工作曲线上查出相应的磷量。

工作曲线的绘制：移取0.00mL、1.00mL、2.00mL、4.00mL、6.00mL、8.00mL磷标准溶液（2.0μg/mL），分别置于6个25mL容量瓶中，加5mL铁溶液，然后按上述测定过程的操作步骤进行操作。在20～30℃放置10min后，移入2～3cm比色皿中，以水为参比，在分光光度计上，于波长700nm处，测量其吸光度，减去试剂空白的吸光度，以磷量为横坐标，吸光度为纵坐标，绘制工作曲线。

4. 结果计算

磷的质量分数w(P)按式(5-8)计算：

$$w(\mathrm{P})=\frac{m_1V}{mV_1\times10^6}\times100 \tag{5-8}$$

式中 V_1——分取试液的体积，mL；

V——试料溶液总体积，mL；

m_1——从工作曲线上查得的磷含量，μg；

m——试料质量，g。

5. 方法讨论

① 本方法是在钼蓝法的基础上，使二元磷钼杂多酸与锑生成三元锑磷钼杂多酸，三元杂多酸氧化性比二元杂多酸强，还原后测定其吸光度、灵敏度、稳定性均较二元杂多酸好。

② 将磷钼黄还原成磷钼蓝的还原剂有 $SnCl_2$、硫酸肼、抗坏血酸等。还原剂过弱，还原不完全；还原剂太强，溶液中过量的钼酸根被还原后也呈蓝色。所以应根据实际情况，选择合适的还原剂。

磷钼杂多酸萃取分离后，钼酸铵等已被分离，还原干扰少，可用较强的 $SnCl_2$ 作还原剂；未经分离的磷钼杂多酸常用硫酸肼作还原剂；磷钼铋或锑的三元杂多酸氧化性比二元杂多酸强，可用较弱的抗坏血酸作还原剂。本法采用的是抗坏血酸作还原剂。

③ 样品溶解采用硝酸-盐酸混合酸，其溶解反应如下：

$$3Fe_3P+41HNO_3 \longrightarrow 9Fe(NO_3)_3+3H_3PO_4+14NO\uparrow+16H_2O$$

$$Fe_3P+13HNO_3 \longrightarrow 3Fe(NO_3)_3+H_3PO_3+4NO\uparrow+5H_2O$$

溶解样品时不能单独使用盐酸或硫酸，否则磷会生成气态 PH_3 而挥发损失。

$$2Fe_3P+12HCl \longrightarrow 6FeCl_2+3H_2\uparrow+2PH_3\uparrow$$

④ 溶液的酸度是影响显色反应的主要因素。酸度太低，硅可能形成硅钼黄，进而还原成硅钼蓝，过量的钼酸铵也可能被还原成蓝色，使磷的测定结果偏高；但酸度太高，又会影响磷钼蓝的生成。但是酸度、钼酸铵的浓度、还原剂的用量及温度等因素是互相制约的，因此实验中需根据实际条件选择适宜的酸度。

⑤ 配制显色溶液时，每加一种试剂均需摇匀。也可将所需用的硫酸、酒石酸锑钾及淀粉溶液按比例在显色时混合后一次加入。加钼酸铵溶液时，要从容量瓶口中间加入，沾附在瓶壁上的钼酸铵溶液需用水冲洗，否则瓶壁上的钼酸铵因酸度低，将被还原成蓝色，造成测定误差。

⑥ 由于酸度较低时，硅可能形成硅钼蓝干扰测定，因此可控制适当的较高酸度生成磷钼酸，以消除硅的干扰；同时加入一定量的酒石酸，使其与钼酸铵生成稳定的配合物，降低了钼离子的浓度，防止硅钼蓝的生成。

习　题

一、填空题

1. 钢铁五元素指________，生铁和钢的主要区别在于其________的不同，通常生铁为________，钢为________。

2. 进行钢材分析时，采样前，需将表面用砂轮打光，目的是________，然后用________或________采样。

3. 测定钢铁中锰含量时，为使二价锰氧化完全，需加入________作催化剂，同时还应控制适宜酸度。因为酸度过高，________；而酸度过低，____________________。

4. 硅钼蓝法测定钢铁中硅时，加入草酸可以消除________的干扰，但加入草酸后，应立即加入________，以防________被草酸分解，使结果偏________。

二、选择题

1. 下面描述中属于对白口铁的描述的是（　　）。

A. 硬度低，流动性大，易加工　　B. 主要用于炼钢

C. 主要用于铸造　　D. 剖面灰色

2. 用钢铁定碳仪测碳含量时，用于消除硫干扰的是（　　）。

A. $KMnO_4$　　B. 碱石棉　　C. 无水 $CaCl_2$　　D. 粒状 MnO_2

3. 铸铁或低碳钢等的硫含量测定，通常使试样在（　　）℃的氧气流中燃烧，使之生成二氧化硫。

A. 1150～1250　　B. 1250～1300　　C. 1300～1450　　D. 1450～1510

4. 下面描述中，不属于燃烧碘量法测定钢铁中硫的要求的是（　　）。

A. 必须调节好起始颜色

B. 每测一次试样，都要更换一次吸收液

C. 控制适当的滴定速度，使溶液在通气过程中始终保持无色

D. 使用带盖的瓷舟

5. 以下哪种物质通常不用做将磷钼黄还原成磷钼蓝的还原剂（　　）。

A. $SnCl_2$　　B. 硫酸肼　　C. 抗坏血酸　　D. 硫酸亚铁

6. 硅钼蓝分光光度法测定钢铁中的硅含量时，为了消除磷的干扰，下列哪两种措施是正确的（　　）。

A. 先在较低酸度下形成杂多酸，然后加酸提高酸度

B. 提高温度

C. 加入适量的酒石酸钾钠

D. 加入适量草酸

三、判断题

1. 由于磷能使钢铁产生热脆性，故磷是钢铁生产中的有害元素。（　　）

2. 测定钢铁中锰含量时，滴定前需加入适量的 NaCl 作催化剂。（　　）

3. 进行钢材分析时，采样前，需将表面用砂轮打光，然后用砸取法或钻取法采样。（　　）

4. 用钢铁定碳仪测碳时，燃烧后的气体需经过一装有玻璃棉的球形管，其目的是除去燃烧生成的 SO_2。（　　）

5. 锑磷钼蓝法测磷的显色溶液配制时，每加一种试剂均需摇匀，且钼酸铵溶液要从容量瓶口中间加入，沾附在瓶壁上的钼酸铵溶液需用水冲洗。（　　）

6. 钼蓝法测硅时，溶样时应缓慢温热，不要煮沸并不断补充蒸发失去的水分，防止溶液体积显著减少，硅酸析出。（　　）

7. 制备硅钼蓝法测硅的试液时，加 $KMnO_4$ 是要除去试样中的碳化物，剩余的 $KMnO_4$ 要用过氧化氢还原除去，然后再加热煮沸分解剩余的过氧化氢，驱尽氮化物。（　　）

四、问答题

1. 过硫酸铵氧化滴定法测钢铁中锰时，加硫磷混酸的作用是什么？

2. 测定钢铁中磷含量时，硅的干扰应如何消除？而测定硅的含量时，磷的干扰又如何消除？

3. 以方程式表示出钢铁中锰含量的测定原理。

4. 使用碳硫联合测定仪时，应注意哪些问题？

五、计算题

1. 称取钢样 0.7500g，在 17℃、99.99kPa 时，量气管读数为 0.88%，求温度压力校正系数 f 及含碳质量分数。

2. 用燃烧气体容量法测定钢材中碳含量。称取钢样 1.000g，在 101.3kPa 和 16℃时，测定二氧化碳的体积为 5.00mL，计算钢材中碳的质量分数。

3. 称取钢样 1.000g，在 18℃、102.0kPa 时，测得二氧化碳的体积为 6.50mL，计算试样中碳的质量分数。

4. 称取含锰 0.42%的标准钢样 0.6000g，以亚砷酸钠-亚硝酸钠标准溶液滴定，消耗亚砷酸钠-亚硝酸钠标准溶液 6.00mL，计算亚砷酸钠-亚硝酸钠标准溶液对锰的滴定度。

第六章 肥料分析

学习目标

1. 了解肥料的作用和分类。
2. 了解氮肥的种类及氮肥中氮的存在形式。
3. 掌握氮肥中各种形式氮的测定原理。
4. 了解磷肥中的含磷化合物分类及其提取方法。
5. 掌握磷肥中有效磷的测定原理及方法。
6. 掌握钾肥中钾含量的测定方法及原理。
7. 了解复混肥料中常见的分析项目和分析方法。

第一节 概　　述

肥料是以提供植物养分为其主要功效的物料，是促进植物生长和提高农作物产量的重要物质。它能为农作物的生长提供必需的营养元素，能调节养料的循环，改良土壤的物理、化学性质，促进农业增产。

一、作物的营养元素

作物的营养元素（即植物养分）包括三类：一是主要营养元素，包括碳（C）、氢（H）、氧（O）、氮（N）、磷（P）、钾（K）；二是次要营养元素，包括钙（Ca）、镁（Mg）、硫（S）；三是微量元素，包括铜（Cu）、铁（Fe）、锌（Zn）、锰（Mn）、钼（Mo）、硼（B）、氯（Cl）。这些营养元素对于作物生长和成熟都是不可缺少的，也是不可替代的。

碳、氢、氧三种元素可从空气或水中获得，一般不需特殊供应。钙、镁、铁、硫等元素在土壤中的量也已足够，或可从水中获得，一般不需要特殊供应。其他营养元素，尤其是氮、磷、钾，作物需要量大而消耗多，土壤中含量不足，甚至缺乏，则必须依靠人工施肥加以补充，它们被称为肥料三要素。其中氮的需要量最大，是植物叶和茎生长不可缺少的元素。磷对植物发芽、生根、开花、结果，使籽实饱满起重要作用。钾能使植物茎秆强壮，促使淀粉和糖类的形成，并增强对病害的抵抗力。

二、肥料的分类和分析项目

肥料按其来源、存在状态、营养元素的性质等有多种分类方法。按照来源可分为自然肥料与化学肥料；根据存在状态可分为固体肥料与液体肥料；从组成上可分为无机肥料与有机肥料；从性质上可分为酸性肥料、碱性肥料与中性肥料；根据所含有效元素可分为氮肥、磷肥、钾肥；从所含营养元素的数量上可分为单元肥料与复合肥料；从发挥肥效速度方面可分为速效肥与缓效肥。另外，近年来还迅速开发出部分新型肥料，如含氨基酸叶面肥、微量元素叶面肥。而微生物肥料又分为根瘤菌肥料、固氮菌肥料、磷细菌肥料、硅酸盐细菌肥料、复合微生物肥料等。自然肥所含营养元素一般有多种，常见自然肥有家禽肥、羊粪、豆秆等。化学肥是指以化学加工的方式生产的肥料，此肥料中单元肥料较为普遍，多效肥、复合肥料的生产虽起步较晚，但很受重视。本章根据肥料中所含有效元素分类法，介绍氮肥、磷肥、钾肥和复混肥的分析项目和分析方法。

三、化学肥料试样的采取

各种化肥的检验标准中，对取样数量和操作方法等都作了明确的规定。必须严格按照规定的程序取样。否则，即使是对操作细节的忽视或更改，有时也会造成差错。

取样前要仔细观察产品的外观、包装、标记、批号、堆存情况和周围环境等，如一批化肥中包括不同厂的产品、不同批号或未标明批号，外观色泽、颗粒大小等有显著不同，部分已有变质、水渍等情况，都应分别取样，分别装入容器内。对于易挥发、分解或潮解变质的化肥，取样操作要迅速，并立即装入密封的容器中。另外，化肥在贮藏、运输过程中可能遭受日晒雨淋，使表面和内部的有效成分含量产生差别。有些化肥，颗粒大小不均，在搬运途中因大小颗粒密度不同而造成分层现象。类似这些情况，在取样时都应特别予以注意，以保证所取的试样具有一定的代表性。

第二节　氮肥分析

一、概述

含氮的肥料称为氮肥。由于氮肥的溶解性能好，因此容易被植物吸收，氮肥一般属速效肥。氮肥可分成自然氮肥和化学氮肥。自然氮肥有人畜尿粪、腐草等，但是因为肥料中还含有少量磷及钾，所以实际上是复合肥料。自然氮肥中的氮可能是几种形式同时存在，以有机态氮为主，一般要求测定总氮量。

化学氮肥主要是指工业生产的含氮肥料，主要有铵盐（如硫酸铵、硝酸铵、氯化铵、碳酸氢铵等）、硝酸盐（如硝酸钠、硝酸钙等）、尿素、氨水等。其中尿素是目前使用最广泛的一种化学氮肥。

肥料中的氮通常以氨态（NH_4^+ 或 NH_3）、硝态（NO_3^-）、有机态（$—CONH_2$、$\rangle CN_2$）形式存在，因为三种状态的性质不同，所以分析方法也不同。

二、氮肥分析试液的制备

氮肥中含氮化合物绝大部分易溶于水，分析试液一般无需用特殊方法制备，即用水溶解试样，在一定温度下浸取一定时间后稀释至刻度即可。但在含氮的复合肥中，由于试料成分复杂，当对测定有不利影响时，则要特意制备分析试液，使其中氮游离出来，过滤分离不溶物，滤液为测定试液。

在氮肥的分析检验过程中，由于铵盐易分解，在称样、制备分析试液的过程中操作应迅速。

三、氨态氮的测定

1. 方法原理

(1) 甲醛法　在中性溶液中，铵盐与甲醛作用生成六亚甲基四胺和相当于铵盐含量的酸。在指示剂存在下，用氢氧化钠标准滴定溶液滴定生成的酸，通过氢氧化钠标准滴定溶液消耗的量，求出氨态氮的含量，反应式如下

$$4NH_4^+ + 6HCOH \longrightarrow (CH_2)_6N_4 + 4H^+ + 6H_2O$$

$$H^+ + OH^- \longrightarrow H_2O$$

此方法适用于强酸性的铵盐肥料，如硫酸铵、氯化铵中氮含量的测定。

(2) 蒸馏后滴定法　从碱性溶液中蒸馏出氨，用过量硫酸标准溶液吸收，以甲基红或甲基红-亚甲基蓝乙醇溶液为指示剂，用氢氧化钠标准滴定溶液滴定剩余的硫酸。根据氢氧化钠标准滴定溶液和硫酸标准滴定溶液的用量，求出氨态氮的含量，反应式如下

$$NH_4^+ + OH^- \longrightarrow NH_3\uparrow + H_2O$$

$$2NH_3 + H_2SO_4 \longrightarrow (NH_4)_2SO_4$$

$$2NaOH + H_2SO_4(\text{剩余}) \longrightarrow Na_2SO_4 + 2H_2O$$

此方法适用于含铵盐的肥料和不含有受热易分解的尿素或石灰氮之类的肥料。

(3) 酸量法　试液与过量的硫酸标准滴定溶液作用，以甲基红或甲基红-亚甲基蓝乙醇溶液为指示剂，用氢氧化钠标准滴定溶液滴定剩余的硫酸，根据氢氧化钠标准滴定溶液和硫酸标准滴定溶液的用量，求出氨态氮的含量，反应式如下

$$2NH_4HCO_3 + H_2SO_4 \longrightarrow (NH_4)_2SO_4 + 2CO_2\uparrow + 2H_2O$$

$$2NH_3 + H_2SO_4 \longrightarrow (NH_4)_2SO_4$$

$$2NaOH + H_2SO_4(\text{剩余}) \longrightarrow Na_2SO_4 + 2H_2O$$

此方法适用于碳酸氢铵、氨水中氮的测定。

2. 农业用碳酸氢铵中氨态氮的测定——酸量法（GB 3559—2001）

(1) 方法原理　碳酸氢铵在过量硫酸标准滴定溶液的作用下，在指示剂存在下，用氢氧化钠标准滴定溶液返滴定过量硫酸。

(2) 主要试剂

① 硫酸标准滴定溶液。$c\left(\frac{1}{2}H_2SO_4\right)=1mol/L$。

② 氢氧化钠标准滴定溶液。$c(NaOH)=1mol/L$。

③ 甲基红-亚甲基蓝混合指示液。

(3) 分析步骤

① 测定。在已知质量的干燥的带盖称量瓶中，迅速称取约2g试样，准确至0.001g，然后立即用水将试样洗入已盛有40.0mL或50.0mL硫酸标准溶液的250mL锥形瓶中，摇匀使试样完全溶解，加热煮沸3～5min，以驱除二氧化碳。冷却后，加2～3滴混合指示液，用氢氧化钠标准滴定溶液滴定至溶液呈现灰绿色即为终点。

② 空白试验。除不加试样外，按上述步骤进行空白试验。

(4) 结果计算

氮含量以氮（N）的质量分数表示，按式(6-1) 计算：

$$w(N)=\frac{(V_1-V_2)c\times 0.01401}{m}\times 100\% \tag{6-1}$$

式中　$w(N)$——碳酸氢铵中氮的含量，%；

V_1——空白试验时消耗氢氧化钠标准滴定溶液的体积，mL；

V_2——测定试样时消耗氢氧化钠标准滴定溶液的体积，mL；

c——氢氧化钠标准滴定溶液的实际浓度，mol/L；

m——试样质量，g；

0.01401——与1.00mL氢氧化钠标准滴定溶液［$c(NaOH)=1.000mol/L$］相当的以克表示的氮的质量。

四、硝态氮的测定

1. 方法原理

（1）铁粉还原法　在酸性溶液中，铁粉置换出的新生态氢使硝态氮还原为氨态氮，然后加入适量的水和过量的氢氧化钠，用蒸馏法测定。同时对试剂（特别是铁粉）做空白试验。反应式如下

$$Fe + H_2SO_4 \longrightarrow FeSO_4 + 2[H]$$

$$NO_3^- + 8[H] + 2H^+ \longrightarrow NH_4^+ + 3H_2O$$

此法适用于含硝酸盐的肥料，但对含有受热分解出游离氨的尿素、石灰氮或有机物之类肥料不适用。当铵盐、亚硝酸盐存在时，必须扣除它们的含量（铵盐可按氨态氮测定方法求出含量；亚硝酸盐可用磺胺-萘乙二胺分光光度法测定其含量）。

（2）德瓦达合金还原法　在碱性溶液中德瓦达合金（铜＋锌＋铝＝50＋5＋45）释放出新生态的氢，使硝态氮还原为氨态氮。然后用蒸馏法测定，求出硝态氮的含量。反应式如下

$$Cu + 2NaOH + 2H_2O \longrightarrow Na_2[Cu(OH)_4] + 2[H]$$

$$Al + NaOH + 3H_2O \longrightarrow Na[Al(OH)_4] + 3[H]$$

$$Zn + 2NaOH + 2H_2O \longrightarrow Na_2[Zn(OH)_4] + 2[H]$$

$$NO_3^- + 8[H] \longrightarrow NH_3 + OH^- + 2H_2O$$

此方法适用范围与条件同铁粉还原法。

（3）氮试剂重量法　在酸性溶液中，硝态氮与氮试剂作用，生成复合物而沉淀，将沉淀过滤、干燥和称量，根据沉淀的质量，求出硝态氮的含量。反应式如下

（4）二磺酸酚比色法　该法为酚和浓硫酸作用产生二磺酸酚，它与硝酸盐生成二磺酸硝基酚，于碱性溶液中，其黄色的深浅与硝酸盐含量成正比，可进行比色测定。

2. 肥料中硝态氮含量的测定——氮试剂重量法（GB 3597—2002）

（1）方法原理　方法原理见硝态氮的测定方法中氮试剂重量法所述。

（2）主要仪器与试剂

① 玻璃过滤坩埚。孔径 4～16mm（或 4 号玻璃过滤坩埚）。

② 干燥箱。能保持（110±2）℃的温度。

③ 振荡器。往复式振荡器或回旋式振荡器。

④ 冰浴。能保持0～5℃的温度。

⑤ 氮试剂（硝酸灵）。100g/L溶液，溶解10g氮试剂于95mL水和5mL冰醋酸混合液中，干滤，贮于棕色瓶内。

注：必须用新配制的试剂，以免空白试验结果偏高。

（3）分析步骤

① 试样的制备。称取2～5g试样（称准至0.001g），移入500mL容量瓶中。

对可溶于水的产品：加入约400mL 20℃的水于试样中，用振荡器将瓶连续振荡30min，用水稀释至刻度，混匀。

对含有可能保留有硝酸盐的不溶于水的产品：加50mL水和50mL乙酸溶液至试样中，混合容量瓶中的内容物，静置至停止释出二氧化碳为止，加入约300mL 20℃的水，用振荡器将烧瓶连续振荡30min，用水稀释至刻度，混匀。

② 测定。用中速滤纸干滤试液于清洁干燥的锥形瓶中，弃去初滤出的50mL滤液，用移液管吸取VmL滤液（含硝态氮11～23mg，最好是17mg的硝态氮），移入250mL烧杯中，用水稀释至100mL。

加入10～12滴硫酸溶液，使溶液pH为1～1.5，迅速加热至沸点，但不允许溶液沸腾，立即从热源移开，检查有无硫酸钙沉淀，若有，可加几滴硫酸溶液溶解，一次加入10～12mL氮试剂溶液，置烧杯于冰浴中，搅拌内容物2min，在冰浴中放置2h，经常添加足够的冰块至冰浴中，以保证内容物的温度保持在0～0.5℃。

应用抽滤法定量地收集沉淀在已于110℃±2℃恒重（称准至0.001g）的玻璃过滤坩埚中，坩埚应预先在冰浴中冷却，用滤液将残留的微量沉淀从烧杯转移至坩埚中，最后用0～0.5℃的10～12mL的水洗涤沉淀，将坩埚连同沉淀置于110℃±2℃的干燥箱中，干燥1h。移入干燥器中冷却，称量，重复干燥、冷却和称量，直至连续两次称量差别不大于0.001g为止。

空白试验：取100mL水，如用乙酸溶液溶解试样时，则应取与测定时吸取试样中所含相同量的乙酸溶液，用水稀释至100mL，按照上述步骤进行，所得沉淀的质量不应超过1mg，假如超过，需用新试剂，重复空白试验，放置很久的试剂会使空白试验结果偏高。

（4）结果计算　硝态氮含量以氮（N）的质量分数表示，按式(6-2)计算：

$$w(\mathrm{N})=\frac{(m_1-m_2)\times\frac{14.01}{375.3}}{m_0\times\frac{V}{500}}\times100\%=\frac{1866\times(m_1-m_2)}{m_0V}\% \tag{6-2}$$

式中　$w(\mathrm{N})$——试样中硝态氮的含量，%；

V——测定时吸取试液的体积，mL；

m_0——试样的质量，g；

m_1——沉淀的质量，g；

m_2——空白实验时所得沉淀的质量，g；

14.01——氮的摩尔质量，g/mol；

375.3——氮试剂硝酸盐复合物的摩尔质量，g/mol。

（5）方法讨论

① 该法适于作为参照方法，并能用于所有的肥料。

② 氮试剂需用新配制的试剂，以免空白试验结果偏高。

③ 加热溶液时不允许溶液沸腾。因为如果温度过高，尿素和脲醛的缩聚物在沸酸中会分解。

④ 在冰浴中放置2h，并保证内容物的温度保持在0～0.5℃。温度低于0℃，将导致结果偏高，而温度高于0.5℃，则导致结果偏低。

五、硝态氮-氨态氮的测定

一般要求测定总氮，即在碱性溶液中，用德瓦达合金使硝态氮转变为氨态氮，与铵离子释出的氨一起被蒸馏，用过量的硫酸标准溶液吸收，在指示剂存在下，用氢氧化钠标准滴定溶液返滴定。

要求分别测定硝态氮和氨态氮时，可另用甲醛法或蒸馏法测出氨态氮，再从总氮中扣除氨态氮即得硝态氮。含有硝态氮-氨态氮的肥料如硝酸铵。

六、有机氮的测定

1. 方法原理

有机态氮以—$CONH_2$、$\rangle CN_2$ 等形式存在，由于含氮官能团不同，则有不同的测定方法。

（1）尿素酶法　在一定酸度溶液中，用尿素酶将尿素态氮转化为氨态氮，再用酸量法测定。反应式如下

$$CO(NH_2)_2+2H_2O \xrightarrow{\text{尿素酶}} (NH_4)_2CO_3$$

$$(NH_4)_2CO_3+H_2SO_4 \longrightarrow (NH_4)_2SO_4+CO_2\uparrow+H_2O$$

$$2NaOH+H_2SO_4(\text{剩余}) \longrightarrow Na_2SO_4+2H_2O$$

酰胺态氮的测定常用此法。此方法适用于尿素和含有尿素的复合肥料。此法应进行尿素酶空白试验，校正滴定值。若试样中含有氨或铵盐时，必须另外测定氨态氮，由上述结果中减去。

（2）硝酸银法　在碱性试液中加入过量的硝酸银标准滴定溶液，使氰氨化银完全沉淀，过滤分离后，取一定体积的滤液，在酸性条件下，以硫酸高铁铵作指示剂，用硫氰酸钾标准滴定溶液滴定余量的硝酸银。根据硝酸银标准滴定溶液的消耗量，求出氮的含量。反应式如下

$$Ca(CN)_2+2AgNO_3 \longrightarrow Ag_2(CN)_2\downarrow+Ca(NO_3)_2$$

$$AgNO_3+KSCN \longrightarrow AgSCN\downarrow(\text{白色})+KNO_3$$

$$Fe^{3+}+SCN^- \longrightarrow [FeSCN]^{2+}(\text{红色})$$

若试样溶液中含有能生成碳化物、硫化物等银盐沉淀的物质，不能使用此方法。

（3）蒸馏后滴定法　在硫酸铜存在下，在浓硫酸中加热使试样中酰胺态氮转化为氨态氮，蒸馏并吸收在过量的硫酸标准滴定溶液中，以甲基红或甲基红-亚甲基蓝为指示剂，用氢氧化钠标准滴定溶液滴定。反应式如下

$$CO(NH_2)_2+H_2SO_4(\text{浓})+H_2O \longrightarrow (NH_4)_2SO_4+CO_2\uparrow$$

$$(NH_4)_2SO_4+2NaOH \longrightarrow Na_2SO_4+2NH_3\uparrow+2H_2O$$

$$2NH_3+H_2SO_4 \longrightarrow (NH_4)_2SO_4$$

$$2NaOH+H_2SO_4(\text{剩余}) \longrightarrow Na_2SO_4+2H_2O$$

该法适用于不含硝态氮的有机氮肥中总氮含量的测定。主要用于由氨和二氧化碳合成制

得的工、农业用尿素中总氮含量的测定。

（4）硫代硫酸钠还原-蒸馏后滴定法　该法先将硝态氮以水杨酸固定，再用硫代硫酸钠还原成氨基物。然后，在硝酸铜等催化剂存在下，用浓硫酸进行消化，使有机物分解，其中氮转化为硫酸铵。消化得到含有硫酸铵的浓硫酸溶液，稀释后加过量碱蒸馏释出氨，用硼酸溶液吸收，以硫酸标准滴定溶液滴定，或用过量硫酸标准滴定溶液吸收，以氢氧化钠标准滴定溶液进行返滴定。反应式如下

$$C_6H_4(OH)COOH + HNO_3 \longrightarrow O_2N\text{-}C_6H_3(OH)COOH + H_2O$$

$$Na_2S_2O_3 + H_2SO_4 \longrightarrow Na_2SO_4 + H_2S_2O_3$$
$$H_2S_2O_3 \longrightarrow H_2SO_3 + S$$

$$O_2N\text{-}C_6H_3(OH)COOH + H_2SO_3 + H_2O \longrightarrow H_2N\text{-}C_6H_3(OH)COOH + H_2SO_4$$

该法适用于含硝态氮的有机氮肥中总氮含量的测定。其中硝态氮按上述反应测定，氨态氮在加碱蒸馏时可以一并蒸出，所以本法测得的结果为总氮量。

2. 尿素中总氮含量的测定——蒸馏后滴定法（GB/T 2441—2010）

（1）方法原理　在催化剂硫酸铜存在下，尿素与过量的浓硫酸共同加热，使尿素中的酰胺态氮、缩二脲、游离氨等转化为铵态氮，加入过量碱液蒸馏出氨，吸收在过量的硫酸溶液中，在指示液存在下，用氢氧化钠标准滴定溶液返滴定。反应式如下：

$$CO(NH_2)_2 + H_2SO_4(浓) + H_2O \longrightarrow (NH_4)_2SO_4 + CO_2\uparrow$$
$$2(NH_2CO)_2NH + 3H_2SO_4 + 4H_2O \longrightarrow 3(NH_4)_2SO_4 + 4CO_2\uparrow$$
$$2NH_3 \cdot H_2O + H_2SO_4 \longrightarrow (NH_4)_2SO_4 + 2H_2O$$
$$(NH_4)_2SO_4 + 2NaOH = N_2SO_4 + 2NH_3\uparrow + 2H_2O$$
$$H_2SO_4(过量) + 2NH_3 = (NH_4)_2SO_4$$
$$H_2SO_4(剩余) + 2NaOH = N_2SO_4 + 2H_2O$$

（2）主要仪器与试剂

① 蒸馏仪器。本标准推荐使用的仪器如图 6-1 所示。

② 硫酸铜（$CuSO_4 \cdot 5H_2O$）。

③ 硫酸标准滴定溶液：$c\left(\frac{1}{2}H_2SO_4\right) \approx 0.5mol/L$ 溶液。

④ 氢氧化钠标准滴定溶液：$c(NaOH) = 0.5mol/L$ 溶液。

⑤ 甲基红-亚甲基蓝混合指示液。

⑥ 硅油。

（3）分析步骤

① 溶液制备。称量约 0.5g 试样（精确到 0.0002g），于蒸馏烧瓶中，加少量水冲洗蒸馏瓶瓶口内侧，以使试料全部进入蒸馏瓶底部，再加 15mL 硫酸、0.2g 五水硫酸铜，插上梨形玻璃漏斗，在通风橱内缓慢加热，使二氧化碳逸尽，然后逐步提高加热温度，直至冒白烟，再继续加热 20min 后停止加热。

② 蒸馏。待蒸馏烧瓶中试液充分冷却后，小心加入约300mL水，几滴甲基红-亚甲基蓝混合指示液，放入一根防溅棒，聚乙烯管端向下。

用滴定管、移液管或自动加液器，加40.0mL $c\left(\frac{1}{2}H_2SO_4\right) \approx$ 0.5mol/L硫酸标准滴定溶液于接收器中，加水使溶液量能淹没接收器的双连球瓶颈，加4～5滴混合指示液。

用硅油涂抹仪器接口，按图6-1装好蒸馏仪器，并保证仪器所有连接部分密封。通过滴液漏斗往蒸馏烧瓶中加入足够量的氢氧化钠溶液（450g/L），以中和溶液并过量25mL，加水冲洗滴液漏斗，滴液漏斗内至少存留几毫升溶液。

加热蒸馏，直到接收器中的收集量达到200mL时，移开接收器，用pH试纸检查冷凝管出口的液滴，如无碱性结束蒸馏。

③ 滴定。将接收器中的溶液混匀，加4～5滴甲基红-亚甲基蓝混合指示液，用氢氧化钠标准滴定溶液返滴定过量的酸，直至指示液呈灰绿色为终点，滴定时要保证溶液充分混匀。同时进行空白试验。

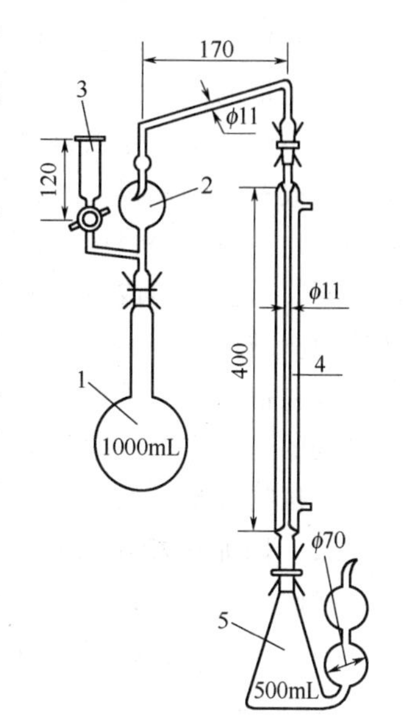

图6-1　蒸馏装置

1—蒸馏瓶；2—防溅球管；3—滴液漏斗；4—冷凝管；5—带双连球锥形瓶

（4）结果计算　试样中总氮含量以氮（N）的质量分数表示，按式(6-3)计算：

$$w(\mathrm{N})=\frac{c(V_2-V_1)\times 0.01401}{m\times\frac{100-w_{\mathrm{H_2O}}}{100}}\times 100\% \tag{6-3}$$

式中　$w(\mathrm{N})$——尿素中总氮的含量，%；

V_1——测定时，消耗氢氧化钠标准滴定溶液的体积，mL；

V_2——空白试验时，消耗氢氧化钠标准滴定溶液的体积，mL；

c——氢氧化钠标准滴定溶液的浓度，mol/L；

0.01401——与1.00mL氢氧化钠标准滴定溶液[$c(\mathrm{NaOH})=1.000$mol/L]相当的以克表示的氮的质量；

$x_{\mathrm{H_2O}}$——尿素试样中水分，%；

m——试样的质量，g。

（5）方法讨论

① 蒸馏仪器的各部件要用橡皮塞和橡皮管连接，或是采用球形磨砂玻璃接头，为保证系统密封，球形玻璃接头应用弹簧夹加紧。

② 防溅棒是一根长约100mm、直径约5mm的玻璃棒，一端套一根25mm聚乙烯管。

③ 尿素样品如果颗粒较大，应磨细后称量。方法是取100g缩分后的试样，迅速研磨至全部通过0.5mm孔径筛，混匀。

第三节　磷肥分析

一、概述

含磷的肥料称为磷肥。磷肥包括天然磷肥和化学磷肥。

天然磷肥有磷矿石及农家肥料中的海鸟粪、兽骨粉和鱼骨粉等。草木灰、人畜尿粪中也含有一定量的磷，但是，因其同时含有氮、钾等的化合物，故称为复合农家肥。

化学磷肥主要是以自然矿石为原料，经过化学加工处理的含磷肥料。化学加工生产磷肥，一般有两种途径：一种是用无机酸处理磷矿石制造磷肥，称酸法磷肥，如过磷酸钙（又名普钙）、重过磷酸钙（又名重钙）等；另一种是将磷矿粉和其他配料（如蛇纹石、滑石、橄榄石、白云石）或不加配料，经过高温煅烧分解磷矿粉制造的磷肥，称为热法磷肥，如钙镁磷肥。碱性炼钢炉渣也称为热法磷肥，又叫钢渣磷肥或托马斯磷肥。

磷在植物体内是细胞原生质的组分，对细胞的生长和增殖起重要作用；磷还参与植物生命过程的光合作用，糖和淀粉的利用和能量的传递过程。磷肥还能促进植物苗期根系的生长，使植物提早成熟。植物在结果时，磷大量转移到籽粒中，使得籽粒饱满。

二、磷肥分析试液的制备

磷肥的组成比较复杂，往往是一种磷肥中同时含有几种不同性质的含磷化合物。根据溶解性的不同，可将磷肥分为水溶性磷肥、酸溶性磷肥和难溶性磷肥。

1. 水溶性磷化合物及其提取

水溶性磷化合物是指可以溶解于水的含磷化合物，如磷酸、磷酸二氢钙（又称磷酸一钙）[$Ca(H_2PO_4)_2$]。过磷酸钙、重过磷酸钙中主要含水溶性磷化合物，故称为水溶性磷肥。其主要成分是磷酸一钙。它易溶于水，肥效较快。这部分成分可以用水作溶剂，将其中的水溶性磷提取出来。

2. 柠檬酸溶性磷化合物及其提取

柠檬酸溶性磷化合物是指能被植物根部分泌出的酸性物质溶解后吸收利用的含磷化合物。在磷肥的分析检验中，是指能被柠檬酸铵的氨溶液或2%柠檬酸溶液（人工仿制的和植物的根部分泌物性质相似的溶液）溶解的含磷化合物，如结晶磷酸氢钙（又名磷酸二钙）($Ca_2HPO_4 \cdot 2H_2O$)、磷酸四钙（$Ca_4P_2O_9$ 或 $4CaO \cdot P_2O_5$）。沉淀磷肥、钢渣磷肥、钙镁磷肥和脱氟磷肥中主要含有柠檬酸溶性磷化合物，故称为柠檬酸溶性磷肥。其主要成分是磷酸二钙。不溶于水而溶于2%柠檬酸溶液，肥效较慢。过磷酸钙、重过磷酸钙中也常含有少量结晶磷酸二钙。这部分成分可以用柠檬酸溶性试剂作溶剂，将其中的柠檬酸溶性磷化合物提取出来。

3. 难溶性磷化合物

难溶性磷化合物是指难溶于水也难溶于有机弱酸的磷化合物，如磷酸三钙[$Ca_3(PO_4)_2$]、磷酸铁、磷酸铝等。磷矿石几乎全部是难溶性磷化合物。化学磷肥中也常含有未转化的难溶性磷化合物。难溶性磷肥，如骨粉和磷矿粉。其主要成分是磷酸三钙。不溶于水和2%柠檬酸溶液中，须在土壤中逐渐转变为磷酸一钙或磷酸二钙后才能发生肥效。

在磷肥的分析中，水溶性磷化合物和柠檬酸溶性磷化合物中的磷称为“有效磷”。磷肥中所有含磷化合物中含磷量的总和则称为“全磷”。生产实际中，常分别测定有效磷及全磷含量。测定的结果一律以五氧化二磷（P_2O_5）计。

制备测定有效磷的分析用试液是先用水处理提取其中的水溶性磷，然后用柠檬酸溶性试剂处理提取柠檬酸溶性磷化合物，合并两提取液进行测定。制备测定全磷的分析用试液通常用无机强酸（例如盐酸与硝酸的混合酸，其中盐酸主要是溶解难溶性磷化合物，硝酸在此主要是发挥氧化作用，防止磷被还原生成负三价的磷化合物——磷化氢 PH_3 而挥发损失）处理，这样即可得到含可溶性磷化合物和难溶性磷化合物的提取液。

三、磷肥中有效磷的测定

磷肥分析中磷含量的测定常用的方法有磷钼酸喹啉重量法、磷钼酸铵容量法和钒钼酸铵分光光度法。磷钼酸喹啉重量法准确度高，是国家标准规定的仲裁分析法。磷钼酸铵容量法和钒钼酸铵分光光度法测定速度快，准确度也能满足要求，主要用于日常生产的控制分析。下面以过磷酸钙的质量检验（HG 2740—1995）为例介绍磷肥的分析测定方法。

1. 磷钼酸喹啉重量法（仲裁法）

（1）方法原理　用水、碱性柠檬酸铵溶液提取过磷酸钙中的有效磷，提取液中正磷酸根离子在酸性介质中与钼酸盐、喹啉作用生成黄色磷钼酸喹啉沉淀，经过滤、洗涤、干燥和称量所得沉淀，根据沉淀质量换算出五氧化二磷的含量。反应按下式进行：

$$H_3PO_4+12MoO_4^{2-}+3C_9H_7N+24H^+\longrightarrow (C_9H_7N)_3H_3(PO_4\cdot 12MoO_3)\cdot H_2O\downarrow+11H_2O$$

此方法适用于含有磷酸盐的肥料和磷矿石，特别适用于含磷量高的试样。分析结果准确度高，常用于仲裁分析。

（2）仪器　常用实验室仪器。

① 玻璃坩埚式过滤器：4号（滤片平均滤孔5～15μm），容积为30mL。

② 恒温干燥箱：能控制温度180℃±2℃。

③ 恒温水浴：能控制温度60℃±1℃。

（3）试剂

① 钼酸钠二水合物。

② 柠檬酸一水合物。

③ 喹啉（不含还原剂）。

④ 丙酮。

⑤ 硝酸溶液（1+1）。

⑥ 氨水溶液（2+3）。

⑦ 喹钼柠酮试剂。

⑧ 碱性柠檬酸铵溶液（又名彼得曼试剂）：1L溶液中应含173g柠檬酸一水物和42g以氨形式存在的氮（相当于51g氨）。

⑨ 硫酸标准滴定溶液：$c\left(\frac{1}{2}H_2SO_4\right)=0.1mol/L$。

⑩ 甲基红指示液（2g/L）：称取0.2g甲基红溶解于100mL 60%（体积分数）乙醇溶液中。

（4）分析步骤

① 试样制备。

a. 样品缩分。将每批所选取的样品合并在一起充分混匀，然后用四分法缩分至不少于500g，分装在两个清洁、干燥并具有磨口塞的广口瓶或带盖聚乙烯瓶中。贴上标签，注明生产厂名称、产品名称、批号、采样日期和采样人姓名。一瓶供试样制备，一瓶密封保存2个月以备检查。

b. 试样制备。在分析之前，应将所采一瓶样品粉碎至不超过2mm，混合均匀，用四分法缩分至100g左右，置于洁净、干燥瓶中，作质量分析之用。

② 有效磷提取。称取2～2.5g试样（准确至0.001g），置于75mL有柄瓷蒸发皿中，用玻璃研棒将试样研碎，加25mL水重新研磨，将上层清液倾注过滤于预先加入5mL硝酸溶液（1+1）的250mL容量瓶中。继续用水研磨3次，每次用25mL水，然后将水不溶物转

移到滤纸上，并用水洗涤水不溶物至容量瓶中溶液体积约为200mL为止，用水稀释至刻度，混匀。此为溶液A。

将含水不溶物的滤纸转移到另一个250mL容量瓶中，加入100mL碱性柠檬酸铵溶液，盖上瓶塞，振荡到滤纸碎成纤维状态为止。将容量瓶置于60℃±1℃恒温水浴中保持1h。开始时每隔5min振荡容量瓶一次，振荡三次后再每隔15min振荡一次，取出容量瓶，冷却至室温，用水稀释至刻度，混匀。用干燥的器皿和滤纸过滤，弃去最初几毫升滤液，所得滤液为溶液B。

③ 有效磷的测定。分别吸取10～20mL溶液A和溶液B（含$P_2O_5 \leqslant 20mg$），放入300mL烧杯中，加入10mL硝酸溶液，用水稀释至100mL，盖上表面皿，加热近沸，加入35mL喹钼柠酮试剂，微沸1min或置于80℃左右的水浴中保温至沉淀分层，冷却至室温，冷却过程中转动烧杯3～4次。

用预先在180℃±2℃恒温干燥箱内干燥至恒重的4号玻璃坩埚式过滤器抽滤，先将上层清液滤完，用倾泻法洗涤沉淀1～2次（每次约用水25mL），然后将沉淀移入滤器中，再用水继续洗涤，所用水共约125～150mL，将带有沉淀的滤器置于180℃±2℃恒温干燥箱内，待温度达到180℃后干燥45min，移入干燥器中冷却至室温，称量。

除不加试样外，按照上述相同的分析步骤，进行空白试验。

（5）结果计算　有效磷含量以五氧化二磷（P_2O_5）的质量分数表示，按式(6-4)计算：

$$w(P_2O_5)=\frac{(m_1-m_2)\times 0.03207}{m\times\frac{V}{500}}\times 100\% \tag{6-4}$$

式中　$w(P_2O_5)$——试样中有效磷的含量，%；

m_1——磷钼酸喹啉沉淀的质量，g；

m_2——空白试验所得磷钼酸喹啉沉淀的质量，g；

m——试样质量，g；

V——吸取试液（溶液A+溶液B）的总体积，mL；

0.03207——磷钼酸喹啉质量换算为五氧化二磷质量的系数。

换算系数为：

$$\frac{M(P_2O_5)}{2M[(C_9H_7N)_3H_3(PO_4\cdot 12MoO_3)\cdot H_2O]}=\frac{141.95}{2\times 2212.89}=0.03207$$

（6）方法讨论

① 配制喹钼柠酮试剂时，可以使用无色透明的工业丙酮。加入丙酮可以改善沉淀的物理性能，使生成的磷钼酸喹啉沉淀颗粒增大、疏松，不黏附杯壁，便于过滤洗涤。同时，丙酮和NH_4^+作用，还可消除铵盐的干扰，避免生成磷钼酸铵沉淀。

② 有效磷的提取。有效磷提取必须先用水提取水溶性磷化合物，再用碱性柠檬酸铵溶液提取柠檬酸溶性磷化合物。

过磷酸钙中的有效磷，主要是水溶性的H_3PO_4及$Ca(H_2PO_4)_2$，同时也含有少量可溶于柠檬酸铵的氨溶液的$CaHPO_4\cdot 2H_2O$。因为在磷酸或磷酸二氢钙存在时，柠檬酸铵的氨溶液的酸性增强，萃取能力增大，可能溶解其他非有效的含磷化合物，所以，必须先用水处理，萃取出游离磷酸及磷酸二氢钙。剩余不溶性残渣，再用柠檬酸铵的氨溶液萃取，然后，合并两种萃取液，测定有效磷。

③ 有效磷的测定。

a. 磷钼杂多酸的形成。正磷酸根离子在酸性介质中与钼酸根离子生成磷钼杂多酸。磷钼杂多酸属大分子杂多酸，它与大分子有机碱喹啉生成溶解度很小的大分子难溶盐，即磷钼酸喹啉黄色沉淀。故磷钼杂多酸的形成直接影响磷钼酸喹啉沉淀的生成，而磷钼杂多酸的形成与溶液的酸度关系密切。杂多酸比磷酸的酸性要强，它只能存在于酸性或中性溶液中，酸度过高或过低均会影响它的形成。因此，在适当酸度下，加入过量的钼酸铵，方能定量地生成磷钼杂多酸。

b. 磷钼酸喹啉的生成。由沉淀反应方程式看出，酸度大对沉淀的生成有利。但酸度过高时，沉淀的物理性能较差，且不易溶解在碱溶液中。一般控制沉淀体系中硝酸的酸度为0.6mol/L，于微沸的溶液中使沉淀生成。

c. 在生成磷钼酸喹啉沉淀过程中，柠檬酸可防止煮沸时钼酸钠水解而析出三氧化钼。此外，由于柠檬酸与钼酸盐配合，溶液中钼酸根离子浓度降低，只能使磷生成磷钼酸喹啉沉淀，而不能生成硅钼酸喹啉沉淀，从而排除了硅的干扰。在含有柠檬酸的溶液中，磷钼酸铵沉淀的溶解度比磷钼酸喹啉沉淀的溶解度大，所以柠檬酸还可以进一步消除铵盐的干扰。

2. 磷钼酸喹啉容量法

磷钼酸喹啉容量法是在重量法的基础上，将得到的黄色磷钼酸喹啉沉淀，经过过滤、洗涤所吸附的酸液后，将沉淀溶于过量的碱标准滴定溶液中，再用酸标准滴定溶液回滴。根据所用酸、碱溶液的体积换算出五氧化二磷的含量。反应按下式进行：

$$H_3PO_4 + 12MoO_4^{2-} + 3C_9H_7N + 24H^+ \longrightarrow (C_9H_7N)_3H_3(PO_4 \cdot 12MoO_3) \cdot H_2O \downarrow + 11H_2O$$

$$(C_9H_7N)_3H_3(PO_4 \cdot 12MoO_3) \cdot H_2O + 26NaOH \longrightarrow Na_2HPO_4 + 12Na_2MoO_4 + 3C_9H_7N + 15H_2O$$

$$NaOH(\text{剩余}) + HCl \longrightarrow NaCl + H_2O$$

测定时，按重量法的操作得到沉淀后，用滤器过滤（滤器内可衬滤纸、脱脂棉等），先将上层清液滤完，然后以倾泻法洗涤沉淀 3～4 次，每次用水约 25mL。将沉淀移入滤器中，再用水洗净沉淀，直至取滤液约 20mL，加 1 滴混合指示液和 2～3 滴氢氧化钠溶液至滤液呈紫色为止。将沉淀连同滤纸或脱脂棉移入原烧杯中，加入氢氧化钠标准滴定溶液，充分搅拌以溶解沉淀，然后再过量 8～10mL，加入 100mL 无二氧化碳的水，搅匀溶液，加入 1mL 混合指示液，用盐酸标准滴定溶液滴定至溶液从紫色经灰蓝色转变为黄色即为终点。

除不加试样外，按照上述测定步骤，进行空白试验。

有效磷含量以五氧化二磷（P_2O_5）的质量分数表示，按式(6-5)计算：

$$w(P_2O_5) = \frac{[c_1(V_1 - V_3) - c_2(V_2 - V_4)] \times 0.002730}{m \times \frac{V}{500}} \times 100\% \tag{6-5}$$

式中　$w(P_2O_5)$——试样中有效磷的含量，%；

500——试液溶液（溶液 A+溶液 B）的总体积，mL；

V——吸取试液（溶液 A+溶液 B）的总体积，mL；

V_1——消耗氢氧化钠标准滴定溶液的体积，mL；

V_2——消耗盐酸标准滴定溶液的体积，mL；

V_3——空白试验消耗氢氧化钠标准滴定溶液的体积，mL；

V_4——空白试验消耗盐酸标准滴定溶液的体积，mL；

c_1——氢氧化钠标准滴定溶液的浓度，mol/L；

c_2——盐酸标准滴定溶液的浓度，mol/L；

0.002730——与 1.00mL 氢氧化钠标准滴定溶液 [c(NaOH)=1.000mol/L] 相当的以克表示的五氧化二磷的质量；

m——试样质量，g。

方法讨论如下。

① 沉淀在酸性溶液中生成，又要在定量的碱液中碱解。因此，沉淀的洗涤十分重要。洗涤沉淀时，滤液有时出现白色浑浊，这是因为沉淀剂过多或酸度太小，使钼酸钠发生水解所致，它对测定结果无影响。

② 加过量氢氧化钠溶解磷钼酸喹啉沉淀时，如仍有残余黄色沉淀，可加热至50℃助溶。

3. 钒钼酸铵分光光度法

(1) 方法原理　用水、碱性柠檬酸铵溶液提取过磷酸钙中的有效磷，提取液中正磷酸根离子在酸性介质中与钼酸盐及偏钒酸盐反应，生成稳定的黄色配合物，于波长 420nm 处，用示差法测定其吸光度，从而算出五氧化二磷的含量。反应按下式进行：

$$2H_3PO_4+22(NH_4)_2MoO_4+2NH_4VO_3+46HNO_3 \longrightarrow$$
$$P_2O_5 \cdot V_2O_5 \cdot 22MoO_3\text{(黄色配合物)}+46NH_4NO_3+26H_2O$$

此方法适用于含有磷酸盐的肥料。特别适合于含磷在 10%以下（如以 P_2O_5 计，在 25%以下）的试样。但含铁较多的试料或因有机物等使溶液带有颜色时，不宜采用此法。

(2) 仪器与试剂　实验室常用仪器和分光光度计，带 1cm 比色皿。

① 显色试剂

溶液 a：溶解 1.12g 偏钒酸铵于 150mL 约 50℃热水中，加入 150mL 硝酸。

溶液 b：溶解 50.0g 钼酸铵于 300mL 约 50℃热水中。

然后边搅拌溶液 a，边缓慢加入溶液 b，再加水稀释至 1000mL，贮存在棕色瓶中。保存过程中如有沉淀生成，则该溶液不能使用。

② 五氧化二磷标准溶液。称取在 105℃干燥 2h 的磷酸二氢钾 19.175g，用少量水溶解，并定量移入 1000mL 容量瓶中，加入 2～3mL 硝酸，用水稀释至刻度，混匀（此溶液含有五氧化二磷 10mg/mL）。再分别取 5.0mL、10.0mL、15.0mL、20.0mL、25.0mL、30.0mL、35.0mL 此溶液于 500mL 容量瓶中，用水稀释至刻度，混匀。配制成 10mL 溶液中分别含 1.0mg、2.0mg、3.0mg、4.0mg、5.0mg、6.0mg、7.0mg 五氧化二磷的标准溶液。

(3) 分析步骤

① 试样制备。同重量法。

② 有效磷的提取。溶液 A 制备中，将上清液倾注过滤于预先加入 10mL 硝酸溶液的 500mL 容量瓶中，其他同磷钼酸喹啉重量法中溶液 A 的制备。溶液 B 制备中，将含水不溶物的滤纸转移到另一个 500mL 容量瓶中，其他同磷钼酸喹啉重量法中溶液 B 的制备。

③ 有效磷的测定。吸取溶液 A 和溶液 B 各 5mL（含 P_2O_5 1.0～6.0mg）于 100mL 烧杯中，加入 1mL 碱性柠檬酸铵溶液、4mL 硝酸溶液和适量水，加热煮沸 5min，冷却，转移到 100mL 容量瓶中，用水稀释至 70mL 左右，准确加入 20.0mL 显色试剂，用水稀释至刻度，混匀，放置 30min 后，在波长 420nm 处，用下述方法测定。

准确吸取五氧化二磷标准溶液两份，其中一份 P_2O_5 含量低于试样溶液，另一份高于试液溶液（两者浓度相差为 1mg P_2O_5），分别置于 100mL 容量瓶中，加 2mL 碱性柠檬酸铵溶液、4mL 硝酸溶液，与试样溶液同样操作显色，配得标准溶液 1 和标准溶液 2。以标准溶液 1 为对照溶液（以该溶液的吸光度为零），测定标准溶液 2 和试样溶液的吸光度。用比例关系算出试样溶液中五氧化二磷的含量。

（4）结果计算　有效磷含量以五氧化二磷（P_2O_5）的质量分数表示，按式(6-6) 计算：

$$w(P_2O_5)=\frac{S_1+(S_2-S_1)\dfrac{A}{A_2}}{m\times\dfrac{10}{1000}\times 1000}\times 100\% \tag{6-6}$$

式中　$w(P_2O_5)$——试样中有效磷的含量，%；

S_1——标准溶液 1 中五氧化二磷的含量，mg；

S_2——标准溶液 2 中五氧化二磷的含量，mg；

S_2-S_1——两份溶液的浓度差，mg；

A——试样溶液的吸光度；

A_2——标准溶液 2 的吸光度；

m——试样质量，g。

（5）方法讨论

① 在此条件下生成的黄色配合物不太稳定，需要在显色后的 30～120min 内进行测定。

② 试液中硅（SiO_2）的含量大于磷（P_2O_5）的含量时，会产生干扰。

第四节　钾 肥 分 析

一、概述

钾肥分为自然钾肥和化学钾肥两大类。自然钾肥有自然矿物，如光卤石（$KCl \cdot MgCl_2 \cdot 6H_2O$）、钾石盐（$KCl \cdot NaCl$）、钾镁矾石（$K_2SO_4 \cdot 2MgSO_4$）等；有农家肥，如草木灰、豆饼、绿肥等。自然钾肥可以直接施用，也可以加工为较纯净的氯化钾或硫酸钾。化学钾肥主要有氯化钾、硫酸钾、硫酸钾镁、磷酸氢钾和硝酸钾等。

钾肥中钾的测定方法有四苯硼酸钠称量法、四苯硼酸钠容量法和火焰光度法。四苯硼酸钠称量法简便、准确，适用于含量较高的钾肥中含钾量的测定。火焰光度法属快速分析方法，因其灵敏度高，比较适用于含钾量低的肥料，已被广泛用于微量钾的测定。

二、钾肥分析试液的制备

钾肥中一般含水溶性钾盐，有少数钾肥中含有弱酸溶性钾盐（如窑灰钾肥中的硅铝酸钾 $K_2SiO_3 \cdot K_3AlO_3$）及少量难溶性钾盐（如钾长石 $K_2O \cdot Al_2O_3 \cdot 6SiO_2$）。钾肥中水溶性钾盐和弱酸溶性钾盐所含钾之和，称为有效钾。有效钾与难溶性钾盐所含钾之和，称为总钾。钾肥的含钾量以 K_2O 表示。

测定水溶性钾的分析试液，通常要在一定温度下用水抽取一定时间，冷却后定容，过滤分离不溶物后的滤液，即为测定水溶性钾的分析试液。测定弱酸溶性钾的分析试液，要根据钾盐的性质，选用一定量的柠檬酸溶性试剂（20g/L 的柠檬酸溶液），在一定温度下进行抽取。定容，过滤后的滤液为柠檬酸溶性钾的分析试液。测定有效钾时，通常用热水溶解制备试样溶液，如试样中含有弱酸溶性钾盐，则用含有一定量弱酸的热水溶解有效钾。测定总钾含量时，一般用强酸溶解或碱熔法制备试样溶液。

三、钾肥中钾含量的测定

1. 四苯硼酸钠称量法

（1）方法原理　试样用稀酸溶解，加入甲醛溶液，使存在的铵离子转变成六亚甲基四胺；加入乙二胺四乙酸二钠（EDTA），消除干扰分析结果的其他阳离子。在微碱性介质中，钾与四苯硼酸钠反应，生成四苯硼酸钾沉淀。过滤、干燥并称量沉淀。反应式如下：

$$K^{+}+NaB(C_6H_5)_4 \longrightarrow KB(C_6H_5)_4\downarrow(\text{白色})+Na^{+}$$

该法适用于钾盐肥料（如 K_2SO_4、KCl）或复混肥料中钾含量的测定。

（2）主要仪器与试剂

① 玻璃坩埚式过滤器。P_{16}过滤器，30mL，滤板孔径 7～16μm。

② 干燥箱。能维持 120℃±5℃的温度。

③ 四苯硼酸钠溶液（25g/L）。

④ 乙二胺四乙酸二钠盐（EDTA）溶液（100g/L）。

⑤ 甲醛溶液。

（3）分析步骤　称取 2～5g 试样（含 K_2O 约 400mg），准确至 0.0002g，置于 400mL 烧杯中，加入 150mL 水及 10mL 盐酸，煮沸 15min。冷却，转移至 250mL 容量瓶中，用水稀释至刻度，混匀后过滤（若测定复合肥中水溶性钾，操作时不加盐酸，加热煮沸时间为 30min）。

准确吸取上述试液 25mL 于 200mL 烧杯中，加入 10mL EDTA 溶液（100g/L）及 2 滴酚酞指示剂（5g/L），搅匀，逐滴加入氢氧化钠溶液（200g/L），直至溶液的颜色变红为止，然后再过量 1mL。加入 5mL 甲醛溶液（37%），搅匀（此时溶液的体积以约 40mL 为宜），加热煮沸 15min。在剧烈搅拌下，逐滴加入比理论需要量（10mg K_2O 需 3mL 四苯硼酸钠溶液）多 4mL 的四苯硼酸钠溶液（25g/L），静置 30min。用预先在 120℃烘至恒重的 P_{16} 玻璃坩埚抽滤沉淀，将沉淀全部转入坩埚内，再用四苯硼酸钠饱和溶液洗涤五次，每次用 5mL，最后用水洗涤两次，每次用 2mL。将坩埚连同沉淀置于 120℃烘箱内，干燥 1h 后，取出，放入干燥器中冷却至室温，称重，直至恒重。

（4）结果计算　钾的含量以氧化钾（K_2O）的质量分数表示，按式(6-7) 计算：

$$w(K_2O)=\frac{(m_2-m_1)\times 0.1314}{m\times\frac{25}{250}}\times 100\% \tag{6-7}$$

式中　$w(K_2O)$——试样中钾的含量，%；

m_1——空坩埚质量，g；

m_2——坩埚和四苯硼酸钾沉淀的质量，g；

m——样品的质量，g；

25——吸取试样溶液体积，mL；

250——试样溶液总体积，mL；

0.1314——四苯硼酸钾的质量换算为氧化钾质量的系数。

（5）方法讨论

① 在微酸性溶液中，铵离子与四苯硼酸钠反应也能生成沉淀，故测定过程中应注意避免铵盐及氨的影响。如试样中有铵离子，可以在沉淀前加碱，并加热驱除氨，然后重新调节酸度进行测定。

② 由于四苯硼酸钾易形成过饱和溶液，在四苯硼酸钠沉淀剂加入时速度应慢，同时要剧烈搅拌以促使它凝聚析出。考虑到沉淀的溶解度（$K_{sp}=2.2\times10^{-8}$），洗涤沉淀时，应采用预先配制的四苯硼酸钠饱和溶液。

③ 若试样中含有氰氨基化合物或有机物时，对测定有干扰，可先用溴水和活性炭处理试液后，再进行测定。

④ 沉淀剂四苯硼酸钠溶液的稳定性差，易变质产生浑浊。可在此溶液中加入一定量的氢氧化钠溶液和六水合氯化镁溶液，使之在一定的碱度下，由于铝的水合物可以吸附溶液中的浑浊物质，以增加沉淀剂的稳定性。

2. 四苯硼酸钠容量法（SN/T 0736.7—2010）

（1）方法原理　试样用稀酸溶解，加甲醛溶液和乙二胺四乙酸二钠溶液，消除铵离子和其他阳离子的干扰，在微碱性溶液中，以定量的四苯硼酸钠溶液沉淀试样中的钾，滤液中过量的四苯硼酸钠以达旦黄作指示剂，用季铵盐回滴至溶液自黄色变成明显的粉红色，其化学反应式如下

$$K^+ + B(C_6H_5)_4^- \longrightarrow KB(C_6H_5)_4\downarrow$$

$$NaB(C_6H_5)_4 + [N(CH_3)_3C_{16}H_{33}]Br \longrightarrow N(CH_3)_3C_{16}H_{33}B(C_6H_5)_4\downarrow + NaBr$$

（2）试剂

① 四苯硼酸钠（STPB）溶液（12g/L）。称取四苯硼酸钠 12g 于 600mL 烧杯中，加水约 400mL，使其溶解，加入 10g 氢氧化铝，搅拌 10min，用慢速滤纸过滤，如滤液呈浑浊，必须反复过滤直至澄清，收集全部滤液于 250mL 容量瓶中，加入 1mL 氢氧化钠溶液，然后稀释至刻度，混匀，静置 48h，按下法进行标定：准确吸取 25mL 氯化钾标准溶液，置于 100mL 容量瓶中，加入 5mL 盐酸、10mL EDTA 溶液、3mL 氢氧化钠溶液和 5mL 甲醛溶液，由滴定管加入 38mL（按理论需要量再多 8mL）四苯硼酸钠溶液，用水稀释至刻度，混匀，放置 5～10min 后，干滤。

准确吸取 50mL 滤液于 125mL 锥形瓶中，加 8～10 滴达旦黄指示剂，用十六烷基三甲基溴化铵（CTAB）溶液滴定溶液中过量的四苯硼酸钠至明显的粉红色为止。

按式(6-8) 计算每毫升四苯硼酸钠标准溶液相当于氧化钾（K_2O）的质量（F）

$$F=\frac{V_0A}{V_1-2V_2R} \tag{6-8}$$

式中　V_0——所取氯化钾标准溶液的体积，mL；

A——每毫升氯化钾标准溶液所含氧化钾的质量，g；

V_1——所用四苯硼酸钠标准溶液的体积，mL；

2——沉淀时所用容量瓶的体积与所取滤液体积的比数；

V_2——滴定所耗十六烷基三甲基溴化铵溶液的体积，mL；

R——每毫升十六烷基三甲基溴化铵溶液相当于四苯硼酸钠溶液的体积，mL。

② 达旦黄指示剂（0.4g/L）。溶解 40mg 达旦黄于 100mL 水中。

③ 十六烷基三甲基溴化铵（CTAB）溶液（25g/L）。称取 2.5g 十六烷基三甲基溴化铵于小烧杯中，用 5mL 乙醇湿润，然后加水溶解，并稀释至 100mL，混匀，按下法测定其与四苯硼酸钠溶液的比值。

准确量取 4mL 四苯硼酸钠溶液于 125mL 锥形瓶中，加入 20mL 水和 1mL 氢氧化钠溶液，再加入 2.5mL 甲醛溶液及 8～10 滴达旦黄指示剂，由微量滴定管滴加十六烷基三甲基溴化铵

溶液，至溶液呈粉红色为止。按式(6-9) 计算每毫升相当于四苯硼酸钠溶液的体积（R）

$$R=\frac{V_1}{V_2} \tag{6-9}$$

式中 V_1——所取四苯硼酸钠标准溶液的体积，mL；

V_2——滴定所耗十六烷基三甲基溴化铵溶液的体积，mL。

（3）分析步骤

① 试液的制备。

a. 复合肥等。称取试样 5g（准确至 0.0002g）置于 400mL 烧杯中，加入 200mL 水及 10mL 盐酸，煮沸 15min。冷却，移入 500mL 容量瓶中，加水至标线，混匀后，干滤（若测定复合肥中水溶性钾，操作时不加盐酸，加热煮沸时间改为 30min）。

b. 氯化钾、硫酸钾等。称取试样 1.5g（准确至 0.0002g），其他操作同复合肥。

② 测定。准确吸取 25mL 上述滤液于 100mL 容量瓶中，加入 10mL EDTA 溶液、3mL 氢氧化钠溶液和 5mL 甲醛溶液，由滴定管加入较理论所需量多 8mL 的四苯硼酸钠溶液（10mL K_2O 需 6mL 四苯硼酸钠溶液），用水沿瓶壁稀释至标线，充分混匀，静置 5～10min，干滤。准确吸取 50mL 滤液，置于 125mL 锥形瓶内，加入 8～10 滴达旦黄指示剂，用十六烷基三甲基溴化铵溶液回滴过量的四苯硼酸钠，至溶液呈粉红色为止。

（4）结果计算 钾含量以氧化钾（K_2O）的质量分数表示，按式(6-10) 计算：

$$w(K_2O)=\frac{(V_1-2V_2R)F}{m}\times 100\% \tag{6-10}$$

式中 $w(K_2O)$——试样中的钾含量，%；

V_1——所取四苯硼酸钠标准滴定溶液的体积，mL；

V_2——滴定所耗十六烷基三甲基溴化铵溶液的体积，mL；

2——沉淀时所用容量瓶的体积与所取滤液体积的比数；

R——每毫升十六烷基三甲基溴化铵溶液相当于四苯硼酸钠溶液的体积，mL；

F——每毫升四苯硼酸钠标准滴定溶液相当于氧化钾的质量，g；

m——所取试液中的试样质量，g。

所得结果应表示至小数点后两位。

（5）方法讨论

① 四苯硼酸钠水溶液的稳定性较差，易变质产生浑浊，也可能是水中有痕量钾所致。加入氢氧化铝，可以吸附溶液中的浑浊物质，经过滤得澄清溶液。加氢氧化钠使四苯硼酸钠溶液具有一定的碱度，也可增加其稳定性。配制好的溶液，经放置 48h 以上，所标定的浓度在一星期内变化不大。

② 银、铷、铯等离子也产生沉淀反应，但一般钾肥中不含或极少含有这些离子，可不予考虑。钾肥中常见的杂质有钙、镁、铝、铁等硫酸盐和磷酸盐，虽与四苯硼酸钠不反应，但滴定系在碱性溶液中进行，可能会生成氢氧化物、磷酸盐或硫酸盐等沉淀，因吸附作用而影响滴定，故加 EDTA 掩蔽，以消除其影响。

③ 试样溶液在滴定时，其 pH 必须控制在 12～13 之间。如呈酸性，则无终点出现。

④ 十六烷基三甲基溴化铵是一种表面活性剂，用纯水配制溶液时泡沫很多且不易完全溶解，如把固体用乙醇先行湿润，然后加水溶解，则可得到澄清的溶液，乙醇的用量约为总液量的 5%，乙醇的存在对测定无影响。

3. 火焰光度法

（1）方法原理　有机肥料中全钾的测定使用火焰光度法。有机肥料试样经硫酸-过氧化氢消煮，稀释后用火焰光度法测定。在一定浓度范围内，溶液中钾浓度与发光强度成正比关系。

（2）主要仪器与试剂

① 火焰光度计。

② 凯氏烧瓶。50mL 或者 100mL。

③ 弯颈小漏斗（ϕ2cm）。

④ 钾标准贮备溶液（1mg/mL）。称取 1.907g 经 110℃烘 2h 的氯化钾，用水溶解后定容至 1L。该溶液含钾 1mg/mL，贮于塑料瓶中。

⑤ 钾标准溶液（100μg/mL）。吸取 10.0mL 钾标准贮备液放入 100mL 容量瓶中，加水定容。此溶液含钾 100μg/mL。

（3）分析步骤

① 试样的制备。取风干的实验室样品充分混匀后，按四分法缩至约 100g，粉碎，全部通过 1mm 孔径筛，装入样品瓶中，备用。

② 试样溶液的制备。称取试样 0.5g（尿液或粪汁等液体肥料直接称取液体质量 1～2g），精确至 0.001g，置于凯氏烧瓶底部，用少量水冲洗黏附在瓶壁上的样品，加 5.0mL 硫酸、1.5mL 过氧化氢，小心摇匀，瓶口放一弯颈小漏斗，放置过夜。

在可调压电炉上缓慢升温至硫酸冒烟，取下，稍冷后加 15 滴过氧化氢，轻轻摇动凯氏烧瓶，加热 10min，取下，稍冷后分次再加 5～10 滴过氧化氢并分次消煮，直至溶液呈无色或淡黄色清液后，继续加热 10min，除尽剩余的过氧化氢。取下稍冷，小心加水至 20～30mL，加热至沸，取下冷却，用少量水冲洗弯颈小漏斗，洗液收入原凯氏烧瓶中。将消煮液移入 100mL 容量瓶中，加水定容，静置澄清或用滤纸干过滤到具塞锥形瓶中备用。

除不加试样外，应用的试剂和操作步骤同上，制备空白溶液。

③ 校准曲线绘制。吸取钾标准溶液 0.00mL、2.50mL、5.00mL、7.50mL、10.00mL，分别置于 5 个 50mL 容量瓶中，加入与吸取试样溶液等体积的空白溶液，用水定容。此溶液为含钾为 0.00μg/mL、5.00μg/mL、10.00μg/mL、15.00μg/mL、20.00μg/mL 的标准溶液系列。在火焰光度计上，以空白溶液调节仪器零点，以标准溶液系列中最高浓度的标准溶液调节发光强度至 80 分度处。再依次由低浓度至高浓度测量其他标准溶液，记录仪器示值。根据钾浓度和仪器示值绘制校准曲线或求出直线回归方程。

④ 测定。吸取 5.00mL 试样溶液于 50mL 容量瓶中，用水定容。与标准溶液系列同条件在火焰光度计上测定，记录仪器示值。每测量 5 个样品后需用钾标准溶液校准仪器。

（4）结果计算　全钾含量以 $\rho(\mathrm{K})$ 表示，按式(6-11) 计算：

$$\rho(\mathrm{K})=\frac{cVD}{m}\times10^{-3} \tag{6-11}$$

式中　$\rho(\mathrm{K})$——试样中全钾含量，g/kg；

c——由校准曲线查得或由回归方程求得测定溶液中钾浓度，μg/mL；

V——测定体积，本操作为 50.00mL；

D——分取倍数，定容体积与分取体积的比值，为 100/5；

m——称取试样质量，g；

10^{-3}——将 μg/g 换算为 g/kg。

所得结果应表示至第二位小数。

第五节　复混肥分析

复合肥料和混合肥料统称为复混肥料。复合肥料是在肥料制造过程中发生明显的化学变化而形成的含有两种或两种以上营养元素的化合物，如磷酸一铵、磷酸二铵、磷酸三铵及磷酸二氢钾等。而混合肥则是一种单体肥料或复合肥料与另一种或几种单体肥料的混合物，如尿素-过磷酸钙、尿素-粉状磷酸一铵等。复混肥料的分析项目较多，主要分析项目及分析方法见表 6-1。

表 6-1　复混肥料常见的分析项目和分析方法

分析项目	分析方法
总氮含量	蒸馏后滴定法
有效磷含量	磷钼酸喹啉重量法
钾含量	四苯基合硼酸钾重量法
游离水含量	真空烘箱法
游离水含量	卡尔·费休法
铜、铁、锰、锌、硼、钼含量	湿灰化-原子吸收光谱法
砷含量	二乙基二硫代氨基甲酸银分光光度法
镉含量	原子吸收光谱法、双硫腙分光光度法
铅含量	原子吸收光谱法、双硫腙分光光度法

习　题

一、填空题

1. 肥料三要素是指________、________、________三种元素。

2. 氮肥中氮的存在状态有三种形式，分别为________、________、________。

3. 用氮试剂重量法测定肥料中硝态氮含量时，氮试剂需________，以免空白试验结果________，新配制的试剂需贮于________。

4. 喹钼柠酮试剂是由________、________、________和________组成的。

5. 磷肥中有效磷的测定方法有________、________和________，其中________是仲裁法。

6. 磷肥中所有含磷化合物中的含磷量称为________，水溶性磷化合物和柠檬酸溶性磷化合物中的磷称为________。

7. 磷肥中含有的含磷化合物根据其溶解性能可以分为________、________和________。

8. 钾肥中钾的测定方法有________、________和________。

9. 四苯硼酸钠称量法测定钾肥中钾含量，加入________溶液，使存在的铵离子转变成六亚甲基四胺；加入________消除干扰分析结果的其他阳离子。

二、选择题

1. 以下方法中不属于硝态氮测定方法的有（　　）。

A. 铁粉还原法　　B. 酸量法　　C. 德瓦达合金还原法　　D. 氮试剂重量法

2. 碳酸氢铵、氨水中氮的测定常使用（　　）。

A. 蒸馏后滴定法　　B. 硝酸银法　　C. 铁粉还原法　　D. 酸量法

3. 可以用甲醛法测定氮含量的氮肥是（　　）。

A. NH_4HCO_3　　B. NH_4NO_3　　C. $(NH_4)_2SO_4$　　D. $(NH_2)_2CO$

4. 缓效磷肥的萃取液是（　　）

A. 水　　B. 热水

C. 加少量盐酸的热水　　D. 碱性柠檬酸铵溶液

5. 下面关于磷钼酸喹啉重量法测定磷肥中有效磷的叙述，正确的是（　　）。

A. 用溶液 A 测定的为有效磷

B. 用溶液 B 测定的为有效磷

C. 用等体积的溶液 A 和等体积的溶液 B 测定的为有效磷

D. 用等体积的溶液 A 和等体积的溶液 B 测定的为总磷

6. 用磷钼酸喹啉重量法测定磷肥中有效磷时，下列关于柠檬酸作用的叙述，不正确的是（　　）。

A. 防止硅形成硅钼酸喹啉沉淀，以消除硅的干扰

B. 可以防止铵盐的干扰

C. 防止钼酸盐在加热至沸时水解而析出三氧化钼沉淀

D. 使沉淀颗粒粗大、疏松，便于过滤和洗涤

7. 欲测过磷酸钙中有效磷的含量时，制备分析试液应选用的抽取剂是（　　）。

A. 水、彼得曼试剂　　B. 水、2%柠檬酸溶液　　C. 中性柠檬酸铵溶液

8. 下面不属于普钙中的有效磷成分的是（　　）。

A. 磷酸一钙　　B. 磷酸二钙　　C. 磷酸四钙　　D. 磷酸

9. 四苯硼酸钠容量法测定钾肥中钾含量时使用的指示剂为（　　）。

A. 达旦黄　　B. 甲基红-亚甲基蓝

C. 溴甲酚绿　　D. 酚酞

10. 四苯硼酸钠称量法测定钾肥中钾含量时，为消除试样中 NH_4^+ 干扰，通常采取（　　）方法。

A. 加入适量 EDTA　　B. 加入适量甲醛

C. 使溶液保持微碱性　　D. 煮沸

三、判断题

1. 含有尿素的复合肥料中氮含量的测定常使用尿素酶法。（　　）

2. 碳酸氢铵中氨态氮的测定，需将溶解的试样加热煮沸，其目的是加速反应的进行。（　　）

3. 测定硝态氮所用的德瓦尔合金中各金属的比例为 Zn∶Cu∶Al＝45∶5∶50。（　　）

4. 使用蒸馏后滴定法测定尿素中总氮含量，需使用的仪器包括蒸馏装置和梨形玻璃漏斗。（　　）

5. 过磷酸钙、钙镁磷肥属于热法磷肥。（　　）

6. 以磷矿粉为原料与其他配料经高温煅烧而成的磷肥称热法磷肥。（　　）

7. 磷酸三铵中有效磷含量的测定不属于复混肥料分析。（　　）

8. 1L 碱性柠檬酸铵溶液中，应含 173g 柠檬酸和 51g 以氨形式存在的氮。（　　）

9. 柠檬酸溶性磷通常指的是磷酸二钙和磷酸四钙。（　　）

10. 在微酸性介质中，钾与四苯硼酸钠反应，生成四苯硼酸钾沉淀。（　　）

四、问答题

1. 简述各种形态氮的测定方法，写出相应的化学反应方程式。

2. 什么是酸法磷肥？什么是热法磷肥？请举例说明。

3. 磷钼酸喹啉称量法和容量法测定五氧化二磷含量的原理各是什么？比较它们的异同之处。

4. 在进行过磷酸钙中有效磷的测定时，水溶性磷和柠檬酸溶性磷的抽取为什么要分步进行？为什么要严格抽取时的操作手续？

5. 在进行过磷酸钙中有效磷的测定时，沉淀时加入柠檬酸和丙酮的作用是什么？

6. 试述四苯硼酸钠称量法和容量法测定氧化钾含量的原理，并比较它们的异同之处。

7. 四苯硼酸钠容量法有哪些干扰离子？如何消除？

五、计算题

1. 分析一批氨水试样时，吸取 2.00mL 试样，注入已盛有 25.00mL 0.5000mol/L 硫酸标准溶液的锥形瓶中，加入指示剂后，用同浓度的氢氧化钠标准溶液滴定，至终点时耗去 10.86mL。已知该氨水的密度为 0.932g/mL，试求该氨水中的氮含量和氨含量。

2. 称取过磷酸钙试样 2.200g，用磷钼酸喹啉称量法测定其有效磷含量。若分别从两个 250mL 的容量瓶中用移液管吸取有效磷提取溶液 A 和溶液 B 各 10.00mL，于 180℃干燥后得到磷钼酸喹啉沉淀 0.3842g，求该肥中有效磷的含量。

3. 称取某钾肥试样 2.5000g，制备成 500mL 溶液。从中吸取 25.00mL，加四苯硼酸钠标准溶液（它对氧化钾的滴定度为 1.189mg/mL）38.00mL，并稀释至 100mL。干过滤后，吸取滤液 50.00mL，用 CTAB 标准滴定溶液（相当于四苯硼酸钠标准滴定溶液的体积为 1.05mL/mL）滴定，消耗 10.15mL，计算该肥料中氧化钾的含量。

第七章　水质分析

学习目标

1. 了解水质分析的意义、分析项目及特点。
2. 了解水样的采集方法和常用的试样预处理方法。
3. 掌握天然水常见的分析项目。
4. 掌握工业用水中锅炉用水的检测项目。
5. 掌握工业废水常见的检测项目。

第一节　概　　述

一、水分析的意义

水是人类社会的宝贵资源，分布于由海洋、江、河、湖和地下水、大气水分及冰川共同构成的地球水圈中。美国化学家荷尔恩列举的水的主要分布如下：

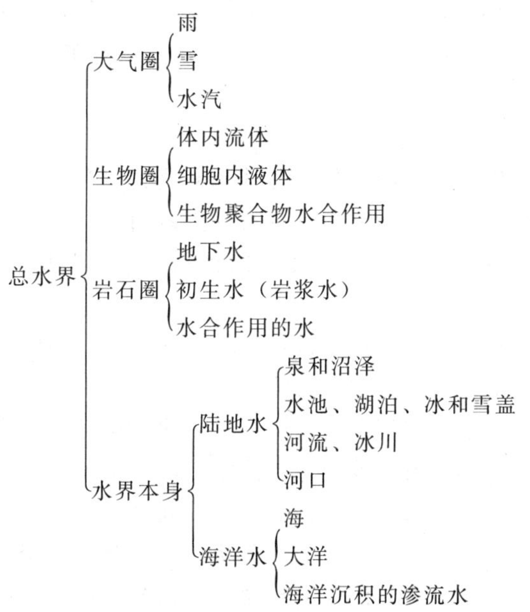

水是人类赖以生存的主要物质之一，除供饮用外，更大量地用于生活和工农业生产。随着世界人口的增长及工农业生产的发展，用水量也在日益增加。工业发达国家的用水量几乎每十年翻一番。我国属于贫水国家，贮水量低于世界上多数国家。此外，由于人类的生产和生活活动，将大量工业废水、生活污水、农业回流水及其他废弃物未经处理直接排入水体，造成江、河、湖、地下水等水源的污染，引起水质恶化，使水资源显得更加紧张，亦使保护水资源显得更加重要。

人们在利用水时，要求水必须符合一定的质量。水的质量就是指水和其中所含的杂质共同表现出来的综合指标。描述水质量的参数就是水质指标，通常用水中杂质的种类、成分和数量来表示，以此作为衡量水质的标准。因此，要进行正确的水质分析。水质分析主要是对水中杂质的测定。

水是一种极好的溶剂，除可溶性物质外，不溶解的悬浮物、胶体物质和微生物等都可能混入水中，因此，天然水是一种成分非常复杂的溶液。因水的来源不同它所含的杂质也不同，一般可分为下列几种。

雨水：氧、氮、二氧化碳、尘埃、微生物以及其他成分等。

地面水：少量可溶性盐类（海水外）、悬浮物、腐殖质、微生物等。

地下水：主要是可溶性盐类，如钙、镁、钾、钠的碳酸盐，氯化物，硫酸盐，硝酸盐和硅酸盐等。

二、水质分析项目

水试样应该根据试样的来源及其用途不同来决定分析的项目。

普通全分析项目有：外观、碱度、硬度、Ca^{2+}、Mg^{2+}、Fe^{3+}、Fe^{2+}、Al^{3+}、CO_2、SO_4^{2-}、Cl^-、$NH_4{}^+$、O_2、NO_3^-、H_2S、SiO_2、耗氧量、腐殖酸盐、全固、悬浮物、溶解固体、灼烧残渣及 pH 等。

锅炉用水分析项目有：硬度、碱度、SO_4^{2-}、Cl^-、pH、SiO_2、O_2、油质等。

污水分析问题比较复杂，分析项目变化很大。一般常见的分析项目有挥发酚、铬、铅、汞、镉、铜、砷、氰化物、农药等。

水中溶解气体含量及 pH 易于变化，应最先分析，最好在现场进行。

水试样浑浊，可静置澄清，吸取上层清液进行测定，但全固、悬浮物等项目的测定应除外。

三、水质分析的特点

水质分析工作检测对象十分广泛，包括各种元素及其化合物，因此比较复杂。且要评价污水对各种水生生物的急、慢性致毒能力，在污水处理过程中还有一些特殊控制分析项目。另外，随着社会生产力的发展和人类认识能力的提高，还不断地提出新的需要加以鉴定的物质。

水质分析的物质含量很低，测定富度低达 $10^{-6}\sim10^{-2}$g。因此，必须先用各种方法加以分离与富集，而且还要用最灵敏的方法进行测定。

水质分析的物质很不稳定。它们在运动中会发生化学反应，也会发生更复杂的生物化学变化，使得被测组分的含量随时发生变化，给测定造成困难。

由于水质分析的对象成分复杂，含量极低，相互间又存在着各种反应，有时又要从性质类似的同系物中分别检出各个组分，所以水质分析几乎涉及现代分析化学中的各个领域。目前最常用的是光化学分析法，其次是滴定分析法、色谱分析法、极谱分析法等。

四、水样的采集和预处理

1. 水样的采集方法

（1）地面水样的采集　采取自来水或具有抽水机设备的井水试样时，应先放水数分钟，把积留在水管中的杂质冲洗掉，然后再采取水试样。较浅的小河和靠近岸边水浅的采样点可涉水采样，采样时，采样者应站在下游，向上游方向采集水样。在地形复杂、险要，地处偏僻处的小河流，可架索道采样。分别在水面的不同点和不同深度采取水试样，装入大瓶中混合均匀，再取出平均水试样。

（2）废水样品的采集 由于生产工艺过程不同，工业废水的成分也有所不同。因此，在取样之前必须首先研究生产工艺过程，根据废水产生的情况，采取废水的平均试样或平均比试样。如果废水不是连续排放而是间隔性的，则必须考虑所采取的试样能否代表生产的全过程。

废水处理设备的采样，为考查各部分处理效果，应对该部分的进水、出水同时采取试样。为了解总的处理效果时，应采取总进水和总出水的试样。

采集生活污水试样时，应根据分析目的，采取平均试样或平均比试样，或每一时间的单独分析试样。其采样规则与工业废水采样相似。

2. 水样的预处理

水样的组成是相当复杂的，共存组分对测定会产生干扰，并且多数待测组分含量较低，存在形态各异，所以在分析测定之前，需要进行适当的预处理，以得到更好的测定结果。

（1）水样的消解 金属化合物的测定多采用此法进行预处理。处理的目的一是排除有机物和悬浮物的干扰，二是将金属化合物转变成简单的稳定形态，同时消化还可达到浓缩的目的。消解后的水样应清澈、透明、无沉淀。常用的消解法有以下几种。

① 硝酸消解法。对于较清洁的水样，可用硝酸消解。其方法要点是：取水样 50～200mL 于烧杯中，加入 5～10mL 浓 HNO_3，在电热板上加热煮沸，蒸发至小体积，试液应清澈透明，呈浅色或无色，否则，应补加 HNO_3 继续消解。蒸至近干，取下烧杯，稍冷后加 2%HNO_3 20mL 溶解可溶盐。若有沉淀，应过滤，滤液冷至室温后于 50mL 容量瓶中定容，备用。

② 硝酸-高氯酸消解法。对于含有机物、悬浮物较多的水样可用此法。其要点是：取适量水样于烧杯或锥形瓶中，加入 5～10mL 硝酸，在电热板上加热、消解至大部分有机物被分解。取下烧杯，稍冷，加 2～5mL 高氯酸，继续加热至开始冒白烟，如试液呈深色，再补加硝酸，继续加热至冒浓厚白烟将尽。取下烧杯冷却，用 2%HNO_3 溶解，如有沉淀，应过滤，滤液冷至室温定容，备用。

③ 硫酸-高锰酸钾消解法。该法常用于消解测定汞的水样。$KMnO_4$ 是强氧化剂，在中性、碱性、酸性条件下都可以氧化有机物，其氧化产物多为草酸根，但在酸性介质中还可继续氧化。消解要点是：取适量水样，加适量 H_2SO_4 和 5%$KMnO_4$，混匀后加热煮沸，冷却，滴加盐酸羟胺溶液破坏过量的 $KMnO_4$。

（2）挥发和蒸馏 非金属无机物的测定多采用此法进行预处理。将待测组分从水样中分离出来，从而达到排除干扰和浓缩水样的目的。

① 挥发。挥发分离法是利用某些污染组分挥发度大，或者将欲测组分转变成易挥发物质，然后用惰性气体带出而达到分离的目的。例如，用分光光度法测定水中的硫化物时，先使之在磷酸介质中生成硫化氢，再用惰性气体载入乙酸锌-乙酸钠溶液中吸收，从而达到与母液分离的目的。

② 蒸馏。蒸馏法是利用水样中各组分具有不同的沸点而使其彼此分离的方法。测定水样中的挥发酚、氰化物、氟化物、氨氮时，均需在酸性介质中进行预蒸馏分离。蒸馏具有消解、富集和分离三种作用。

（3）溶剂萃取 有机化合物的测定多采用此法进行预处理。萃取主要有以下两种类型：有机物质的萃取和无机物的萃取。此外，实验室常用的离子交换、共沉淀分离、活性炭吸附、干灰化等分离、浓缩样品处理技术也广泛应用于样品的预处理中。

第二节　天然水分析

水是日常生活中不可缺少的物质。各种水使用目的不同，要求的水质条件也各有差异，所以必须掌握使用水是否符合这种条件要求，因此，要进行正确的水质分析。天然水的分析项目比较多，这里介绍几个主要的检测项目。

一、浊度的测定

本方法适用于饮用水、天然水及高浊度水，最低检测度为 3 度。

1. 方法原理

在适当温度下，硫酸肼与六亚甲基四胺聚合，形成白色高分子聚合物，以此作为浊度标准液，在一定条件下与水样浊度相比较。

2. 主要仪器与试剂

(1) WGZ 型浊度计　配有 400NTU、600NTU、800NTU、1000NTU 标准溶液。

(2) 零浊度水　将蒸馏水通过 0.2μm 的滤膜过滤，收集于用滤过水荡洗两次的烧瓶中。

3. 分析步骤

① 开机、预热 30min。

② 按“设置”键进入 LCK 设置栏。

③ 连续按“设置”键 4 次进入 CS4 量程校准状态。

④ 调零：将装好的零浊度水试样瓶置于测量座内，并保证试样瓶的刻度线应对准试样座上的白色定位线，然后盖好遮光盖，待显示值稳定后，按“调零”键，使显示值自动归零(允差±2)。

⑤ 校正。采用同样方法换上 400NTU 标准溶液，盖好遮光盖，可通过按“←（移数位）、↑、↓（改数字大小）”键输入标准值 400.0，待显示值稳定后，按“校正”键进行校正，使显示值为 400NTU。

按上述方法，依次换上 600NTU、800NTU、1000NTU 标准溶液进行校正。

⑥ 进入测量状态。通过按“设置”键或“存储/打印”键退出设置状态，进入测量状态。

取出标准溶液，换上样品试样瓶，待显示值稳定后，读出样品的实际浊度值。

4. 方法讨论

① 手不能直接接触测量瓶和校准标瓶，应隔着擦纸持瓶。

② 每次测样前应用待测样荡洗测量瓶。

③ 放入测量座前，应将测量瓶外水样擦干净。

④ 测量瓶置于测量座内时，应保证其刻度线对准测量座上的白色定位线。

⑤ 全部测量完成后，应用蒸馏水将测量瓶荡洗干净、擦干水后放入测量瓶盒内，关闭浊度仪电源。

二、电导率的测定

1. 方法原理

由于电导是电阻的倒数，因此，当两个电极插入溶液中，可以测出两电极间的电阻 R，根据欧姆定律，温度一定时，这个电阻值与电极的间距 L(cm) 成正比，与电极的截面积 $A(cm^2)$成反比。即：$R=\rho L/A$。

由于电极面积 A 和间距 L 都是固定不变的，故 L/A 是一个常数，称电导池常数（以 Q 表示）。比例常数 ρ 称为电阻率，其倒数 $1/\rho$ 称为电导率，以 κ 表示，$S=1/R=\frac{1}{\rho Q}$。S 表示电导，反映导电能力的强弱。所以，$\kappa=QS$ 或 $\kappa=Q/R$。

当已知电导池常数，并测出电阻后，即可求出电导率。

2. 分析步骤（DDS-11 型电导仪）

（1）准备工作　检查仪器的完整性，计量合格证应在有效期内；观察铂黑电极的铂黑面应完整，无损伤和污染。检查电源电压，应在仪器规定使用范围 220V±10%。通电前，确保开关置于“关”挡上，检查是否断路或漏电现象。

（2）开机　接通电源开机预热 15～30min。

（3）常数校正　调节温度补偿旋钮，使其指示的温度值与被测溶液温度相同。将仪器校正/测量开关置“校正”挡，调节常数校正钮，使仪器显示电导电极常数值与电极标识电导电极常数值一致（注：每个电极上均标识有电导电极常数值）。

（4）测量　将仪器校正/测量开关置“测量”挡，选用适当的量程挡（仪器各量程对应电导率范围见表 7-1），将清洁的电极插入被测液，轻轻搅拌电极 2～3 下，使电极与溶液充分接触，此时仪器显示的电导率为该液体在标准温度（25℃）时的电导率值。

表 7-1　仪器各量程对应电导率范围

序号	量程开关位置	仪器显示范围	实际电导率范围/(μS/cm)
1	20μS	0～19.99	0～19.99
2	200μS	0～199.9	0～199.9
3	2mS	0～1.999	0～1999(读数值×1000)
4	20mS	0～19.99	0～19990(读数值×1000)

测量结束后，用蒸馏水清洗电极，并保持其干燥（勿用任何物品擦拭电极的铂黑面），对仪器表面和实验桌面进行必要的清洁，填写仪器设备使用记录。

3. 方法讨论

① 电导率仪应安放在平稳、整洁的工作台上，附近应无明显振源和强磁场，无腐蚀性气体。

② 每测量一种溶液，仪器应校正一次。

③ 选用仪器量程挡时，能在低一挡量程内测量的，不放在高一挡测量，以保证数据的精确度。在低挡量程内，若已超量程，仪器显示屏左侧第一位显示“1”，此时请选高一挡测量。

④ 在测量过程中如需重新校正仪器，只需将选择开关置于校正位置即可重新校正仪器，而不必将电极插头拔出，也不必将电极从待测液中取出。电极是否接上，仪器量程开关在何位置，不影响进行常数校正。

⑤ 仪器不用时，必须将电源插头拔出，保护仪器。

三、pH 的测定

pH 是氢离子有效浓度的负对数，即 $pH=-\lg[H^+]$。天然水的 pH 一般在 7.2～8.0 之间，由于某些特殊原因，可能增高或降低。水的 pH 常在变化，当水试样采集后，应立即进行测定，不能久存。

本方法适用于饮用水、地面水及工业废水 pH 的测定。

1. 方法原理

pH 由测量电池的电动势而得，该电池通常由饱和甘汞电极为参比电极，玻璃电极为指示电极所组成。在 25℃时，溶液每变化 1 个 pH 单位，电位差变化 59.16mV，据此在仪器上直接以 pH 的读数表示，温度差异在仪器上有补偿装置。

2. 试剂

(1) pH＝4.00 的邻苯二甲酸氢钾标准溶液（25℃）；

(2) pH＝6.86 的混合磷酸盐标准溶液（25℃）；

(3) pH＝9.18 的硼砂标准溶液（25℃）。

3. 分析步骤

(1) 仪器校准（pHS-3C 精密 pH 计）

① 打开电源开关，按“pH/mV”按钮，使仪器进入 pH 测量状态。

② 按“温度”按钮，使显示温度为溶液温度值（此时温度指示灯亮），然后按“确认”键，仪器确认温度后回到 pH 测量状态。

③ 把用蒸馏水冲洗过的电极插入 pH＝6.86 的标准缓冲溶液中，待读数稳定后按“定位”键（此时 pH 指示灯慢闪烁，表明仪器在定位标定状态），使读数为该溶液当时温度下的 pH，然后按“确认”键，仪器进入 pH 测量状态，pH 指示灯停止闪烁。

④ 把用蒸馏水清洗过的电极插入 pH＝4.00（或 9.18）的标准缓冲溶液中，待读数稳定后按“斜率”键（此时 pH 指示灯快闪烁，表明仪器在斜率标定状态），使读数为该溶液当时温度下的 pH，然后按“确认”键，仪器进入 pH 测量状态，pH 指示灯停止闪烁，标定完成。

(2) 样品测定　先将水样与标准溶液调到同一温度，并将“温度”补偿旋钮调到该温度，用蒸馏水冲洗电极，再用水样冲洗电极，然后将电极侵入水样中，小心摇动或搅拌使其均匀，静置，待读数稳定时记下 pH。

4. 方法讨论

① 如果在标定过程中操作失误或按键按错而使仪器测量不正常，可关闭电源，然后按住“确认”键再开启电源，使仪器恢复初始状态，然后重新标定。

② 经标定后，“定位”键及“斜率”键不能再动，如果触动此键，此时仪器 pH 指示灯闪烁，请不要按“确认”键，而是按“pH/mV”键，使仪器重新进入 pH 测量即可，而无须再进行标定。

③ 标定的缓冲溶液一般第一次用 pH＝6.86 的缓冲溶液，第二次用接近被测溶液 pH 的缓冲液，如果被测溶液为酸性，缓冲液应为 pH＝4.00；如果被测溶液为碱性时，则选用 pH＝9.18 的缓冲溶液。

④ 一般情况下，在 24h 内仪器不需要再标定。

四、硬度的测定

天然水中含有的金属化合物，除碱金属化合物外，还有钙、镁金属的化合物。通常把含有较多钙、镁金属化合物的水称为硬水，而把水中钙、镁金属化合物的含量称为硬度。

硬度分为碳酸盐硬度和非碳酸盐硬度。

碳酸盐硬度：主要由钙、镁的酸式碳酸盐形成，也可能有少量的碳酸盐。当水煮沸时钙、镁的酸式碳酸盐分解形成沉淀，因此这种硬度能用煮沸的方式来消除。用煮沸能消除的硬度称为暂时硬度。用中和法测定时，可用甲基橙作指示剂。

非碳酸盐硬度：主要由钙、镁的硫酸盐、硝酸盐及氯化物等形成。这些物质不能用煮沸的方法除去，但在高温高压下它们又能沉淀形成锅垢，这种在常压下煮沸不能被消除的硬度称为永久硬度。用 EDTA 滴定法来测定。

1. 方法原理

在 pH=10 的条件下，用 EDTA 溶液配合滴定钙和镁离子，铬黑 T 作指示剂，与钙和镁生成紫红色或紫色溶液。滴定中游离的钙和镁离子首先与 EDTA 反应，跟指示剂配合的钙和镁离子随后与 EDTA 反应，到达终点时溶液的颜色由紫色变为天蓝色。

2. 试剂

(1) 氨性缓冲溶液 (pH=10)　54g 氯化铵溶于 300mL 水中，加入 350mL 氨水，用蒸馏水稀释到 1L。

(2) EDTA 标准溶液 (0.025mol/L)。

(3) 氧化锌标准溶液 (0.025mol/L)。

3. 分析步骤

若试样中含有大量微小颗粒，测定前应经滤纸过滤。

准确量取过滤后的试样 50mL 于 250mL 锥形瓶中，加 4mL 缓冲溶液和少量铬黑 T，此时溶液应呈紫红色或紫色，其 pH 应为 10.0±0.1，为防止产生沉淀，应立即不断振摇下自滴定管加入 EDTA 标液，开始滴定时速度宜稍快，接近终点时应稍慢并充分振摇，最好每滴间隔 2～3s，溶液的颜色由紫红色或紫色逐渐转为蓝色，在最后一点紫的色调消失刚出现蓝色时即为终点，整个滴定过程应在 5min 内完成，记录消耗 EDTA 标液的体积。

4. 结果表示

钙、镁合量按式(7-1) 计算：

$$\text{钙和镁的总量}\ \rho(\text{mg/L})=\frac{cV_1M}{V_0}\times 1000 \tag{7-1}$$

式中　c——EDTA 标液浓度，mol/L；

V_1——滴定中消耗标液体积，mL；

V_0——试样体积，mL；

M——$CaCO_3$ 的摩尔质量，g/mol。

5. 方法讨论

① 如试样中含铁离子为 30mg/L 或以下，在临滴定前应加入 250mg 氰化钠或数毫升三乙醇胺掩蔽。氰化钠使锌、铜、钴的干扰减至最小，三乙醇胺能减少铝的干扰，加氰化钠前必须保证溶液呈碱性。

② 试样含正磷酸盐或碳酸盐，在滴定的 pH 条件下可使钙生成沉淀，一些有机物可能干扰测定。

③ 如上述干扰未能消除，或存在铝、钡、铅、锰等离子干扰时，需改用原子吸收法测定。

④ 试样中钙和镁总量超过 125mg/L 时，应用 0.025mol/L 的 EDTA 滴定，试样中钙和镁总量超过 900mg/L 时，可适当减少取样量，用蒸馏水稀释至 50mL。

五、氯化物的测定

天然水中大多数都含有氯化物，它是组成各种盐类的主要阴离子。一般饮用水中氯化物含量在 2～100mg/L 之间。以氯化钠形式存在的氯化物含量超过 250mg/L 时，将会使水具有显著咸味。含氯化物高的水对金属管道、锅炉等都有腐蚀作用，同时也不宜用于灌溉。

饮用水氯化物的含量不应超过 200mg/L。

水中氯化物含量可采用摩尔法测定。本方法适用于天然水中氯化物的测定，也适用于经过适当稀释的高矿化度水，如咸水、海水等，以及经过预处理除去干扰物的生活污水或工业废水的测定。

1. 方法原理

在中性至弱碱性（pH 为 6.5～10.5）范围内，以铬酸钾为指示剂，用硝酸银滴定氯化物时，由于氯化银的溶解度小于铬酸银的溶解度，氯离子首先被完全沉淀出来后，然后铬酸盐以铬酸银的形式被沉淀，产生砖红色，指示终点到达。该沉淀滴定的反应如下：

$$Ag^{+} + Cl^{-} \longrightarrow AgCl\downarrow$$

$$2Ag^{+} + CrO_4^{2-} \longrightarrow Ag_2CrO_4\downarrow \text{(砖红色)}$$

2. 试剂

（1）氯化钠标准溶液（0.0282mol/L）。

（2）硝酸银标准溶液（0.0282mol/L）。

（3）铬酸钾溶液　称取 5g 铬酸钾溶于少量水中，滴加上述硝酸银至有红色沉淀生成，摇匀，静置 12h，然后过滤并用水将滤液稀释至 100mL。

（4）氢氧化铝悬浮液　溶解 125g 硫酸铝钾［$KAl(SO_4)_2 \cdot 12H_2O$］于 1L 蒸馏水中，加热至 60℃，然后边搅拌边缓慢加入 55mL 氨水。放置约 1h 后，移至一个大瓶中，用倾泻法反复洗涤沉淀物，直到洗涤液不含氯离子为止，加水至悬浮液体积约为 1L。

3. 分析步骤

（1）样品的预处理　若无以下各种干扰，此预处理步骤可以省去。

① 水样带有颜色，则取 150mL 水样，置于 250mL 锥形瓶中，加入 2mL 氢氧化铝悬浮液，振荡过滤，弃去最初 20mL 滤液，用干燥清洁的锥形瓶接取滤液备用。

② 水样中含有硫化物、亚硫酸盐或硫代硫酸盐，则加氢氧化钠溶液，将水调节至中性或弱碱性，加入 1mL30％过氧化氢，摇匀。1min 后，加热至 70～80℃，以除去过量的过氧化氢。

③ 水样的高锰酸钾指数超过 15mg/L，可加入 2mL 高锰酸钾，煮沸。加入数滴乙醇以除去多余的高锰酸钾至水样褪色，再进行过滤，滤液贮于锥形瓶中备用。

（2）测定

① 准确量取 50.00mL 水样或经过预处理的水样置于锥形瓶中，同时取蒸馏水做空白试验。

② 如水样的 pH 在 6.5～10.5 范围时，可直接滴定，超出此范围的水样应以酚酞作指示剂，用硫酸或氢氧化钠溶液调节至红色刚刚褪去。

③ 加入 1mL 铬酸钾溶液，用硝酸银标准溶液滴定至砖红色沉淀刚刚出现即为滴定终点。

4. 结果表示

氯化物含量可按式(7-2) 计算：

$$氯化物含量\ \rho(mg/L)=\frac{c(V_2-V_1)M}{V_0}\times 1000 \quad (7\text{-}2)$$

式中　c——硝酸银标液浓度，mol/L；

V_1——蒸馏水空白试样消耗硝酸银标液的体积，mL；

V_2——滴定中消耗标液的体积，mL；

V_0——试样体积，mL；

M——Cl 的摩尔质量，g/mol。

5. 方法讨论

① 适宜的 pH 范围为 6.5～10.5，因为在酸性介质中使 Ag_2CrO_4 的溶解度增大，而在 pH>10.5 时会生成 Ag_2O 沉淀。

② 铬酸钾指示剂的浓度不宜过大或过小。因为过大或过小会造成析出 Ag_2CrO_4 红色沉淀过早或过晚，导致产生较大误差。一般控制终点时 CrO_4^{2-} 的浓度为 5×10^{-3}mol/L。

六、硫酸盐的测定

天然水中大多数都含有硫酸盐，它是组成各种盐类的阴离子。水中含有少量的硫酸盐对人类健康没有影响，但超过 250mg/L 时，有致泻作用，当与镁盐共存时，这种作用加剧。在有些工业用水中也应严格控制硫酸盐的含量。

测定硫酸盐的方法有硫酸钡称量法、铬酸钡氧化还原法、EDTA 滴定法及比色法。本节介绍 EDTA 滴定法。

1. 方法原理

在水试样中加入过量的氯化钡和氯化镁混合溶液，氯化钡与硫酸盐作用生成硫酸钡沉淀。在 pH=10 时，以铬黑 T 为指示剂，用 EDTA 标准溶液滴定过量的钡和镁离子，当溶液由酒红色变至蓝色时即为终点。其反应式为

$$Ba^{2+}+SO_4^{2-}\longrightarrow BaSO_4\downarrow$$

$$Ba^{2+}(余)+H_2Y^{2-}+2OH^-\longrightarrow BaY^{2-}+2H_2O$$

$$MgIn^-+H_2Y^{2-}+OH^-\longrightarrow MgY^{2-}+HIn^{2-}+H_2O$$

在上述反应中，镁离子的存在能使终点清晰，从而提高了滴定的灵敏度。

2. 试剂

(1) 缓冲溶液 (pH=10)　称取 20g 氯化铵溶于少量蒸馏水中，加入 100mL 氨水，用蒸馏水稀释至 1000mL。

(2) 钡镁混合液　称取 2.0g 氯化镁 ($MgCl_2\cdot 6H_2O$) 和 2.5g 氯化钡 ($BaCl_2\cdot 2H_2O$)，溶于蒸馏水中，并稀释至 1000mL (浓度约为 0.02)。

(3) EDTA 溶液　称取 EDTA($Na_2H_2Y\cdot 2H_2O$) 7.5g，溶于 200mL 热蒸馏水中，并稀释至 1000mL (浓度约为 0.02)，用基准氧化锌进行标定。

(4) 铬黑 T 指示剂　取 1g 铬黑 T 指示剂与 105℃烘干过的氯化钠 100g，混匀，研细，保存在棕色瓶中，备用。

3. 分析步骤

① 准确吸取 50.00mL 水试样 (应根据硫酸盐含量来决定取水样的体积)，移入 250mL 锥形瓶中，用 (1+1) 的盐酸酸化 (刚果红试纸由红色变为蓝色)，加热煮沸 3min。

② 准确加入 0.02mol/L 钡镁混合液 10.00mL (一定要过量)，在加钡镁混合液时要不断地摇动，摇匀后，继续加热 15min，然后放置 120～180min。

③ 放置120～180min后再加入10mL缓冲溶液及10mL（1+4）的三乙醇胺，加一小勺铬黑T指示剂。用0.02mol/L EDTA标准溶液滴定至由酒红色变为蓝色即为终点。记录消耗EDTA的体积（V_1）。

④ 取50mL蒸馏水于250mL锥形瓶中，准确加入10.00mL 0.02mol/L钡镁混合液。再加入10mL缓冲溶液及一小勺铬黑T指示剂。用0.02mol/L EDTA标准溶液滴定至由酒红色变为蓝色即为终点。记录消耗EDTA的体积（V_2）。

⑤ 准确吸取50.00mL水试样（与测硫酸盐的水样体积相同）于250mL锥形瓶中，用（1+1）的盐酸酸化（刚果红试纸由红色变为蓝色），加热煮沸1min。冷却后，加入10mL缓冲溶液、10mL（1+4）的三乙醇胺及1小勺铬黑T指示剂。用0.02mol/L EDTA标准溶液滴定至由酒红色变为蓝色即为终点。记录消耗EDTA的体积（V_3）。

4. 结果计算

硫酸盐含量按式(7-3)计算：

$$SO_4^{2-}(mg/L)=\frac{(V_2+V_3-V_1)c\times 96.06}{V}\times 1000 \tag{7-3}$$

式中　c——EDTA标准溶液的浓度，mol/L；

V_1——水试样消耗EDTA标准溶液的体积，mL；

V_2——空白实验消耗EDTA标准溶液的体积，mL；

V_3——测定总硬度时消耗EDTA标准溶液的体积，mL；

V——水试样体积，mL。

5. 方法讨论

① 如果钡、镁混合溶液已经标定过，则可不做空白实验。

② 如果硫酸盐含量过高，加入钡、镁混合液，经陈化处理后，必须过滤除去沉淀，才能进行滴定。

③ 如果滴定体积过小，可加入一定量的蒸馏水，使滴定体积为120mL左右。

④ 该法的其他干扰元素与总硬度测定相同。

第三节　工业用水分析

一、工业用水水质的要求

工业用水的水质应该满足生产用途的要求，为了保证产品的质量，用途不同，对水质的要求也不同。

1. 原料用水

水作为工业产品的原料，其质量直接影响到产品质量。作为原料用水，在食品工业中对水质的要求除须符合饮用水标准外，还应符合特殊要求。例如，啤酒酿造用水不允许含有硫酸钙，还要考虑对微生物对发酵过程的影响。

2. 生产工艺用水

在生产过程中，水和产品的关系非常密切，其所含成分可能进入产品，影响产品质量。生产工艺用水指产品制造过程中作为处理与清洗产品用的水。例如，纺织工业上要求水的硬度要低，铁、锰离子含量要极少，否则会减弱纤维强度，引起染料分解变质，使色彩鲜明度降低。在化学工业中氯乙烯的聚合反应要在不含任何杂质的水中进行。

3. 锅炉用水

锅炉用水首先对水中钙、镁含量要求严格，因为高温高压条件下水垢的生成是重要问题。其次是溶解氧，会造成设备腐蚀，油脂则会产生泡沫或促进沉垢产生。至于游离的二氧化碳、pH 以及炉内水质要求的含盐量、碱度、氯化物等也与结垢、腐蚀、泡沫等不良影响有关。

本章重点讨论锅炉用水的相关检测项目。

二、pH 的测定

pH 是工业用水必须考虑的重要因素，为防止金属的腐蚀，要求锅炉用水的 pH 必须在 7.0～8.5 之间。水的化学处理、腐蚀控制等过程也都要考虑水的 pH。另外，在排水和废水处理方面，pH 也是一项重要指标。

测定 pH 有比色法和电位法。由于电位法测定准确、快速，受水体色度、浊度、胶体物质、氧化剂、还原剂及含盐量等因素的干扰程度小，因此应用最广泛。

测定方法请见第二节中 pH 的测定。

三、碱度的测定

碱度是指水中含有能与强酸作用的所有物质的含量。通常用强酸滴定水试样至一定 pH 时所消耗的酸量表示。水质碱度是指在规定条件下，与中和 100g 试样中的碱性物质消耗的酸性物质相当的氢氧根离子的量（mmol）。

碱度的形成主要是由水中的碳酸盐、酸式碳酸盐、氢氧化物、强碱弱酸盐、有机碱类等存在所致。由于水中含有使水形成碱性的物质不同，碱度可分为酸式碳酸盐碱度、碳酸盐碱度、氢氧化物碱度。所以水中碱度有五种存在形式，即 HCO_3^- 碱度、HCO_3^- 及 CO_3^{2-} 碱度、CO_3^{2-} 碱度、CO_3^{2-} 及 OH^- 碱度、OH^- 碱度。通常采用双指示剂法用酸标准溶液进行滴定。

本方法适用于无浑浊及有色干扰的水质的测定，水样中氧化还原性物质含量高时不适用于本方法。污水及复杂体系中碱度的测定也不适用于本方法。

1. 方法原理

水样用标准酸溶液滴定至规定的 pH，其终点可由加入的酸碱指示剂在该 pH 时颜色的变化来判断。

当滴定至酚酞指示剂由红色变为无色时，溶液 pH 即为 8.3，指示水中氢氧根离子（OH^-）已被中和，碳酸盐（CO_3^{2-}）均被转为重碳酸盐（HCO_3^-），反应式如下：

$$OH^- + H^+ \longrightarrow H_2O$$

$$CO_3^{2-} + H^+ \longrightarrow HCO_3^-$$

当滴定至甲基橙指示剂由橘黄色变成橘红色时，溶液的 pH 为 4.4～4.5，指示水中的重碳酸盐（包括原有的和由碳酸盐转化成的）已被中和，反应如下：

$$HCO_3^- + H^+ \longrightarrow H_2O + CO_2\uparrow$$

根据上述两个终点到达时所消耗的盐酸标准滴定溶液的量，可以计算出水中碳酸盐、重碳酸盐及总碱度。

2. 试剂

（1）无二氧化碳水　用于制备标准溶液及稀释用的蒸馏水或去离子水，临用前煮沸 15min，冷却至室温。pH 应大于 6.0，电导率小于 2μS/cm。

（2）盐酸　0.1mol/L 标准溶液。

3. 分析步骤

(1) 酚酞碱度的测定　移取50mL水样于250mL锥形瓶中，加2滴酚酞指示液，摇匀。若溶液呈红色时，用盐酸标准溶液滴定至红色刚好褪去，记录盐酸标准溶液用量。如果加入酚酞指示液后溶液无色，则不用盐酸标准溶液滴定，表示水样酚酞碱度为零。并接着进行下面操作。

(2) 甲基橙碱度的测定　在测定过酚酞碱度的水样中加3滴甲基橙指示液，摇匀，用盐酸标准溶液滴定至溶液由橘黄色变为橘红色为止。记录盐酸标准溶液用量。

4. 结果表示

酚酞和甲基橙碱度按式(7-4)和式(7-5)计算：

酚酞碱度 ρ_1（以 $CaCO_3$ 计，mg/L）

$$\rho_1=\frac{cV_1\times 0.5M}{V}\times 1000 \tag{7-4}$$

甲基橙碱度 ρ_2（以 $CaCO_3$ 计，mg/L）

$$\rho_2=\frac{cV_2\times 0.5M}{V}\times 1000 \tag{7-5}$$

式中　c——盐酸标液的浓度，mol/L；

V_1——滴定酚酞碱度时，消耗盐酸标液的体积，mL；

V_2——滴定甲基橙碱度时，消耗盐酸标液的体积，mL；

V——水样体积，mL；

M——$CaCO_3$ 的摩尔质量，g/mol。

四、硬度的测定

使肥皂不易产生泡沫，而容易在锅炉中产生锅垢的水通常都含有钙、镁、铁、铝的碳酸盐、酸式碳酸盐、硫酸盐、硝酸盐及氯化物等杂质，这种水在工业上称为硬水。含有这些杂质的多少常以硬度来表示。所以水的硬度就是指除碱金属以外的全部金属离子浓度的总和。一般主要指钙、镁离子浓度的总和。

工业用水对钙、镁含量有十分严格的要求，硬度太高的水会对工业生产产生不利的影响。若使用硬水作为锅炉用水，加热时就会在炉壁上形成水垢，水垢不仅会降低锅炉热效应，增大燃料消耗，更严重会出现事故。在冷却用水系统中，水垢会堵塞设备管路。此外，硬水能妨碍纺织品着色并使纤维变脆，皮革不坚固等。因此，硬度的测定是工业用水要求的重要指标。

本方法用EDTA滴定法测定地下水和地面水中钙和镁的总量，但不适用于含盐量高的水，如海水，本方法测定的最低浓度为0.5mg/L。

测定方法请见第二节中硬度的测定。

五、溶解氧的测定

溶解于水中的氧气称为溶解氧。当地面水与大气接触以及某些含叶绿素的水生植物在其中进行生化作用时，致使水中常有溶解氧气存在。

溶解氧的测定对水体自净作用的研究有极其重要的作用，它可帮助了解水体在不同地点进行自净的速度。溶解氧对于水生动物如鱼类等的生存有着密切的关系，许多鱼类在水中含溶解氧低于3～4mg/L时就不易生存，可能发生窒息死亡。在工业上由于溶解氧能使铁氧化而使腐蚀加速，所以对水中溶解氧的测定是极其重要的。溶解氧的测定常采用碘量法。

1. 方法原理

二价锰在碱性溶液中（已加有碘化钾），生成白色的氢氧化亚锰沉淀。如果水中有溶解氧，则生成的白色 $Mn(OH)_2$ 沉淀立即被氧化。如果水中溶解氧很少时，则生成的沉淀为浅棕色。

在溶液中加酸后，高价锰化合物的沉淀溶解，并使碘化钾中的碘析出。然后用硫代硫酸钠标准溶液滴定析出的碘，由所用硫代硫酸钠标准溶液的体积与浓度可计算出水中溶解氧的含量。

$$MnSO_4 + 2NaOH \longrightarrow Mn(OH)_2 \downarrow + Na_2SO_4$$

$$2Mn(OH)_2 + O_2 \longrightarrow 2MnO(OH)_2 \downarrow$$

$$MnO(OH)_2 + Mn(OH)_2 \longrightarrow Mn_2O_3 + 2H_2O$$

$$Mn_2O_3 + 2KI + 3H_2SO_4 \longrightarrow 2MnSO_4 + K_2SO_4 + 3H_2O + I_2$$

$$I_2 + 2Na_2S_2O_3 \longrightarrow 2NaI + Na_2S_4O_6$$

2. 试剂

(1) 硫酸锰溶液　无水硫酸锰溶液（340g/L）或硫酸锰（$MnSO_4 \cdot 4H_2O$）溶液（480g/L）。

(2) 碱性碘化钾溶液　500g 氢氧化钠溶解于 300～400mL 蒸馏水中，另称取 150g 碘化钾溶解于 200mL 蒸馏水中，将两液合并后用蒸馏水稀释至 1000mL。

(3) 硫代硫酸钠标准溶液（0.02mol/L）。

3. 分析步骤

取下水试样瓶（或测定瓶），用吸量管吸取 1mL 硫酸锰溶液，轻轻插入试样瓶的液面下放出溶液。用同样方法再加入 2mL 碱性碘化钾溶液，盖好瓶塞，避免瓶内有气泡。按紧瓶塞颠倒混合 2～3 次，静置，待沉淀降至半途，再混合 1 次。静置，待沉淀重新沉降至瓶底。打开瓶塞，用上述方法加入 3mL 浓硫酸，盖紧瓶塞颠倒混合至沉淀溶解（若溶解不完全，可继续加少量硫酸），放置在暗处 5min。

用 100mL 移液管移取上述溶液 100.00mL 于 250mL 锥形瓶中。用 0.02mol/L 硫代硫酸钠标准溶液滴定至浅黄色，加入 1mL 0.5%淀粉溶液，继续滴定至蓝色恰好消失为止。记录消耗硫代硫酸钠标准溶液的体积。

4. 结果表示

水中溶解氧按式(7-6) 计算：

$$\rho(O_2)(mg/L) = \frac{cVM\left(\frac{1}{4}O_2\right)}{V_1} \times 1000 \tag{7-6}$$

式中　c——硫代硫酸钠标准溶液的浓度，mol/L；

V——滴定消耗硫代硫酸钠标准溶液的体积，mL；

V_1——水试样体积，mL。

5. 方法讨论

① 取样时，将取样橡胶管插入试样瓶底部，待水试样进入试样瓶并溢出 1min 后，取出橡胶管，但试样瓶内不得留有气泡。加样时，移液管插入试样瓶的液面下 0.2～0.5cm 处，放出溶液。

② 形成沉淀后需倒转几次，保证沉淀完全，且混合完全。必须在沉淀沉降至低于瓶口下 1/3 时，才能缓慢加入硫酸。且加入硫酸量必须保证沉淀完全溶解，取 100mL 滴定。

③ 测定水中溶解氧时，关键在于勿使水中含氧量有所影响。最好在取样现场加入 $MnSO_4$ 和 KI，固定溶解氧，防止试样成分发生变化。

④ 当加入试剂后，水试样体积有所变化，对结果必有影响，但在只取一部分溶液滴定的情况下影响甚小，计算中可以略去。

⑤ 如水试样中有大量的有机物或其他还原性物质时能使结果偏低。当水试样中含有氧化性物质时可使结果偏高。在此两种情况下均应将化验步骤作适当修正，如叠氮化钠修正法和高锰酸钾修正法。

六、含油量的测定

向水中加入凝聚剂硫酸铝时，扩散在水中的油微粒会被形成的氢氧化铝凝聚。随着氢氧化铝的沉淀，便将水中微量的油也聚集沉淀。

$$Al_2(SO_4)_3 \xrightarrow{\text{水解}} Al(OH)_3\text{(胶体)}$$

油聚集起来后将沉淀酸化，使沉淀溶解，再用有机溶剂（四氯化碳）萃取，将油分离转入至有机层，将有机溶剂蒸干，残留物即为水中的油，称量即得水中的油含量。水中油含量可按式（7-7）计算：

$$\rho(\text{mg/L})=\frac{m}{V}\times 10^6 \qquad (7\text{-}7)$$

式中　m——水中油的质量，g；

　　　V——水试样的体积，mL。

第四节　工业废水检测

自然界中的水会通过蒸发、凝结、渗透、径流等作用不断地进行循环，但是现代工业的生产与人类生活产生了大量的工业废水和生活污水，它们进入水体，就会破坏天然水的化学成分，引起水体不同程度的污染。

天然水体对排入其中的某些物质有一定的容纳限度，在这个限度范围内由于其自身的理化和生物作用，水体在一定时间内及一定条件下，可使排入的物质浓度自然降低，不致引起危害，这个过程称为水体的自净作用。如果排入水体的污染物超过了水体对污染物的净化能力，将引起水质恶化，这时就可以认为水体受到污染。

水中污染物种类繁多，主要有需氧污染物、植物营养物、重金属、氰化物、砷化物、放射性、热污染、酸、碱、盐等各类污染物。总之，水中的污染物来源广，种类多，不能一一研究，下面只对工业废水的有关检验项目进行讨论。

一、化学需氧量的测定

化学需氧量（简称 COD）是指水中有机物和无机还原性物质在一定条件下，被强氧化剂氧化时所消耗氧化剂的量，以氧的 mg/L 表示。它可以条件性地说明水体被污染的程度，现在仍然是控制水体污染的主要指标。

测定化学需氧量的方法有高锰酸钾法和重铬酸钾法。高锰酸钾法比较简便，分析时间短，一般适用于较清洁水中的化学需氧量测定。重铬酸钾法测定的化学需氧量，是控制工业排水水质的主要指标之一。重铬酸钾可将大部分有机物氧化，但对直链烃、芳烃及一些杂环化合物则不能氧化，因此，测定的不是全部有机物。

用浓度为 0.25mol/L 的重铬酸钾溶液可测定大于 50mg/L 的 COD 值，未经稀释的水样的测定上限是700mg/L，用浓度为0.025mol/L的重铬酸钾溶液可测定5～50mg/L的COD值，但低于10mg/L时的测量准确度较差。

1. 方法原理

在强酸性溶液中，用一定量的重铬酸钾氧化水样中的还原性物质，过量的重铬酸钾以试亚铁灵作指示剂，用硫酸亚铁铵溶液回滴。根据硫酸亚铁铵的用量算出水样中还原性物质消耗氧的量。

$$Cr_2O_7^{2-}+14H^++6e \longrightarrow 2Cr^{3+}+7H_2O$$

$$Cr_2O_7^{2-}+6Fe^{2+}+14H^+ \longrightarrow 2Cr^{3+}+6Fe^{3+}+7H_2O$$

$$Fe^{2+}+3C_{12}H_8N_2 \longrightarrow [Fe(C_{12}H_8N_2)_3]^{2+}$$

2. 试剂

(1) 重铬酸钾标准溶液 (0.02500mol/L) 称取预先在120℃烘干2h的基准重铬酸钾1.2258g，溶于水中，移入1000mL容量瓶中，稀释至标线，摇匀。

(2) 试亚铁灵指示剂 称取1.458g邻菲啰啉和0.695g硫酸亚铁溶于水中，稀释至100mL，贮于棕色瓶中。

(3) 硫酸亚铁铵标准溶液 (0.01000mol/L) 称取3.95硫酸亚铁铵溶于水中，边搅拌边加入2mL浓硫酸，冷却后移入1000mL容量瓶中，加水稀释至刻度，摇匀。临用前用重铬酸钾标准溶液进行标定。

标定方法：准确吸取10.00mL重铬酸钾标准溶液于500mL锥形瓶中，加水稀释至110mL左右，缓慢加入30mL浓硫酸，混匀，冷却后，加入3滴试亚铁灵指示剂，用硫酸亚铁铵溶液滴定，溶液的颜色由黄色经蓝绿色至红褐色即为终点；c(硫酸亚铁铵) 可按式(7-8) 计算：

$$c(\text{硫酸亚铁铵})=\frac{0.0250\times 10.00}{V} \tag{7-8}$$

式中 c——硫酸亚铁铵标准溶液浓度，mol/L；

V——硫酸亚铁铵标准滴定溶液的用量，mL。

(4) 硫酸-硫酸银 于2500mL浓硫酸中加入25g硫酸银，放置1～2天，不断摇动使其溶解。

(5) 硫酸汞 (30%) 称取30.0g硫酸汞溶于100mL硫酸 (1+9) 溶液中。

3. 分析步骤

① 接通COD恒温加热器的电源，打开电源开关，将温度计插入孔内，预热30min，温度调节在170～180℃。

② 取20.00mL混合均匀的水样于加热管中，加入适量硫酸汞溶液（硫酸汞与氯离子含量比例在10∶1左右)，并准确加入10.00mL重铬酸钾标准溶液及30mL硫酸-硫酸银溶液，加入数十粒干燥的瓷粒，轻轻摇动加热管使溶液混匀。

③ 在加热管上接好冷凝管，置于已恒温加热孔中，从沸腾时计时加热2h。

④ 2h后，从加热孔中取出加热管，置于加热管支架上，自然冷却或流水冷却到室温。

⑤ 用少量蒸馏水冲洗冷凝管壁和磨口处，仔细取下冷凝管，将加热管中的溶液定量转移至500mL锥形瓶中，用水稀释至约140mL。

⑥ 重新冷却至室温后，加入3滴试亚铁灵指示剂，用硫酸亚铁铵溶液滴定，溶液的颜色由黄色经蓝绿色至红褐色即为终点。

⑦ 测定水样的同时，以 20mL 蒸馏水按同样的操作步骤做空白实验，记录滴定空白时硫酸亚铁铵的用量。

4. 结果计算

COD 可按式(7-9) 计算：

$$COD_{Cr}(O_2,mg/L)=\frac{(V_0-V_1)c\times 8}{V}\times 1000 \tag{7-9}$$

式中 c——硫酸亚铁铵标准溶液的浓度，mol/L；

V_0——滴定空白时硫酸亚铁铵标准溶液的用量，mL；

V_1——滴定水样时硫酸亚铁铵标准溶液的用量，mL；

V——水样的体积，mL；

8——$\frac{1}{4}O_2$ 的摩尔质量，g/mol。

5. 方法讨论

① 对化学需氧量高的水样可取适量样品，进行多次稀释后，再取适量分析。稀释时，所取废水原样量不得少于 5mL。

② 加热管加热前务必加入干燥的素烧瓷粒（不能直接用在水中浸泡的瓷粒，也不能用玻璃珠代替），将溶液摇匀，以防暴沸。瓷粒用完后，用蒸馏水冲洗干净，烘干，于 300℃ 的马弗炉中灼热 1h 备用。

③ 加热过程中应避免将硫酸滴在加热管壁上。

④ 测定时要保证水样中氯离子的含量在 1000mg/L 以下。

⑤ 每次实验时，应对硫酸亚铁铵标准滴定溶液进行标定，室温较高时尤其应注意其浓度的变化。

⑥ 用手摸冷却水时不能有温感，否则测定结果偏低。

⑦ 滴定时不能激烈摇动锥形瓶，试液不能溅出水花，否则影响测定结果。

⑧ 转移至 500mL 锥形瓶中稀释后的溶液总体积不得少于 140mL，否则因酸度太大，滴定终点将不明显。

二、挥发酚的测定

酚类是指单环芳烃和稠环芳烃的单元、二元或多元羟基衍生物，它是目前水体受到污染的主要有害物质之一。根据酚的沸点、挥发性和能否与水蒸气一起蒸出，分为挥发酚和不挥发酚。通常认为沸点在 230℃ 以下的为挥发酚，沸点在 230℃ 以上的为不挥发酚。水中酚类属高毒物质，可使蛋白质凝固，酚的水溶液易被皮肤吸收，酚蒸气则易由呼吸道吸入，人体摄入一定量后会引起急性中毒。长期饮用被酚污染的水，会引起头痛、贫血及各种神经系统症状。酚污染源比较广泛，有钢铁工业、煤气洗涤、炼焦、合成氨、绝缘材料、造纸、木材防腐、合成纤维生产和化工排出的污水等。

水样中酚类化合物不稳定，易挥发、氧化和受微生物的作用而损失，因而要在水样采集后立即加入保存剂（NaOH），并尽快测定。常用的测定方法是 4-氨基安替比林分光光度法。本方法适用于生活饮用水、地表水、地下水和工业废水中挥发酚的测定，测定范围为 0.002～0.5mg/L（以苯酚计）。

水中还原性硫化物、氧化剂、苯胺类化合物及石油等干扰酚的测定。硫化物经酸化及加入硫酸铜在蒸馏时与挥发酚分离；余氯等氧化剂可在采样时加入硫酸亚铁或亚砷酸钠还原；苯胺类化合物在酸性溶液中形成盐类不被蒸出；石油可在碱性条件下用有机溶剂萃取后除去。

1. 方法原理

在 pH 为 10.0±0.2 和氧化剂铁氰化钾存在的溶液中，酚与 4-氨基安替比林反应，生成橙红色的安替比林染料。用氯仿从水溶液中萃取出来，在 460nm 波长处测定吸光度，然后求出水样中挥发酚的含量（以苯酚计，mg/L）。

2. 试剂

（1）本法所用纯水不得含酚及游离余氯。无酚纯水的制备方法如下：于水中加入氢氧化钠至 pH 为 12 以上，进行蒸馏。在碱性溶液中，酚形成酚钠不被蒸出。

（2）氨水-氯化铵缓冲溶液（pH=9.8）　称取 20g 氯化铵（NH_4Cl），溶于 100mL 氨水（$\rho_{20}=0.88g/mL$）中。

（3）4-氨基安替比林溶液（20g/L）　称取 2.0g 4-氨基安替比林（4-APP，$C_{11}H_{13}ON_3$）溶于纯水中，并稀释至 100mL。贮于棕色瓶中，临用时配制。

（4）铁氰化钾溶液（80g/L）　称取 8.0g 铁氰化钾［$K_3Fe(CN)_6$］，溶于纯水中，并稀释至 100mL。贮于棕色瓶中，临用时配制。

（5）溴酸钾-溴化钾溶液 $\left[c\left(\frac{1}{6}KBrO_3\right)=0.1000mol/L\right]$　称取 2.78g 干燥的溴酸钾（$KBrO_3$），溶于纯水中，加入 10g 溴化钾（KBr），并稀释至 1000mL。

（6）酚标准溶液

① 酚的精制。取苯酚于具有空气冷凝管的蒸馏瓶中，蒸馏，收集 182～184℃的馏出部分。精制酚冷却后应为白色，密塞贮于冷暗处。

② 酚的标准贮备溶液。溶解 1g 白色精制苯酚于 1000mL 纯水中，标定后保存于冰箱中。

酚标准贮备液的标定：吸取 25.00mL 待标定的酚贮备液，置于 250mL 碘量瓶中，加入 100mL 纯水，然后准确加入 25.00mL 的溴化钾溶液。立即加入 5mL 盐酸（$\rho_{20}=1.19g/mL$），盖严瓶塞，缓缓旋摇。静置 10min。加入 1g 碘化钾，盖严瓶塞，摇匀，于暗处放置 5min 后，用硫代硫酸钠标准溶液滴定，至呈浅黄色时，加入 1mL 淀粉溶液，继续滴定至蓝色消失为止。同时用纯水作试剂空白滴定。酚标准溶液（以苯酚计）的质量浓度按式(7-10）计算：

$$\rho(C_6H_5OH)=\frac{(V_0-V_1)\times 0.0500\times 15.68}{25}\times 1000=(V_0-V_1)\times 31.36 \qquad (7\text{-}10)$$

式中　$\rho(C_6H_5OH)$——酚标准溶液（以苯酚计）的质量浓度，μg/mL；

V_0——试剂空白消耗硫代硫酸钠溶液的体积，mL；

V_1——酚标准贮备液消耗硫代硫酸钠溶液的体积，mL；

15.68——与 1.00mL 硫代硫酸钠标准溶液相当的以 mg 表示的苯酚的质量。

③ 酚标准使用溶液［$\rho(C_6H_5OH)=1.00\mu g/mL$］。临时将酚标准贮备液稀释成 $\rho(C_6H_5OH)=10.00\mu g/mL$。再用此液稀释成 $\rho(C_6H_5OH)=1.00\mu g/mL$ 酚标准使用溶液。

（7）硫代硫酸钠标准溶液［$c(Na_2S_2O_3)=0.05000mol/L$］：将经过标定的硫代硫酸钠标准溶液定量稀释为 $c(Na_2S_2O_3)=0.05000mol/L$。

硫代硫酸钠标准溶液的配制和标定方法如下：称取 25g 硫代硫酸钠（$Na_2S_2O_3\cdot 5H_2O$），溶于 1000mL 新煮沸放冷的纯水中，加入 0.4g 氢氧化钠或 0.2g 无水碳酸钠，贮存于棕色瓶中，7～10 天后进行标定。

准确吸取 25.00mL 重铬酸钾标准溶液 $\left[c\left(\frac{1}{6}K_2Cr_2O_7\right)=0.1000mol/L\right]$ 于 500mL 碘量瓶

中，加 2.0g 碘化钾和 20mL 硫酸溶液，密塞，摇匀，于暗处放置 10min。加入 150mL 纯水，用待定的硫代硫酸钠溶液滴定，直到溶液呈浅黄色时，加入 1mL 淀粉溶液，继续滴定至蓝色变为亮绿色。同时作空白试验。平行滴定所用硫代硫酸钠溶液体积相差不得大于 0.2%。

3. 结果计算

按式(7-11) 计算硫代硫酸钠溶液浓度。

$$c(Na_2S_2O_3)=\frac{c_1\times 25.00}{V_1-V_0} \tag{7-11}$$

式中 $c(Na_2S_2O_3)$——硫代硫酸钠标准溶液的浓度，mol/L；

c_1——$c\left(\frac{1}{6}K_2Cr_2O_7\right)$重铬酸钾标准溶液的浓度，mol/L；

V_1——硫代硫酸钠标准溶液的用量，mL；

V_0——空白试验硫代硫酸钠标准溶液的用量，mL。

4. 分析步骤

(1) 水样处理　量取 250mL 水样，置于 500mL 全玻璃蒸馏瓶中。以甲基橙为指示剂，用硫酸溶液调 pH 至 4.0 以下，使水样由橘黄色变为橙色，加入 5mL 硫酸铜溶液及数粒玻璃珠，加热蒸馏。待蒸馏出总体积的 90%左右，停止蒸馏。稍冷向蒸馏瓶内加入 25mL 纯水，继续蒸馏，直到收集 250mL 馏出液为止。

(2) 比色测定

① 将水样馏出液全部转入 500mL 分液漏斗中，另取酚标准使用溶液 0mL、0.50mL、1.00mL、2.00mL、4.00mL、6.00mL、8.00mL 和 10.00mL，分别置于预先盛有 100mL 纯水的 500mL 分液漏斗中，最后补加纯水至 250mL。

② 向每个分液漏斗内加入 2mL 氨水-氯化铵缓冲液，混匀。再各加入 1.50mL 4-氨基安替比林溶液，混匀，最后加入 1.50mL 铁氰化钾溶液，充分混匀，准确静置 10min。加入 10.0mL 三氯甲烷，振摇 2min，静置分层，在分液漏斗颈部塞入滤纸，将三氯甲烷萃取溶液缓缓放入干燥比色管中，用分光光度计，于 460nm 波长处，用 2cm 比色皿，以三氯甲烷为参比测量吸光度。

③ 绘制标准曲线，从标准曲线上查出挥发酚的质量。

5. 结果计算

水样中挥发酚（以苯酚计）的质量浓度按式(7-12) 计算：

$$\rho(C_6H_5OH)=\frac{m}{V} \tag{7-12}$$

式中 $\rho(C_6H_5OH)$——水样中挥发酚（以苯酚计）的质量浓度，mg/L；

m——从标准曲线上查得的样品管中挥发酚（以苯酚计）的质量，μg；

V——水样体积，mL。

6. 方法讨论

① 蒸馏装置必须是全磨口的玻璃仪器，不可使用橡皮塞接口的蒸馏装置，以免腐蚀橡皮而使实验失败。

② 由于酚随水蒸气挥发，速度缓慢，收集馏出液的体积应与原水样体积相等。试验证明接收的馏出液体积若不与原水样相等，将影响回收率。

③ 各种试剂加入的顺序不能随意更改。4-AAP 的加入量必须准确，以消除 4-AAP 可能

分解使空白值增高所造成的误差。

④ 酚应在取样后4h内进行测定，否则需于1000mL水试样中加0.5g氢氧化钠，使之固定。

⑤ 对位有取代基的酚类不能与4-氨基安替比林发生显色反应。而邻、间位有取代基则显色反应不完全，应注意。

⑥ 在有氧化剂存在下，4-氨基安替比林本身亦能氧化成红色化合物。当pH＞8时，此红色化合物即转变为黄色，此时它与酚的化合物仍为红色。

三、铬的测定

铬存在于电镀、冶炼、制革、纺织、制药、化工等工业废水污染的水体中。铬是人体必需的微量元素之一，金属铬对人体是无毒的。污染水中的铬有三价铬和六价铬两种，两者都具有不同程度的毒性，但其中以六价铬的毒性最强（大于三价铬一百倍），六价铬对人体组织有腐蚀性，近来有人报道含铬废水具有致癌性。

根据我国“三废”排放标准规定，工业废水中六价铬最高容许排放浓度不得超过0.5mg/L；生活饮用水中含六价铬不得超过0.05mg/L。

废水中铬含量的测定方法有硫酸亚铁铵滴定法、原子吸收法和比色法。由于后者具有设备简单，操作方便，测定灵敏度高，重现性好等优点，目前国内许多水质监测部门多采用此法。本法最低检测质量为0.2μg（以Cr^{6+}计）。若取50mL水样测定，则最低检测质量浓度为0.004mg/L。

铁约50倍于六价铬时产生黄色，干扰测定；10倍于铬的钒可产生干扰，但显色10min后钒与试剂所显色全部消失；200mg/L以上的钼与汞有干扰。

1. 方法原理

在酸性溶液中，水试样的铬离子与二苯碳酰二肼作用生成紫红色的配合物。其颜色的深浅与铬含量成正比，比色测定。

2. 试剂

（1）二苯碳酰二肼丙酮溶液（2.5g/L）　称取0.25g二苯碳酰二肼［$OC(HNNHC_6H_5)_2$］，溶于100mL丙酮中。盛于棕色瓶中置冰箱内可保存半月，颜色变深时不能再用。

（2）铬标准贮备液　称取0.1414g经105～110℃烘至恒重的重铬酸钾（$K_2Cr_2O_7$），溶于纯水中，并于容量瓶中用纯水定容至500mL，此浓溶液含六价铬100μg/mL。

（3）铬标准使用液［$\rho(Cr)=1\mu g/mL$］　吸取上述浓溶液10.00mL于1000mL容量瓶中，用纯水定容至刻度。

3. 分析步骤

取水试样50.00mL（含六价铬量超过10μg时，可吸取适量水样稀释至50mL），置于50mL比色管中。

另取50mL比色管9支，分别加入铬标准使用液［$\rho(Cr)=1\mu g/mL$］0.0mL、0.20mL、0.50mL、1.00mL、2.00mL、4.00mL、6.00mL、8.00mL、10.00mL，加蒸馏水适量。

向水样及标准溶液管中分别加入2.5mL硫酸溶液及2.5mL苯碳酰二肼溶液，用蒸馏水稀释至刻度，立即混匀，放置10min。

在540nm波长处，用3cm比色皿，以纯水为参比，测定其吸光度。并绘制标准曲线，在曲线上查出样品中铬的质量。

4. 结果计算

铬的含量按式(7-13)计算：

$$\text{总铬}\ \rho(Cr^{6+})=\frac{m}{V} \tag{7-13}$$

式中 $\rho(Cr^{6+})$——水样中铬的质量浓度，mg/L；

m——从标准曲线上查得的样品中六价铬的质量，μg；

V——试样体积，mL。

5. 方法讨论

① 铬与二苯碳酰二肼反应时，酸度对显色反应有影响，溶液的氢离子浓度应控制在0.05～0.3mol/L，且以0.2mol/L时显色最稳定。

② 温度和放置时间对显色都有影响，15℃时颜色最稳定，显色后2～3min，颜色达到最深，并于5～15min保持稳定。

③ 在酸性溶液中，试样中的三价铬用高锰酸钾氧化成六价铬。六价铬与二苯碳酰二肼反应生成紫红色化合物，于波长540nm处进行分光光度测定。用亚硝酸钠分解过量的高锰酸钾，而过量的亚硝酸钠可用尿素分解。这种方法测定的是样品中的总铬。若不用高锰酸钾氧化处理水样，测定的是六价铬，总量中减去六价铬含量即为三价铬含量。

④ Fe^{2+}、亚硫酸盐、硫代硫酸盐等还原性物质干扰测定，可加显色剂酸化后显色，以消除干扰。

⑤ 次氯酸盐等氧化性物质干扰测定，可用尿素和亚硝酸钠去除。

四、铅的测定

铅的污染主要来自铅矿的开采，含铅金属冶炼，橡胶生产，含铅油漆颜料的生产和使用，蓄电池的熔铅和制粉、印刷业的铅板、铅字的浇铸及焊锡等工业排放的废水。汽车尾气排出的铅，随降水进入地面水中也造成污染。

铅通过消化道进入人体后，积蓄于骨髓、肝、肾、脾等处，通过血液扩散到全身并进入骨骼，引起严重的累积性中毒。铅不能被生物代谢所分解，在环境中属于持久性的污染物。

铅的测定方法有原子吸收分光光度法、双硫腙分光光度法、阳极溶出伏安法或示波极谱法。下面主要介绍双硫腙分光光度法。

本方法最低检测质量为0.5μg铅，若取50mL水样测定，则最低检测质量浓度为0.01mg/L。在本法测定条件下，水中大多数金属离子的干扰可以消除，只有大量锡存在时干扰测定。

1. 方法原理

在弱碱性溶液中（pH为8～9），铅与双硫腙生成红色螯合物，可被四氯化碳、三氯甲烷等有机溶剂萃取。严格控制溶液的pH，加入掩蔽剂和还原剂，采用反萃取步骤，可使铅与其他干扰金属离子分离后比色定量。

2. 试剂

（1）氨水（$\rho_{20}=0.88$g/mL） 如试剂空白值高，可用扩散吸收法精制。其法为将500mL氨水倾入空干燥器中，将盛有500mL纯水的大的蒸发皿置于干燥器的瓷板上，盖严。在室温下放置48h，将大的蒸发皿中的氨水贮于试剂瓶中备用。

（2）双硫腙三氯甲烷贮备液（1.0g/L） 称取0.1g双硫腙（$C_{13}H_{12}N_4S$），溶于三氯甲烷中，并稀释至100mL，贮存于棕色试剂瓶中，置冰箱内保存。

（3）双硫腙三氯甲烷溶液 临用前取适量双硫腙三氯甲烷贮备溶液（1.0g/L），用三氯甲烷稀释至吸光度为 0.15（波长 500nm，1cm 比色皿）。

（4）柠檬酸铵溶液（500g/L）　称取 50g 柠檬酸铵 [$(NH_4)_3C_6H_5O_7$]，加纯水溶解，并稀释至 100mL。加入 5 滴百里酚蓝指示剂，摇匀，滴加氨水至溶液呈绿色。移入分液漏斗中，每次用 5mL 双硫腙三氯甲烷溶液反复萃取，至有机相呈绿色为止，弃去有机相。再每次用 10mL 三氯甲烷萃取除去水相中残留的双硫腙，至三氯甲烷相无色为止。弃去有机相，将水相经脱脂棉滤入试剂瓶中。

（5）氰化钾溶液（100g/L）　称取 10g 氰化钾（KCN），溶于纯水中并稀释至 100mL。

（6）盐酸羟胺溶液（100g/L）　称取 10g 盐酸羟胺（$NH_2OH \cdot HCl$），溶于纯水中并稀释至 100mL。必要时需纯化。

（7）铅标准贮备溶液 [$\rho(Pb)=100\mu g/mL$]　称取 0.1598g 经 105℃烘烤过的硝酸铅 [$Pb(NO_3)_2$]，溶于含有 1mL 硝酸（$\rho_{20}=1.42g/mL$）的纯水中，并用纯水定容成 1000mL。

（8）铅标准使用溶液 [$\rho(Pb)=1\mu g/mL$]　临用前吸取 10.00mL 铅标准贮备液于 1000mL 容量瓶中，用纯水稀释至刻度。

（9）百里酚蓝指示剂（1.0g/L）　称取 0.1g 百里酚蓝（$C_{11}H_{30}O_5S$），溶于 20mL 95% 乙醇中，再加纯水至 100mL。

3. 分析步骤

（1）消化　澄清、无色、不含有机物、硫化物等干扰物质的水样，可直接吸取 50.00mL 于 125mL 分液漏斗中，按步骤（2）操作。污染严重的水样进行消化，并同时作试剂空白。

① 取适量水样（含铅 0.5～10μg）于蒸发皿中，加入 3mL 硝酸（$\rho_{20}=1.42g/mL$）及 1mL 过氧化氢溶液，置电热板上蒸发至干。所剩残渣应为白色或黄色。若呈棕黑色，需按上法反复处理，至呈白色或浅黄色。若反复处理后仍呈棕黑色，可将蒸干后的残渣放入 450℃高温炉中灰化。

② 取出蒸发皿，放冷，加入 5mL 硝酸溶液，微热使残渣溶解。加 20mL 纯水，使溶液与全部蒸发皿内壁接触，然后移入 125mL 分液漏斗中，再用 25mL 纯水分三次洗涤蒸发皿，洗涤液并入分液漏斗中。

（2）测定

① 另取分液漏斗 8 个，分别加入铅标准使用溶液 0.00mL、0.50mL、1.00mL、2.00mL、4.00mL、6.00mL、8.00mL、10.00mL，各加纯水至 50mL。

② 向水样及标准系列的各分液漏斗中加入 5mL 柠檬酸铵溶液、1mL 盐酸羟胺及 3 滴百里酚蓝指示剂，摇匀，用氨水调至溶液呈绿色（注意：样品及标准液的色调应一致，否则将影响测定结果），再各加 2.0mL 氰化钾溶液摇匀。

③ 各加 10.0mL 双硫腙三氯甲烷溶液，振摇 1min，静置分层。

④ 将三氯甲烷放入第二个分液漏斗中，加入 10mL 硝酸溶液，振摇 1min，静置分层后弃去三氯甲烷相。将分液漏斗中的水溶液，按照②和③的步骤操作，如水样中无大量锡、铋等离子，可省略本操作。

⑤ 在分液漏斗颈内塞入少量脱脂棉，将三氯甲烷相放入干燥的 10mL 比色管中。

⑥ 于 510nm 波长，用 1cm 比色皿，以三氯甲烷为参比，测量水样和标准系列溶液的吸光度。绘制标准曲线，并从曲线上查出样品管中铅的质量。

4. 结果计算

水样中铅的质量浓度按式(7-14) 计算：

$$\rho(\mathrm{Pb})=\frac{m}{V} \tag{7-14}$$

式中 ρ(Pb)——水样中铅的质量浓度，mg/L；

m——从标准曲线上查得的样品中铅的质量，μg；

V——水样体积，mL。

5. 方法讨论

① Bi^{3+}、Sn^{2+} 等产生干扰，一般先在 pH＝2～3 时用双硫腙三氯甲烷萃取除去，同时除去铜、汞、银等离子。

② 水样中的氧化性物质（如 Fe^{3+}）易氧化双硫腙，在氨性介质中加入盐酸羟胺和亚硫酸钠去除。

③ 加入柠檬酸盐配位可掩蔽钙、镁、铝、铬、铁等离子的干扰，防止氢氧化物沉淀的生成。

④ 加入氰化钾可掩蔽铜、锌、镍、钴等离子，所用氰化钾毒性极大，在操作中一定要在碱性溶液中进行，严禁接触受伤皮肤。

习　题

一、填空题

1. 水的质量指水和其中所含的______共同表现出来的________。

2. 水质量的参数就是水质指标，通常用水中杂质的______、______和______来表示，以此作为衡量水质的标准。

3. 水质分析的特点是__________、____________、________________。最常用的是光化学分析法，其次是滴定分析法、色谱分析法、极谱分析法等。

4. 水样预处理的方法有________、__________、____________。

5. 水样的消解方法有________法、____________法和______________法。

6. 浊度测定是__________下，________与____________聚合，形成白色高分子聚合物，以此作为浊度标准液，在一定条件下与水样浊度相比较。

7. 浊度标准液指________与______________形成的白色高分子聚合物。

8. 零浊度水指通过________滤膜过滤的蒸馏水。

9. EDTA 滴定法测定硫酸盐含量，采用的是______________的方式。

10. 水的碱度是指水中含有的能与______作用的所有物质的含量。指在规定条件下，与中和______g 试样中的______物质相当的______的量（mmol）。碱度可分为________、__________和______________。水中碱度的测定通常采用______________法。

11. 化学需氧量简称______，是指水中有机物和无机还原性物质在一定条件下，被强氧化剂氧化时所消耗的氧化剂的量。以氧的 mg/L 表示。

12. 根据酚的______、______和________________的特点，将酚分为挥发酚和不挥发酚两种类型。

13. 无酚水的制备方法是在水中加入______至____________，进行蒸馏。

14. 采用 4-氨基安替比林分光光度法测定挥发酚时，应先加入____________________，再加入____________________，____________________。

15. 测定 COD 时，将水试样进行消化时，所加的素烧瓷粒必须是______的。

16. 测定挥发酚时，必须使用______________蒸馏装置，且为防止挥发酚试样的挥发损失，需在采样后____h 内进行测定。

17. 污染水中的铬有______和______两种，两者都具有不同程度的毒性，但其中以______的毒性最强。

18. 双硫腙分光光度法测定铅时，水中大多数金属离子的干扰可以消除，只有__________时干扰测定。

二、选择题

1. 天然水质的分析，一般指水中（　　）的分析。

A. 杂质　　B. 有益成分　　C. 有害成分　　D. 有效成分

2. 硝酸消解法适用于（　　）的预处理。

A. 较洁净的水样　　B. 含有机物、悬浮物较多的水样　　C. 测定汞的水样

3. 使用酸度计测定 pH 时，测定前，酸度计应用（　　）进行校正。

A. 一般缓冲溶液　　B. 标准缓冲溶液

C. 所要测定的溶液　　D. 蒸馏水

4. 用 EDTA 测定 SO_4^{2-} 时，应采用的方法是（　　）。

A. 直接滴定　　B. 间接滴定　　C. 返滴定　　D. 连续滴定

5. 消解测定汞的水样常用（　　）方法。

A. 硝酸消解法　　B. 硝酸-高氯酸消解法　　C. 硫酸-高锰酸钾消解法

6. 进行锅炉用水水质测定时，最主要的分析项目是（　　）。

A. 钙离子和镁离子　　B. 碱度和含油量

C. 悬浮物和胶体物质　　D. 溶解氧和 pH

7. 欲测定自来水中的溶解氧，取样时应将橡胶管的一端接水龙头，另一端插入瓶底，待水试样（　　），再取出橡胶管。

A. 充满取样瓶 1/2 时　　B. 充满取样瓶并溢出时

C. 充满取样瓶时　　D. 充满取样瓶并溢出 1min 以上

8. 测定水中溶解氧时的指示剂是（　　）。

A. 酚酞　　B. 甲基橙　　C. 铬黑 T　　D. 淀粉

9. 挥发酚指沸点（　　）的酚类物质。

A. 低于 130℃　　B. 低于 230℃　　C. 低于 300℃　　D. 低于 330℃

10. 为防止挥发酚试样的挥发损失，采样后可加入（　　）将其固定。

A. 硫酸　　B. 硫酸汞　　C. 氢氧化钠　　D. 硫酸铜

11. 对 COD 进行测定时，所取废水原样量不得（　　）。

A. 少于 5mL　　B. 少于 10mL　　C. 少于 15mL　　D. 少于 20mL

三、判断题

1. 水的电导率越大，说明水中所含的杂质越少，水越纯净。（　　）

2. 锅炉用水中若含有油脂，可能会产生泡沫，促进水垢的产生 。（　　）

3. 直接电位法测定溶液 pH 时，若待测试液为酸性，应选择 pH=4 的标准缓冲溶液。（　　）

4. 在溶解氧的测定中，最好在现场加入硫酸锰和碱性碘化钾溶液，以使溶解氧固定在水中。（　　）

5. 在溶解氧的测定中，用移液管加药品时，通常将管尖插到液面以下。（　　）

6. 测定COD时，将水试样进行消化时，若没有干燥的素烧瓷粒，可加入玻璃珠代替。（　　）

7. 挥发酚测定所用的水应为蒸馏水。（　　）

8. 挥发酚试样收集馏出液的体积应与原水样体积相等。（　　）

9. 配制标准酚试液时应采用精制的酚，其方法是取苯酚进行蒸馏，收集180～184℃的馏出液。（　　）

10. 测定挥发酚时，不能使用带有橡胶塞的蒸馏装置。（　　）

四、问答题

1. 水质分析的特点是什么？怎样采取水试样？

2. 为什么应先分析水样中的溶解氧和pH两项？

3. 溶解氧与化学需氧量的测定原理是什么？干扰元素有哪些，如何消除？

4. 锅炉用水为何对钙、镁含量指标要求严格？

5. 水体中的铬有什么危害？比色法测定原理是什么？干扰元素有哪些，应如何消除？

6. 4-氨基安替比林比色法测定挥发酚的原理是什么？有何干扰元素，应如何消除？反应条件如何？

7. 要配制标准酚的工作溶液500mL，使每毫升含酚量为0.010mg。你应该如何配制？

五、计算题

1. 取水样100mL，用c(EDTA)＝0.0200mol/L标准溶液测定水的总硬度，用去4.00mL，计算水的总硬度是多少（用$CaCO_3$ mg/L表示）？

2. 测定某水样的溶解氧，取经过处理的水样100.00mL，用0.02mol/L硫代硫酸钠标准溶液滴定至浅黄色，加入1mL 0.5%淀粉溶液，继续滴定至蓝色恰好消失为止，消耗硫代硫酸钠标准溶液4.80mL，则该水样的溶解氧为多少？

3. 测定某水样的化学需氧量，取水样100.00mL，空白滴定和返滴定时耗用的硫酸亚铁铵标准溶液分别为15.00mL和5.00mL，硫酸亚铁铵标准溶液浓度为0.1000mol/L，则该水样的化学需氧量为多少？

4. 用分光光度法测定某污水中的Cr^{6+}，其校准曲线数据为：

Cr^{6+}/μg	0	1.00	2.00	4.00	6.00	8.00	10.00
A	0	0.044	0.090	0.183	0.268	0.351	0.441

（1）画出吸光度A对含铬量的校准曲线。

（2）若取10.00mL水样进行测定，测得吸光度为0.170，求该水样中Cr^{6+}的浓度。

第八章　石油产品分析

学习目标

1. 了解石油产品及其分类。
2. 学习石油产品的采样方法。
3. 掌握石油产品水分、馏程、黏度、闪点的测定原理。
4. 学会石油产品水分、馏程、黏度、闪点的各种测定方法及有关计算。

第一节　概　　述

石油产品是有机化合物的混合物，其物理常数的测定是检验其产品是否符合质量要求的重要控制指标之一。石油产品通常测定馏程或沸点、凝固点、闪点或燃点、密度、黏度，以及水分、酸值、机械杂质等。不同石油产品的检验项目各有差异，例如，汽油的检验项目有辛烷值、四乙基铅含量、馏程、硫含量、酸值、机械杂质、水分等。润滑油的检验项目有运动黏度、闪点、凝固点、残炭、灰分、机械杂质、水分等。本章主要介绍石油产品经常检验的项目：水分、馏程、黏度、闪点等。

一、石油产品及其分类

天然石油是一种黏稠油状的可燃性液体物质，它主要是由多种烃类组成的复杂混合物。石油的含碳量为84%～85%、含氢量12%～14%，还有少量硫、氧、氮及极少量的铁等金属元素。经开采所得的石油称为原油，石油产品一般是指原油经过直接分馏、裂化加工后获得的各种产品。石油产品根据其用途不同可分为许多大类，主要的有燃料油类、润滑油类、电器用油类、液压油类、溶剂油类、润滑脂类等。我国石油产品根据其特征不同可分为六类：燃料（F）、溶剂和化工原料（S）、润滑剂和有关产品（L）、蜡（W）、沥青（B）和焦（C）。每大类又包括品种、规格繁多的各种产品。

二、石油产品试验方法的标准化

在以石油为原料的石油工业和石油化学工业中，为了选择石油加工工艺流程，制定合理的生产方案，控制生产正常进行，提高石油产品质量和设备使用效率，完成生产计划等方面，都必须进行石油产品的化验工作。

石油产品化验项目许多属条件试验，只有严格遵守全部规定的条件，才能得到较准确的结果。因此，石油产品检验方法的标准化显得尤为重要，否则数据无可比性，测定也就毫无意义。目前很多项目的检验方法已有国家标准或部颁标准。这样在评定石油产品质量时，可以标准方法为评定的依据。同时标准方法中明确指出某一分析项目的适用范围，避免了选择检验方法时的混乱。

石油产品试验方法按技术等级分为五类：国际标准、地区标准、国家标准、行业标准和企业标准。

第二节　水分的测定

水是石油产品的有害杂质，它的含量通常在5%以下。国家标准规定，许多石油产品不含水或只允许含痕量的水分。石油产品含水会有下列危害。

① 轻质燃料油中含有水分，使冰点升高，引起低温流动性能变坏。同时会加速机器设备的腐蚀，或改变其使用性能和效果。

② 溶剂油含水，降低油的溶解度和使用效果。

③ 润滑油含水在冬季冻结成冰粒，堵塞输油管道和过滤网，会增加机件的磨损。

④ 电气用油含水，会因水的存在而降低其介电性能，严重的会引起短路，甚至烧毁设备。

在选用石油产品脱水方法及石油产品计量时，也需要根据水分含量的高低而确定。

一、液体石油产品试样的脱水

液体石油产品某些化验项目，要求试样不含水，若有水会影响测定。例如，蒸馏时有水会造成冲油；测定重油开口闪点，有水会起泡沫溢出。故试样脱水是测定前重要的准备工作。根据石油产品种类及其含水量的多少，下列几种脱水方法可供选用。

（1）吸附过滤　对含水量较少的轻质石油产品，可将其通过干燥滤纸和棉花，脱除其中水分。

（2）用脱水剂脱水　该法是将脱水剂直接加入试样进行脱水，除去脱水剂时，可用滤纸过滤。常用的脱水剂有无水氯化钙、无水硫酸钠、煅烧过的食盐等电解质。在选择脱水剂时，应考虑：①不能与石油产品起化学反应；②脱水效率高；③不溶于试样；④对石油产品无催化作用，以免发生聚合、缩合等反应；⑤可以回收，价格便宜。

（3）常压下加热脱水法　该法适用于重油脱水，主要是除去乳化水。

（4）蒸馏脱水法　此外，还有真空脱水法、离心分离法等脱水方法。石油产品每项检验方法中凡需要事先脱水的，都有具体的脱水操作步骤。

二、石油产品水分的测定

石油产品是否含水的定性试验，是将试样置于一定规格的试管中，加热观察，如有水分存在，加热至一定温度时，会发生显著的噼啪声响，由此，可判断试样有无水分存在。石油产品中微量水分的测定，常用卡尔·费休法；常量和半微量水分的测定，常用有机溶剂蒸馏法。本节主要介绍后者。

1. 方法原理

有机溶剂蒸馏法是根据两种互不相溶的液体混合物的沸点低于其中易挥发组分的沸点，在试样中加入有机溶剂并进行蒸馏，溶剂中轻质组分首先汽化，使试样中的水分全部分离出来。在冷凝管中冷凝后，由于水与溶剂互不相溶，且水较溶剂的密度大，在接收器中油水分层，水分沉入接收器底部，而溶剂连续不断地流入蒸馏瓶中，如此反复汽化冷凝，可将试样中水分几乎完全抽至接收器中，由馏出的水量及所取油品量，即可计算出水分的含量。为了简化计算，将室温下水的密度视为1g/mL，水的毫升数即可视为水的克数。

当大气压力为101.3kPa时，水的沸点为100℃，苯的沸点为80.4℃，而水和苯的混合物的沸点为69.13℃。因此，利用混合物的这种性质，可以在该混合物的沸点温度下使水全部蒸发，而不必加热至100℃。该法适用于在高温下蒸馏容易分解的物质中的水分测定。

所使用的有机溶剂必须与水互不相溶，常温下密度小于1g/mL，而且与被检验物质之间不发生任何化学反应。这样才能避免副反应的干扰，以利于水的分离及测量水的体积。常用的有机溶剂有工业溶剂油、直馏汽油（在80℃以上的馏分）、苯、甲苯、二甲苯及其他惰性有机化合物，溶剂使用前要脱除水分和过滤。

2. 试剂和仪器

工业溶剂油或甲苯等，使用前应用干燥的无水氯化钙脱除水分，并过滤除去固体杂质。

水分测定器如图8-1所示。包括500mL圆底烧瓶、接收器和直形冷凝管（250～300mm）三部分。各部分连接处可用磨口塞或软木塞连接。接收器的刻度在0.3mL以下有十等分刻线；0.3～1.0mL间设七等分刻线；1.0～10mL分度值为0.2mL。

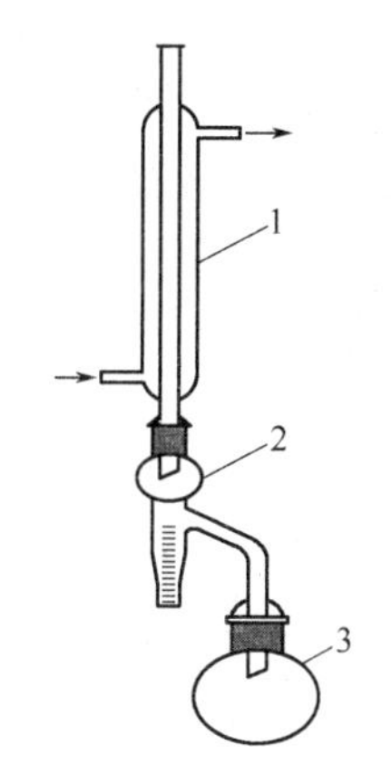

图8-1　水分测定器
1—冷凝管；2—接收器；3—圆底烧瓶

3. 分析步骤

称取试样100g，置于仪器的圆底烧瓶中，加入溶剂80～100mL和数粒无釉瓷片，混匀。按图8-1安装好蒸馏装置。安装时，冷凝管的内壁要预先擦干，并使之与接收器的轴心线互相重合，冷凝管下端斜口面应正对接收器支管口，各连接处不得漏气，冷凝管上端应连接一支干燥管，以防止空气中的水分侵入。接通冷却水。开启电炉，缓缓加热圆底烧瓶。控制至冷凝管下端斜口每秒滴下2～4滴液体，直至馏出液澄清并在5min内无细小气泡出现时为止，回流的时间不应超过1h。停止加热后，如果冷凝管内壁仍沾有水滴，应从冷凝管上端倒入规定的溶剂，把水滴冲进接收器。如果溶剂冲洗依然无效，就用金属丝或细玻璃棒带有橡皮或塑料头的一端，把冷凝管内壁的水滴刮进接收器中。圆底烧瓶冷却至室温后，测量接收器中水的体积。

取两次测定结果的算术平均值，作为试样的水分。

4. 结果计算

试样的水分按式(8-1)计算：

$$w(H_2O)=\frac{V}{m} \tag{8-1}$$

式中　V——水的体积，mL；

m——试样质量，g。

5. 方法讨论

① 如接收器中的溶剂呈浑浊状态，下层水的体积不超过0.3mL，可将接收器放入热水中浸泡20～30min，待溶剂层澄清后，再冷却至室温，读取水的体积。

② 平行测定结果的差值，以收集水的体积计时，不得超过接收器的一个刻度。

③ 为了减小测定误差，可用已知质量的蒸馏水进行回收试验。以微量滴定管依次分别将1.00mL、2.00mL、3.00mL……10.00mL蒸馏水加入仪器的圆底烧瓶中，按测定步骤同样方法加溶剂进行蒸馏。以水的加入量为横坐标，实际蒸出量为纵坐标，绘制水的回收曲线。测定结束后，由接收器读取水的体积，在回收曲线上查得对应的加入水的体积，再计算试样的水分含量。当更换溶剂时，应重新测绘回收曲线。

④ 试样装入量不应超过圆底烧瓶容积的3/4，并充分混合均匀。黏稠或含有石蜡的石油产品应预先加热至40～50℃后再混合均匀。

第三节　石油产品馏程测定

一、概述

液态物质在标准大气压（101.3kPa）下沸腾时的温度，称为该物质的沸点。纯液态物质在一定压力下都有固定的沸点，一般沸点范围不超过1～2℃，如果液态物质含有杂质则沸点范围将增大，因此沸点也是判断物质纯度的重要指标之一。

由于不同液态物质的沸点不同，如石油产品和某些有机溶剂是多种有机化合物的混合物，在加热蒸馏时没有固定的沸点，而有一个较宽的沸点范围，称为沸程或馏程。

馏程表示方法有两种：一种是测定达到规定馏出量时的馏出温度；另一种是测定达到规定馏出温度时的馏出量。在这里值得注意的是对测定值一定要进行温度和压力的校正。在测定规定馏出温度下的馏出量时，应首先将技术标准中规定的标准气压（1013.25hPa）下的馏出温度校正为实测大气压力下的温度，方可进行测定。如果测定规定馏出量条件下的馏出温度，应该把实际大气压力下测得的馏出温度校正为1013.25hPa大气压力下的温度，才是正式的测定结果。

石油产品馏程测定对原油加工过程中控制蒸馏装置的操作情况（如温度、压力、塔内液面、水及蒸汽用量等条件）起着指导作用。原油馏程的测定，为原油的用途和制订加工方案，提供了科学依据。此外，每种石油产品定量馏程的质量指标也都有其目的。例如，灯用煤油的馏程控制270℃馏出物不小于70%，干点不高于310℃，来限制煤油中的轻质馏分有适当的量，以保证达到照明光度高、火焰均匀、灯芯结灯花少、耗油量少的质量要求。所以馏程是石油产品的一项重要质量指标。

二、常用术语

1. 第一滴冷凝液离开冷凝管时，蒸馏温度计指示的温度（瓶内气相温度），称为初馏点。

2. 最后一滴液体由蒸馏瓶最低点蒸发时所示的温度（瓶内气相最高温度，水银柱升到最高又开始下降的最高温度），不考虑蒸馏瓶壁的任何液体，称为干点。

3. 当馏出量达到最末一个规定的馏出百分数时，蒸馏温度计指示的温度，称为终馏点或终沸点。

4. 由初沸点至干点（或终沸点）之间的温度范围，称为沸程或沸点范围。

5. 馏分就是在某一规定温度范围内的馏出物。

6. 残馏量就是到干点时未馏出的部分试样的质量。

7. 蒸馏损失量就是试样质量减去馏出质量和残留质量所得的差数。

三、分析步骤

国家标准GB 615—2006规定了蒸馏法测定液体有机试剂沸程的通用方法，此法适用于沸点低于300℃大于30℃的受热稳定的有机试剂沸程的测定。该方法是在标准状况下（1013.25hPa，0℃），在产品标准规定的温度范围内，用蒸馏法测出馏出物的体积。

1. 测定仪器

石油产品馏程测定装置如图8-2所示。各配件详细规格见GB 615—2006。

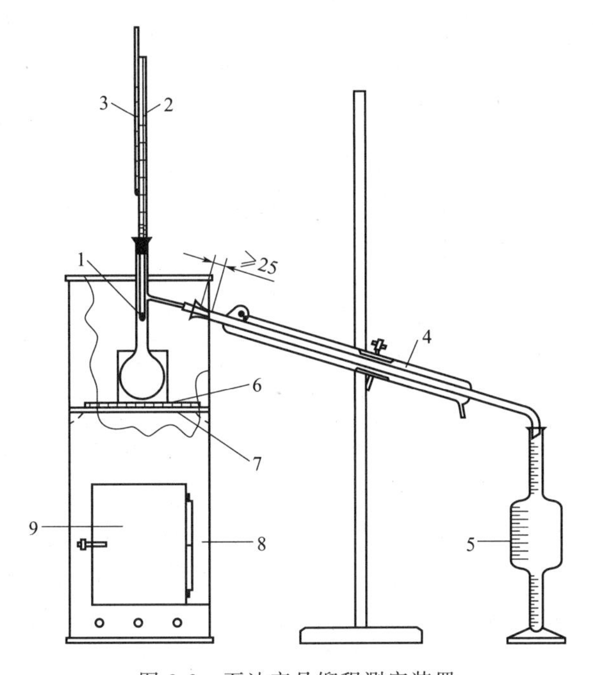

图 8-2　石油产品馏程测定装置

1—支管蒸馏瓶；2—测量温度计；3—辅助温度计；4—冷凝管；
5—接收器；6—隔热板；7—隔热板架；8—蒸馏瓶外罩；9—热源

① 支管蒸馏瓶。硼硅酸盐制成，有效容量 100mL。

② 测量温度计的辅助温度计。测量温度计选用分度值为 0.1℃的全浸温度计，示值范围适于所测样品的沸程温度，用辅助温度计对测量温度计在蒸馏过程中露出塞外部分的水银柱进行校正。

辅助温度计的温度范围为 0～50℃，分度值为 1℃。

③ 冷凝管。冷凝管用硼硅酸盐玻璃制成，空气冷凝管不设冷凝水套管。

④ 接收器。接收器容量为 100mL，两端分度值为 0.5mL。

⑤ 隔热板。蒸馏板厚为 6mm，边长为 150mm 的正方形，中央孔径为 50mm。

⑥ 蒸馏瓶外罩。蒸馏瓶外罩的横断面呈矩形且上下两端开口，用 0.7mm 厚的金属板制成。

⑦ 热源。热源可用煤气灯或电加热装置，当样品沸程下限温度低于 80℃时，应除去外罩用水浴加热，水浴液面应始终不得超过样品液面。

2. 测定过程

(1) 准备工作

① 试样有水时，可加入新煅烧磨碎的氯化钙，摇动 10～15min，静置，澄清部分经过干燥滤纸过滤。以供测定使用。

② 在蒸馏前，冷凝管和与支管烧瓶的支管连接处要用缠在铜丝上的软布擦拭内壁，使其清洁干燥。

③ 蒸馏瓶可以用轻质汽油洗后，用空气吹干。

(2) 组装仪器　按标准规定的规格选择合适的仪器。先从热源（煤气灯、酒精灯或电炉）处开始，按“由下而上，由左到右”的顺序。如图 8-2 所示安装沸程测定装置。

测量温度计上的水银球上端与支管蒸馏的瓶颈和支管接合部的下沿保持水平（如图 8-3 所示）。将辅助温度计附在测量温度计上，使其水银球在测量温度计露出胶塞外的水银柱中部。

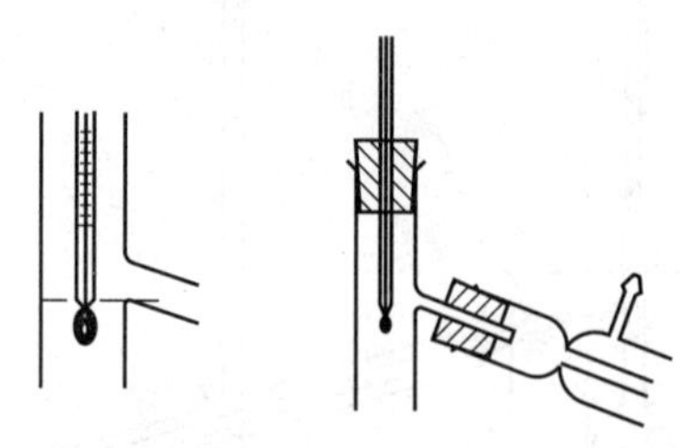

图 8-3　蒸馏装置中温度计的位置

蒸馏支管插入冷凝管中的长度要达到 25～50mm，并在同一中心线上，不能与冷凝管内壁接触。

隔热板放置在隔热板架上，使两个孔基本同心，支管蒸馏瓶置于隔热板的孔上。

（3）测量　用接收器量取 100mL±1mL 样品，全部转移至蒸馏瓶中，不得使之流入支管，向蒸馏瓶中加入几粒清洁、干燥的沸石，装好温度计，将接收器（不必经过干燥）置于冷凝管下端，使冷凝管口进入接收器部分不少于 25mm，也不低于 100mL 刻度线，接收器口塞以棉塞，并确保向冷凝管稳定地提供冷却水。

调节蒸馏速度，对沸程温度低于 100℃的样品，应使自加热起至第一滴冷凝液滴入接收器的时间为 5～10min；对于沸程温度高于 100℃的样品，上述时间应控制在 10～15min，然后将蒸馏速度控制在 3～4mL/min。

（4）记录　记录观测沸程温度范围内馏出物体积或规定馏出物体积对应的沸程温度，并记录室温及气压。

（5）校正　若以达到规定馏出量时的馏出温度表示沸程，则需将测定所记录的沸程温度校正为实测大气压力下的温度；若以达到规定馏出温度时的馏出量表示，则需先将技术标准中规定的标准气压（1013.25hPa）下的馏出温度校正为实测大气压力下的温度后，才可进行操作，以测定标准状况下，产品规定的沸程温度范围内馏出物的体积。

3. 方法讨论

① 蒸馏应在通风良好的通风橱内进行。

② 接收器量取样品后，向蒸馏烧瓶中转移样品时，接收器应排干 15～20s，对于黏滞液体排干时间不应超过 5min。

③ 若样品的沸程温度范围下限低于 80℃，则应在 5～10℃的温度下量取馏出液体积（将接收器距顶端 25mm 处以下浸入 5～10℃的水浴中）；若样品的沸程温度范围下限高于 150℃，则在常温下量取样品及测量馏出液体积；上述测量均采用水冷。若样品在沸程温度范围上限高于 150℃，则应采用空气冷凝，在常温下量取样品及测量馏出液体积。

④ 加热速度对测定试样馏程的结果影响很大，因为对一定容积的蒸馏瓶来说，加热速度快，气体来不及自支管逸出，致使瓶内的蒸气压增大，温度读数也会随之偏高，从而造成误差。

⑤ 对于非黏滞试样，馏程为 10℃或小于 10℃物质的馏出液总量不应小于 97%。对于黏滞试样和馏程较宽，大于 10℃的物质，馏出液总体积为 95%就应认为是满意的。如果总体积（总量）不在上述范围内，则应重复试验。

四、沸点（或沸程）的校正

沸程的观测温度需经过温度计示值校正、温度计水银柱外露段校正以及气压对温度的影响的校正后，得到校正后沸程的温度。

1. 气压对沸程的校正

所谓标准大气压是指：温度为 0℃，纬度 45°，760mm 水银柱作用于海平面上的压力。其数值为 101325Pa=1013.25hPa。有机化合物的沸点随外界气压的改变而变化。而各地区由于受不同的地理及气象条件的影响，气压的变化是非常明显的，如果测定结果不进行大气压的校正，则不同地区、不同气压条件下所测得的沸点值一定存在差别，不能比较。

① 为使各地区所得测定结果可以相互比较，由气压计测得的示值，除按仪器说明书的要求进行仪器校正外，必须进行温度校正和重力校正（包括纬度和高度的校正）。经温度和重力校正后的气压值 p 由式(8-2) 计算。

$$p=p_t-\Delta p_1+\Delta p_2 \tag{8-2}$$

式中　p——经温度和重力校正后的气压值，hPa。

p_t——室温时的气压（气压计的测得值），hPa；

Δp_1——气压计读数校正值（即温度校正值见表 8-1），hPa；

Δp_2——纬度校正值（见表 8-2），hPa。

表 8-1　气压计读数的校正值

室温/℃	气压计读数/hPa							
	925	950	975	1000	1025	1050	1075	1100
10	1.51	1.55	1.59	1.63	1.67	1.71	1.75	1.79
11	1.66	1.70	1.75	1.79	1.84	1.88	1.93	1.97
12	1.81	1.86	1.90	1.95	2.00	2.05	2.10	2.15
13	1.96	2.01	2.06	2.12	2.17	2.22	2.28	2.33
14	2.11	2.16	2.22	2.28	2.34	2.39	2.45	2.51
15	2.26	2.32	2.38	2.44	2.50	2.56	2.63	2.69
16	2.41	2.47	2.54	2.60	2.67	2.73	2.80	2.87
17	2.56	2.63	2.70	2.77	2.83	2.90	2.97	3.04
18	2.71	2.78	2.85	2.93	3.00	3.07	3.15	3.22
19	2.86	2.93	3.01	3.09	3.17	3.25	3.32	3.40
20	3.01	3.09	3.17	3.25	3.33	3.42	3.50	3.58
21	3.16	3.24	3.33	3.41	3.50	3.59	3.67	3.76
22	3.31	3.40	3.49	3.58	3.67	3.76	3.85	3.94
23	3.46	3.55	3.65	3.74	3.83	3.93	4.02	4.12
24	3.61	3.71	3.81	3.90	4.00	4.10	4.20	4.29
25	3.76	3.86	3.96	4.06	4.17	4.27	4.37	4.47
26	3.91	4.01	4.12	4.23	4.33	4.44	4.55	4.66
27	4.06	4.17	4.28	4.39	4.50	4.61	4.72	4.83
28	4.21	4.32	4.44	4.55	4.66	4.78	4.89	5.01
29	4.36	4.47	4.59	4.71	4.83	4.95	5.07	5.19
30	4.51	4.63	4.75	4.87	5.00	5.12	5.24	5.37
31	4.66	4.79	4.91	5.04	5.16	5.29	5.41	5.54
32	4.81	4.94	5.07	5.20	5.33	5.46	5.59	5.72
33	4.96	5.09	5.23	5.36	5.49	5.63	5.76	5.90
34	5.11	5.25	5.38	5.52	5.66	5.80	5.94	6.07
35	5.26	5.40	5.54	5.68	5.82	5.97	6.11	6.25

表 8-2　纬度校正值

纬度/(°)	气压计读数/hPa							
	925	950	975	1000	1025	1050	1075	1100
0	−2.48	−2.55	−2.62	−2.69	−2.76	−2.83	−2.90	−2.97
5	−2.44	−2.51	−2.57	−2.64	−2.71	−2.77	−2.84	−2.91
10	−2.35	−2.41	−2.47	−2.53	−2.59	−2.65	−2.71	−2.77
15	−2.16	−2.22	−2.28	−2.34	−2.39	−2.45	−2.51	−2.57
20	−1.92	−1.97	−2.02	−2.07	−2.12	−2.17	−2.23	−2.28
25	−1.61	−1.66	−1.70	−1.75	−1.79	−1.84	−1.89	−1.94
30	−1.27	−1.30	−1.33	−1.37	−1.40	−1.44	−1.48	−1.52
35	−0.89	−0.91	−0.93	−0.95	−0.97	−0.99	−1.02	−1.05
40	−0.48	−0.49	−0.50	−0.51	−0.52	−0.53	−0.54	−0.55
45	−0.05	−0.05	−0.05	−0.05	−0.05	−0.05	−0.05	−0.05
50	+0.37	+0.39	+0.40	+0.41	+0.43	+0.44	+0.45	+0.46
55	+0.79	+0.81	+0.83	+0.86	+0.88	+0.91	+0.93	+0.95
60	+1.17	+1.20	+1.24	+1.27	+1.30	+1.33	+1.36	+1.39
65	+1.52	+1.56	+1.60	+1.65	+1.69	+1.73	+1.77	+1.81
70	+1.83	+1.87	+1.92	+1.97	+2.02	+2.07	+2.12	+2.17

② 气压对沸程的校正。沸点随气压的变化值 Δt_p 按式(8-3) 计算

$$\Delta t_p = K(1013.25 - p) \tag{8-3}$$

式中　K——沸点随气压的变化率（见表 8-3），℃/hPa；

p——经温度和重力校正后的气压值，hPa。

表 8-3　沸程温度随气压变化的校正值

标准中规定的沸程温度/℃	气压相差 1hPa 的校正值/℃	标准中规定的沸程温度/℃	气压相差 1hPa 的校正值/℃
10～30	0.026	210～230	0.044
30～50	0.029	230～250	0.047
50～70	0.030	250～270	0.048
70～90	0.032	270～290	0.050
90～110	0.034	290～310	0.052
110～130	0.035	310～330	0.053
130～150	0.038	330～350	0.056
150～170	0.039	350～370	0.057
170～190	0.041	370～390	0.059
190～210	0.043	390～410	0.061

2. 温度计水银柱外露段校正

在测定样品的条件下进行蒸馏，温度计露出塞外部分的水银柱度数的校正值 Δt_2，按式(8-4) 计算

$$\Delta t_2 = 0.00016(t_1 - t_a)(t_1 - t_b) \tag{8-4}$$

式中　t_1——试样的沸点或沸程温度读数值，℃；

t_a——露出塞外部分的水银柱的平均温度（由辅助温度计测得），℃；

t_b——胶塞上沿处水银柱度数，℃。

3. 校正后的沸点或沸程温度计算

校正后的沸点或沸程温度 t 按式(8-5) 计算：

$$t=t_1+\Delta t_1+\Delta t_2+\Delta t_p \qquad (8-5)$$

式中 t_1——试样的沸点或沸程温度读数值，℃；

Δt_1——温度计示值的校正值，℃；

Δt_2——温度计水银柱外露段的校正值，℃；

Δt_p——沸点或沸程温度随气压的变化值，℃。

【例题 8-1】 苯甲醛沸点的校正

已知：	
某物质的观测沸点	176.0℃
测定时室内温度	21.5℃
测定时室内气压	1020.35hPa
测量处的纬度	36°
辅助温度计的读数	45℃
主温度计刚露出塞外刻度值	140℃
温度计示值校正值	－0.2℃

求试样的沸点？

解 温度计外露段的校正：

$$\Delta t_2=0.00016(t_1-t_a)(t_1-t_b)$$
$$=0.00016\times(176.0-45)\times(176.0-140)=0.75℃$$

将观测气压换算至 0℃的气压：

$$p_0=p_t-\Delta p_1=1020.35-3.67=1016.68\text{hPa}$$

将 0℃时的气压进行重力校正：

$$p=p_0+\Delta p_2=1016.68+(-0.97)=1015.71\text{hPa}$$

求出沸点随气压的变化值 Δt_p：

$$\Delta t_p=K(1013.25-p)$$
$$=0.041\times(1013.25-1015.71)=-0.10℃$$

求苯甲醛沸点值 t

$$t=t_1+\Delta t_1+\Delta t_2+\Delta t_p$$
$$=176.0+(-0.2)+0.75+(-0.10)=176.4℃$$

当以达到规定馏出温度时的馏出量表示沸程时，则需先将技术标准中规定的标准气压(1013.25hPa) 下的馏出温度通过上述校正方法计算后，得到实测大气压力下的观测馏程温度。

【例题 8-2】 二甲苯的沸程温度校正。

已知：	
规定的沸程温度 t	136～139℃
室温	24.0℃
气压（测定时气压）	999.92hPa
测量处纬度	30°
辅助温度计读数 t_2	30.0℃
胶塞上沿处温度计刻度	109.0℃

求观测沸程温度？

解 温度、纬度校正：$p=p_t-\Delta p_1+\Delta p_2=999.92-3.90+(-1.37)=994.65(\text{hPa})$

沸点随气压的变化值 Δt_p：

$$\Delta t_p = K(1013.25 - p) = 0.038 \times (1013.25 - 994.65) = 0.71℃$$

计算在观测气压下的沸程温度 t_1：

136℃：$t_p = 136 - 0.71 = 135.29℃$

139℃：$t_p = 139 - 0.71 = 138.29℃$

温度计外露段的校正：

135.29℃：$\Delta t_2 = 0.00016(t_p - t_a)(t_p - t_b)$

$= 0.00016 \times (135.29 - 30.0) \times (135.29 - 109.0) = 0.44℃$

138.29℃：$\Delta t_2 = 0.00016 \times (138.29 - 30.0) \times (138.29 - 109.0) = 0.51℃$

求观测沸程：

136℃：$t_1 = t - \Delta t_p - \Delta t_2 = 136 - 0.71 - 0.44 = 134.8℃$

139℃：$t_1 = t - \Delta t_p - \Delta t_2 = 139 - 0.71 - 0.51 = 137.8℃$

第四节　石油产品黏度测定

一、概述

当液体在外力作用下，做层流运动时，相邻两层流体分子之间存在内摩擦力，阻滞流体的流动，黏度是液体的内摩擦。黏度随流体不同而不同，随温度的变化而变化，不注明温度条件的黏度是没有意义的。黏度通常分为绝对黏度（动力黏度）、运动黏度和条件黏度。

1. 绝对黏度（以 η 表示）

绝对黏度是指面积为 $1m^2$ 相距 1m 的两层液体，相互以 1m/s 的速度相对移动而应克服的阻力，常用 η 表示。如阻力为 1N，则该液体的绝对黏度为 1，其法定计量单位（SI）为 Pa・s（即 $N \cdot s/m^2$）。非法定计量单位 P（泊）或 cP（厘泊）。它们之间的关系为：1.0Pa・s=10P=1000cP。在温度 t℃时液体的绝对黏度以 η_t 表示。

2. 运动黏度（以 ν 表示）

运动黏度是液体的绝对黏度 η 与同一温度下的液体密度 ρ 之比，称为该液体的运动黏度，以 ν 表示。$\nu = \frac{\eta}{\rho}$。其法定计量单位（SI）为 m^2/s。非法定计量单位 St（斯托克斯）或 cSt（厘斯托克斯）。它们之间的关系为：$1m^2/s = 10^4 St = 10^6 cSt$。在温度 t℃时，运动黏度以 ν_t 表示。

3. 条件黏度

条件黏度的测定原理与运动黏度的测定相似，也是遵循不同的液体流出同一黏度计的时间与黏度成正比。根据不同条件黏度的规定，分别测量已知条件黏度的标准液体和试样在规定的黏度计中流出的时间，计算试样的条件黏度。

条件黏度是用特定黏度计（常用恩格勒黏度计），在规定温度下，一定量的试样，从恩格勒黏度计中流出所需的时间，与同体积水在规定温度下流出所需的时间的比值。单位为恩氏度，用符号“E”表示。

不同用途的石油产品，要求有不同的黏度。黏度的测定是石油产品的重要质量指标之一。石油产品主要使用运动黏度及条件黏度。

本规程适用于测定液体石油产品的运动黏度，其单位为 m^2/s；引用国标 GB 265—88

《石油产品运动黏度测定法和动力黏度计算法》。

二、运动黏度测定

1. 方法原理

运动黏度是液体在重力作用下流动时内摩擦力的量度。其值为相同温度下液体的动力黏度与其密度之比，单位为 m^2/s。用毛细管黏度计测定液体的运动黏度。在某一恒定温度下，测量一定体积的液体在重力作用下流过一个标定好的玻璃毛细管黏度计的时间，黏度计的毛细管常数与流动时间的乘积，即为该温度下待测液体的运动黏度。在温度 t 时，运动黏度用 ν_t 表示。该温度下运动黏度与同温度下液体密度的乘积，即是该温度下液体的动力黏度，用 η_t 表示。

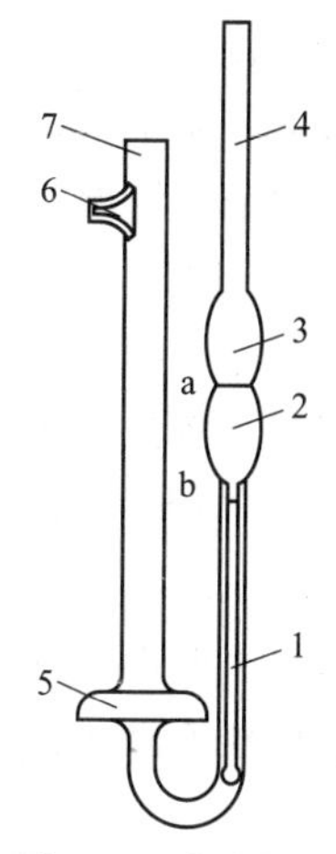

图 8-4　平氏毛细管黏度计

1—毛细管；2,3,5—扩大部分；4,7—管口；6—支管；a，b—标线

2. 仪器和试剂

(1) 玻璃毛细管黏度计　应符合 SY3607《玻璃毛细管黏度计技术条件》的要求。平氏毛细管黏度计如图 8-4 所示，毛细管内径(mm) 分别为 0.4、0.6、0.8、1.0、1.2、1.5、2.0、2.5、3.0、3.5、4.0、5.0，6.0，13 支为一组。按试样运动黏度的约值选用其中一支，使试样流出时间在 120～480s 范围内。但在 0℃及更低温度试验高黏度的润滑油时，流出时间可增加至 900s；在 20℃试验液体燃料时，流出时间可减少至 60s。每支黏度计的黏度计常数 K 值各不相同，除由黏度计生产厂注明外，还应定期经计量部门检定。K 值可在 20℃时选用运动黏度为 $\nu_{20℃}$ 的标准油或已知运动黏度的标准液体进行测定。

(2) 恒温浴　带有透明壁或观察孔，其高度不小于 180mm，容积不小于 2L。带有自动搅拌器及自动控温仪。在 0℃及更低温度测定运动黏度时，应使用筒形并开有观察口的透明保温瓶。

(3) 温度计　测定运动黏度专用温度计，最小分度值为 0.1℃。由于恒温浴液面上的气温不同于恒温浴液的温度，会使温度计所指示的恒温浴液的温度有误差，应按式(8-6) 计算温度计液柱露出浴液部分的校正值 Δt。

$$\Delta t(℃)=Kh(t_1-t_2) \tag{8-6}$$

式中　K——常数，水银温度计为 0.00016，酒精温度计为 0.001；

h——露出浴液的温度计液柱高度，℃；

t_1——测定运动黏度时的规定温度，℃；

t_2——接近温度计液柱露出浴液部分的气温，℃（另用温度计测量）。

如果温度计在 t℃时的校正值为 $\Delta t'$℃，测定时恒温浴液应规定的温度按下式计算：

$$t(℃)=t_1-\Delta t'-\Delta t$$

(4) 秒表　最小分度值为 0.1s。

(5) 恒温浴液　按规定温度的不同，自表 8-4 中选用适当的一种液体。

3. 测定步骤

选取一支适当内径的清洁、干燥的平氏毛细管黏度计，用轻质汽油洗涤。如果沾有污垢，则用铬酸洗液、自来水、蒸馏水及乙醇依次洗净，然后进行干燥。在黏度计（见图 8-4）管 6 上套一长 200～300mm 的橡皮管，用软木塞塞住管口 7，倒转黏度计，将管 4 插入盛试样的小烧杯中，自橡皮管用洗耳球将液体吸至标线 b，然后捏紧橡皮管，取出黏度计，倒转过来。擦净管身外壁后，取下橡皮管，并将此橡皮管套在管口4上。将黏度计直立放入恒温器中，将黏度计调整成为垂直状态，要利用铅垂线从两个相互垂直的方向去检查毛细管的垂直情况。将恒温浴调整到规定的温度，把装好试样的黏度计浸在恒温浴内，试验温度为20℃时，恒温时间不少于10min。如果检测40℃、50℃的黏度则恒温15min；如果检测80℃、100℃的黏度则恒温20min。试验的温度必须保持恒定到±0.1℃。调节管身使其下部浸入浴液，扩大部分3必须浸入一半。在黏度计旁边放置温度计。使其水银泡与毛细管1的中心在同一水平面上。如要测定20℃流出时间，则恒温器温度调至20℃，在此温度保持10min。用洗耳球将液体吸至标线a以上少许，取下洗耳球，使液体自动流下，注意观察液面，当液面至标线a时按动秒表，液面流至标线b时按停秒表。秒表始数与末数的差值，即试样在毛细管黏度计内的流动时间。温度在全部试验时间内保持不变。

表8-4　在不同温度下使用的恒温浴用液体

温度/℃	恒温浴用的液体
50～100	透明矿物油、甘油或25%硝酸铵水溶液(溶液的表面浮一层透明的矿物油)
20～50	水
0～-20	水与冰的混合物,或乙醇与干冰(固体二氧化碳)的混合物
0～-50	乙醇与干冰的混合物(可用无铅汽油代替乙醇)

在测定过程中，毛细管黏度计内的试样不得产生气泡或空隙，否则试验作废。至少应重复测定四次。各次流动时间与其算术平均值的差数，在100～-10℃时不得超过算术平均值的0.5%，在-10～-30℃时不得超过算术平均值的1.5%，在低于-30℃时不得超过算术平均值的2.5%。然后取不少于三次的流动时间的算术平均值，作为平均流动时间。

4. 结果计算

在温度t时，样品的运动黏度ν_t（m^2/s）和动力黏度η_t（mPa·s）按式(8-7)和式(8-8)计算：

$$\nu_t = c\zeta \tag{8-7}$$

$$\eta_t = \nu_t \rho_t \tag{8-8}$$

式中　ν_t——样品的运动黏度，m^2/s；

η_t——样品的动力黏度，mPa·s；

ζ——样品的平均流动时间，s；

ρ_t——在温度t时样品的密度，g/cm^3；

c——黏度计的毛细管常数，m^2/s^2。

5. 方法讨论

① 石油含有水或机械杂质时，在试验前应经过脱水处理，用滤纸过滤除去机械杂质。对于黏度大的样品，可用瓷漏斗抽滤或利用水流泵或其他真空泵进行吸滤，也可以加热至50～100℃，进行脱水过滤。

② 清洗黏度计。测定样品之前，用溶剂油或石油醚把黏度计清洗干净，干燥。

③ 由于石油产品的黏度随温度的升高而减小，随温度下降而增大，所以测定前石油和毛细管黏度计均应在恒温浴中准确恒温，并保持一定时间。

④ 石油中有气泡会影响装油体积，而且进入毛细管后可能形成气塞，使试样在毛细管中难以靠重力流下去，增大了液体流动的阻力，使流动时间拖长，造成误差。

⑤ 测定试样的黏度时，应根据试验的温度选用适当的黏度计，务必使试样的流动时间

不少于 200s，内径 0.4mm 的黏度计流动时间不少于 350s。

三、恩氏黏度的测定

恩氏黏度是石油在某规定温度从恩氏黏度计流出 200mL 所需的时间（s）与同体积水在 20℃下流出时间（s）之比。在试验过程中，石油流出应成连续的线状，否则就无法得到流出 200mL 试液所需要的准确时间。温度 t℃时的恩氏黏度用符号“E_t”表示。

1. 仪器

① 恩氏黏度计（见图 8-5）。主要部件内筒 10 底部有流出孔 6，此筒装在作为热浴用的外筒 12 中，以调节试验时所需温度，筒上有盖，盖上有插木塞 2 的插孔 1 及插温度计的插孔 11。内筒中有三个尖钉 7，作为控制液面高度和仪器水平的水平器。外筒中有搅拌器 3 及温度计夹。外筒装在铁三脚架 9 上，足底有调整仪器水平的螺旋 5，黏度计热浴一般用电加热器（图中未绘出）加热。

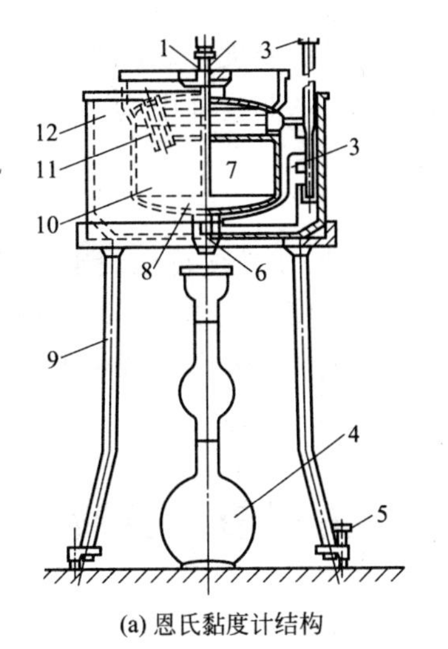

(a) 恩氏黏度计结构

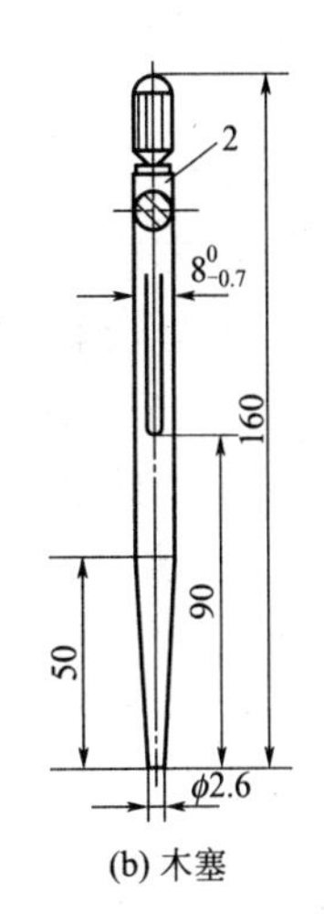

(b) 木塞

图 8-5　恩氏黏度计

1—木塞插孔；2—木塞；3—搅拌器；4—接收瓶；5—水平调节螺旋；6—流出孔；7—小尖钉；8—球面形底；9—铁三脚架；10—内筒；11—温度计插孔；12—外筒

② 接收量瓶。下部接收瓶 4 是具有一定尺寸规格的葫芦形玻璃瓶。其中刻有 100mL 和 200mL 两条刻度线。

③ 温度计。恩氏黏度计专用，分度值 0.1℃。

2. 黏度计水值的测定

在 20℃时 200mL 蒸馏水从恩氏黏度计流出的时间（s），称黏度计水值。

黏度计内筒用乙醚、乙醇，最后用蒸馏水洗净并干燥。把完好无齿痕的木塞 2 塞紧流出孔，内充蒸馏水至恰好淹没三个尖钉。调整螺旋 5 再补充蒸馏水至刚好淹没三个尖钉。并微提起木塞 2 至尖钉刚露出水面并在同一水平面上，流出孔充满水，塞紧木塞 2，盖上内筒盖，插入温度计。向外筒中注入一定量的水至内筒的扩大部分，插入温度计。然后轻轻转动盖子，同时转动搅拌器 3，至内外筒水温均为 20℃（在 5min 内变化不超过±0.2℃）。置接收量瓶于黏度计下面并使其正对流出孔。迅速提起木塞 2，并同时按动秒表，当接收量瓶中水面达到 200mL 标线时，按停秒表，记录流出时间。反复测定四次，如果每次测定值与其算术平均值之差不大于 0.5s。取其算术平均值作为黏度计水值，以 K_{20} 表示。要求水值应在 50～52s 间，并应定期校正。如超过此值，则此黏度计不能使用。

3. 分析步骤

按上述测定黏度计水值的测定步骤，以试样代替内筒中的水，调节至要求的特定温度，测定试样的流出时间（s）。

4. 结果计算

试样黏度按式(8-9) 计算：

$$E_t=\frac{\tau_t}{K_{20}} \tag{8-9}$$

式中　E_t——试样在 t℃时的黏度，恩氏度；

τ_t——试样在 t℃时从黏度计中流出 200mL 所需时间，s；

K_{20}——黏度计水值，s。

5. 方法讨论

① 恩氏黏度计各部件尺寸必须符合规定要求，特别是流出管的尺寸规定非常严格（见 GB/T 266—2006），恩氏黏度计流出孔 6 的管内表面经过磨光，使用时应防止磨损及弄脏。

② 作热浴用的外筒 12 中注入水，可用于测定 80℃以下的恩氏黏度。

③ 恩氏黏度计水值应定期校正。

第五节　石油产品闪点的测定

石油产品在规定条件下受热后，所产生的蒸气和空气的混合物，接近火焰而能发生闪火现象时的最低温度称为该石油产品的闪点。能发生连续 5s 以上的燃烧现象时的最低温度，称为燃点。在相同试验条件下，同一液体的燃点高于其闪点。

石油产品的闪点和燃点，与其沸点及易蒸发物质的含量有关。沸点越高，其闪点和燃点越高。易蒸发物质的含量越高，其闪点和燃点则越低。闪点和燃点还受大气压力的影响。大气压力升高时，闪点和燃点会随之升高；大气压力降低时，闪点和燃点会随之降低。所以在不同大气压力条件下测得的闪点和燃点，应换算为 101.3kPa 大气条件时的温度，才能作为正式的结果。

测定闪点时应注意试油中的水汽化为水蒸气，有时形成气泡覆盖于液面上，影响油的正常汽化而推迟闪燃时间，使结果偏高。必要时需先将试油脱水处理。由于使用石油产品时，有封闭状态和暴露状态的区别，因而测定闪点的方法有闭口杯法和开口杯法两种。测定燃点为开口杯法。通常轻质石油产品或在密闭容器内使用的润滑油多用闭口杯法测定闪点。重质油及在非密闭的条件或温度不高的条件下使用的石油产品一般采用开口杯法测定闪点。有些润滑油规定有开口和闭口闪点两种质量指标，其目的是以开口和闭口闪点的差值检查润滑油馏分的宽窄程度及是否掺进轻质成分。至于某一石油产品应用哪一种方法测定闪点，在石油产品标准中都有明确规定。开口杯法闪点要比闭口杯法闪点测定结果一般高 20～30℃。这是因为用开口杯法测定时，试油中的一部分随着加热变成蒸汽挥发了。闪点是微小的爆炸，是着火燃烧的前奏。闪点是预示出现火灾和爆炸危险性程度的指标。从闪点的测定可以了解石油产品发生火灾的危险程度，闪点越低，越容易发生爆炸和火灾事故，应特别注意防护，按液体闪点的高低确定其运送、贮存和使用的各种防火安全措施。油品闪点还可以判断其馏分轻重，油品闪点愈低馏分愈轻。

由于石油产品闪点的测定是条件试验，所用仪器规格及操作步骤必须按照国家标准进行。

一、开口杯法

本规程适用于用克利夫兰开口杯器测定石油产品的闪点和燃点。但不适用于测定燃料油和开口闪点低于 79℃的石油产品。本规程引用国家标准 GB 3536—2008《石油产品闪点和燃点测定法（克利夫兰开口杯法）》。

1. 仪器

（1）克利夫兰开口杯试验仪（如图 8-6）

① 试验杯。由黄铜或其他热导性能相当的、不锈金属制成。试验杯可以安装手柄。

② 加热板。由黄铜、铸铁、锻铁或钢板制成，有一个中心孔，其四周有一块面积稍凹，除这块放置试验杯的凹平面外，其他部位的金属板应用耐热板（不包括石棉）盖住。

③ 试验火焰发生器。建议火焰头的顶端直径约为 1.6mm，孔眼直径约为 0.8mm。在安装操作试验火焰装置时，应使试验火焰的扫划能自动重复，扫划的半径不小于 150mm。孔眼中心能在试验杯边缘上方不超过 2mm 的平面上移动。最好在仪器的适当位置安装一个直径为 3.2～4.8mm 的金属比较小球，以便比较试验火焰的大小。

④ 加热器。最好采用具有可调变压器的电加热器，允许使用煤气灯或酒精灯。但在任何情况下都不能让火焰升到试验杯的周围。热源要集中在孔的下方，且没有局部过热。如果使用电加热器，要确保不与试验杯直接接触。

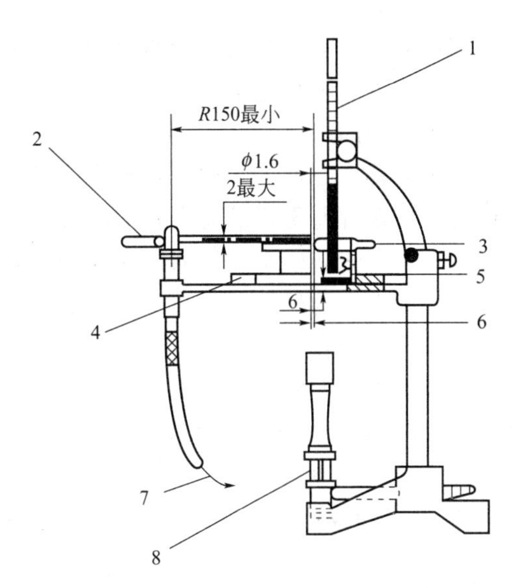

图 8-6　克利夫兰开口杯试验仪（单位为 mm）

1—温度计；2—点火器；3—试验杯；4—金属比较小球 3.2～4.8mm；5—加热板；6—0.8mm 孔；7—至气源；8—加热器（火焰型或电阻型）

⑤ 温度计支架。在规定的位置上固定温度计。

⑥ 加热板支架。可采用能水平且平稳固定加热板的任何合适的支架。

⑦ 熄灭火焰的盖子。

(2) 防护屏。约 460mm×460mm，高 610mm，有一个开口面。使用火焰型加热器时，用来防止风的流动或过量辐射，但防护屏不应高出耐热板的上表面。

(3) 温度计。

(4) 气压计。精度 0.1kPa，不能使用气象台或机场所用的已预校准至海平面读数的气压计。

2. 仪器的准备

(1) 仪器的放置　放置在无空气流的房间里，并放在平稳的台面上，仪器顶部应作遮光板，防强光照射。

(2) 试验杯的清洗　先用清洗溶剂冲洗试验杯，再用清洁的空气吹干试验杯；如果试验杯上留有碳的沉积物，可用钢丝绒擦掉。

清洗溶剂的选择依据试样及残渣的黏性。低挥发性芳烃（无苯）溶剂可用于除去油的痕迹，混合溶剂如甲苯-丙酮-甲醇可有效除去胶质类沉积物。

(3) 试验杯的准备　使用前将试验杯冷却到至少低于预期闪点 56℃。

(4) 仪器组装　将温度计垂直放置，使其感温泡底部距试验杯底部 6mm，并位于试验杯中心与试验杯边之间的中点和测试火焰扫过的弧（或线）相垂直的直径上，且在点火器臂的对边。

注：温度计的正确位置应使温度计上的浸没深度线位于试验杯边缘线以下 2mm 处，也可先将温度计慢慢地向下放，直至温度计与试验杯底接触，然后再往上提 6mm。

3. 取样

将所取样品装入合适的密封容器中，为了安全，样品只能充满容器容积的85%～95%。样品贮存温度应避免超过30℃。

4. 样品制备

(1) 分样　在低于预期闪点至少56℃下进行分样。如果在试验前要将一部分原样品分装贮存，应确保每份样品充满其溶解容器的50%以上。

(2) 含有未溶解水的样品　在样品混匀前应将水分分离出来。

(3) 室温下为液体的样品　取样前应先轻轻地摇动混匀样品，再小心地取样，应尽可能避免挥发性组分损失。

(4) 室温下为固体或半固体的样品　将装有样品的容器放入加热浴或烘箱中，在低于预期闪点56℃以下加热后，轻轻混匀样品。

5. 闪点试验步骤

① 将室温或已升过温的试样装入试验杯，使试样的弯月面顶部恰好位于试验杯的装样刻线。

② 点燃试验火焰，并调节火焰直径为3.2～4.8mm。如果仪器安装了金属比较小球，应与金属比较小球直径相同。

③ 开始加热时，试样的升温速度为14～17℃/min。当试样温度达到预期闪点前约56℃时，减慢加热速度，使试样在达到闪点前的最后(23±5)℃时，升温速度为5～6℃/min。试验过程中，应避免在试验杯附近随意走动或呼吸，以防扰动试样蒸气。

④ 在预期闪点前至少(23±5)℃时，开始用试验火焰扫划，温度每升高2℃扫划一次。用平滑、连续的动作扫划，试验火焰每次通过试验杯所需时间约为1s，试验火焰应在与通过温度计的试验杯的直径成直角的位置上划过试验杯的中心，扫划时以直线或沿着半径至少为150mm圆来进行。试验火焰的中心必须在试验杯上边缘面上2mm以内的平面上移动。先向一个方向扫划，下次再向相反方向扫划。如果试样表面形成一层膜，应把油膜拨到一边再继续进行试验。

⑤ 当在试样液面上的任何一点出现闪火时，立即记录温度计的温度读数，作为观察闪点。

如果观察闪点与最初点火温度相差少于18℃，则此结果无效。应更换新试样重新进行测定，调整最初点火温度，直至得到有效结果，即此结果应比最初点火温度高18℃以上。

⑥ 记录试验期间仪器附近环境大气压。

6. 燃点试验步骤

测定闪点之后，以5～6℃/min的速度继续升温。试样每升高2℃就扫划一次，直到试样着火，并能连续燃烧不少于5s，记录此温度作为试样的观察燃点。如果燃烧超过5s，用带手柄的金属盖或其他阻燃材料做的盖子熄灭火焰。

7. 结果表示

按式(8-10)将观察闪点或燃点修正到标准大气压(101.9kPa)下温度T_c：

$$T_c = T_0 + 0.25(101.3 - p) \tag{8-10}$$

式中　T_c——校正到标准大气压下的开口杯闪点或燃点，℃；

T_0——观察闪点或燃点，℃；

p——环境大气压，kPa。

注：本公式精确地修正仅限在大气压为98.0～104.7kPa范围之内。结果报告修正到标准大气压（101.3kPa）下的闪点，修正后的闪点或燃点结果修约至整数。

8. 方法讨论

① 放置仪器的房间若不能避免空气流，最好用防护屏挡在仪器周围。若样品产生有毒蒸气，应将仪器放置在能单独控制空气流的通风柜中，通过调节使蒸气可抽走，但空气流不能影响实验杯上的蒸气。

② 装样时，如果注入试验杯的试样过多，可用移液管或其他适当的工具取出；如果试样沾到仪器的外边，应倒出试样，清洗后再重新装样。

③ 试样表面的气泡或样品泡沫应弄破或除去，并确保试样液面处于正确位置，如果在试验最后阶段试验表面仍有泡沫存在，则此结果作废。

二、闭口杯法

闭口杯法和开口杯法的区别是仪器不同、加热和引火条件不同。闭口杯法中试样在密闭油杯中加热，只有点火瞬间才打开杯盖；开口杯法中试样是在敞口杯中加热的，蒸发的气体可以自由向空中扩散，测得的闪点较闭口杯法为高。

国家标准GB/T 261—2008规定了用宾斯基-马丁闭口闪点试验仪测定可燃液体、带悬浮颗粒的液体、在试验条件下表面趋于成膜的液体和其他液体闪点的方法。适用于闪点高于40℃的样品。

标准的试验步骤包括步骤A和步骤B两个部分。步骤A适用于表面不成膜的油漆和清漆、未用过润滑油及不包含在步骤B之内的其他石油产品。步骤B适用于残渣燃料油、稀释沥青、用过润滑油、表面趋于成膜的液体、带悬浮颗粒的液体及高黏稠材料（例如聚合物溶液和黏合剂）。

1. 仪器

（1）宾斯基-马丁闭口闪点试验仪如图8-7所示。

① 试验杯。试验杯由黄铜或具有相同导热性能的不锈蚀金属制成，试验杯温度计插孔应装配使其在加热室中定位的装置。试验杯最好能安有手柄，但不能太重，以免空试验杯倾倒。

② 盖组件。盖组件由试验杯盖、滑板、点火器、自动再点火装置和搅拌装置五部分构成。

试验杯盖由黄铜或其他热导性相当的不锈蚀金属制成。杯盖与试验杯连接部分应有定位和/或锁住装置，试验杯上部边缘应与整个试验杯盖内表面紧密接触。试验杯盖上设有三个开口。

滑板由厚约2.4mm的黄铜制成。在试验杯盖的上表面操作以控制试验杯盖上开口的开合。

点火器配有机械操作器，当滑板在“开”的位置时，降下点火器尖端，使火焰喷嘴开口孔的中心位于试验杯盖的上下表面平面之间，且通过最大开口中心半径上的一点。

自动再点火装置用于火焰的自动再点火。

搅拌装置安装在试验杯盖的中心位置，带两个双叶片金属桨。搅拌器的旋转轴可用传动软轴或合适的滑轮组结构与电动机相连接。

③ 加热室和浴套。试验杯的加热通过加热室完成。加热室的效果相当于一个空气浴，加热室应由空气浴和能放置试验杯的浴套组成。

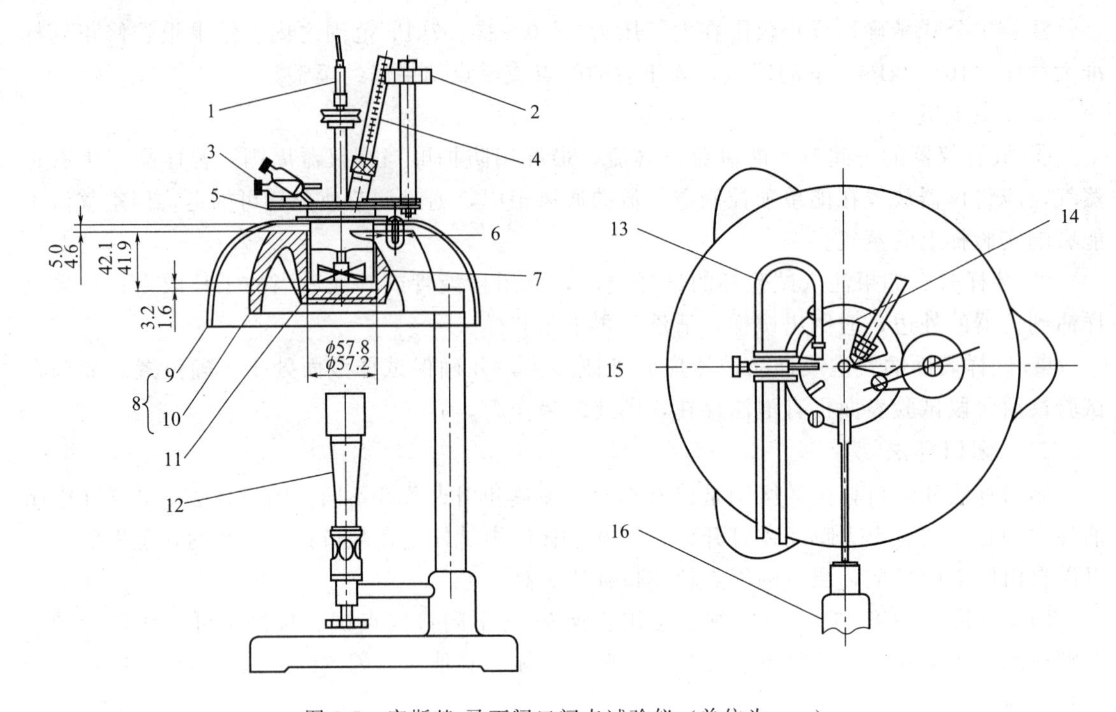

图 8-7 宾斯基-马丁闭口闪点试验仪（单位为 mm）

1—柔性轴；2—快门操作旋钮；3—点火器；4—温度计；5—盖子；6—片间最大距离 ϕ9.5mm；7—试验杯；8—加热室；9—顶板；10—空气浴；11—杯表面厚度最小 6.5mm，即杯周围的金属；12—火焰加热型或电阻元件加热型（图示为火焰加热型）；13—导向器；14—快门；15—表面；16—手柄（可选择），盖子的装配可以是左手，也可以是右手

空气浴可以是火焰加热型、电加热金属铸件型或电阻元件加热型。浴套由金属制成，装配时浴套和空气浴之间应留空隙。

（2）温度计　包括低、中和高三个温度范围的温度计。应根据样品的预期闪点选用温度计。

（3）气压计　精度 0.1kPa，不能使用气象台或机场所用的已预校准至海平面读数的气压计。

（4）加热浴或烘箱　要求能将温度控制在±5℃之内。可通风且能防止加热样品时产生的可燃蒸气闪火，推荐使用防爆烘箱。

2. 仪器准备

按与开口闪点测定相同的方法放置仪器清洗试验杯。检查试验杯、试验杯盖及其附件，确保无损坏和无样品沉积。然后按图 8-7 组装好仪器。

3. 取样

参考开口闪点测定方法。

4. 样品处理（石油产品）

（1）分样　在低于预期闪点至少 28℃下进行分样。如果等分样品是在试验前贮存的，应确保样品充满至容器容积的 50%以上。

（2）含未溶解水的样品　在样品混匀前应将水分离出来，因为水的存在会影响闪点的测定结果。但某些残渣燃料油和润滑剂中的游离水可能会分离不出来，需在样品混匀前用物理方法除去水。

（3）室温下为液体的样品　先轻轻地摇动混匀样品，再小心地取样，应尽可能避免挥发性组分流失。

（4）室温下为固体或半固体的样品　将装有样品的容器放入加热浴或烘箱中，在30℃±5℃或不超过预期闪点28℃的温度下加热（两者选择较高温度）30min，如果样品未全部液化，再加热30min，但要避免样品过热造成挥发性组分流失，轻轻摇动混匀样品。

5. 试验步骤

（1）步骤A

① 将试样倒入试验杯至加料线，盖上试验杯盖，然后放入加热室，确保试验杯就位或锁定装置连接好后插入温度计。点燃试验火源，并将火焰直径调节为3～4mm；或打开电子点火器，按仪器说明书的要求调节电子点火器的强度。在整个试验期间，试样以5～6℃/min的速率升温，且搅拌速率为90～120r/min。

② 当试样的预期闪点不高于110℃时，从预期闪点以下23℃±5℃开始点火，试样每升高1℃点火一次，点火时停止搅拌。用试验杯盖上的滑板操作旋钮或点火装置点火，要求火焰在0.5s内下降至试验杯的蒸气空间内，并在此位置停留1s，然后迅速升高回至原位置。

③ 当试样的预期闪点高于110℃时，从预期闪点以下23℃±5℃开始点火，试样每升高2℃点火一次，点火时停止搅拌。用试验杯盖上的滑板操作旋钮或点火装置点火，要求火焰在0.5s内下降至试验杯的蒸气空间内，并在此位置停留1s，然后迅速升高回至原位置。

④ 当测定未知试样的闪点时，在适当起始温度下开始试验。高于起始温度5℃时进行第一次点火，然后按上述②或③进行。

⑤ 记录火源引起试验杯内产生明显着火时的温度，作为试样的观察闪点。

⑥ 如果所记录的观察闪点温度与最初点火温度的差值少于18℃或高于28℃，则认为此结果无效。应更换新试样重新进行试验，调整最初点火温度，直到获得有效的测定结果，即观察闪点与最初点火温度的差值应在18～28℃范围之内。

⑦ 观察气压计，记录试验期间仪器附近的环境大气压。

（2）步骤B　除试样的升温速率为1.0～1.5℃/min，搅拌速率为（250±10）r/min外，其余操作均与步骤A相同。

6. 结果表示

闭口闪点的修正方法与开口闪点相同。结果报告修正到标准大气压（101.3kPa）下的闪点，精确至0.5℃。

7. 方法讨论

① 含水较多的残渣燃料油试样应小心操作，因为加热后此类的试样会起泡并从试验杯中溢出。

② 升温速度对开口、闭口闪点测定影响较大，应加以注意。速度过快时，试样蒸发迅速，会使混合气的局部浓度过大而提前闪火，导致测定闪点偏低。加热速度过慢，则测定时间拉长，点火次数增多，消耗了部分油气，使闪火温度升高，测定结果必然偏高。

③ 无论哪种方法测定，试样的体积都应大于容器容积的50%，否则会影响闪点的测定结果。

习　题

一、填空题

1. 天然石油是一种________的________液体物质，它主要是由________组成的复杂混合物。

2. 初馏点是指________离开冷凝管时，________的温度；干点是指________由蒸馏烧瓶________时所示的温度；馏程是指________与________之间的温度间隔。

3. 液体石油产品某些化验项目，要求试样不含水，石油产品的脱水方法主要有________、________、________和________等。

4. 绝对黏度是指面积为________相距________的两层液体，相互以________的速度相对移动而应克服的阻力。在温度 t℃时液体的绝对黏度以________表示。

5. 黏度通常分为________、________和________三种类型。其中运动黏度的测定常采用________，条件黏度的测定常采用________。

6. 恩氏黏度是指试样在规定温度下从恩氏黏度计中流出________ mL 所需的时间与________时从同一恩氏黏度计中流出相同体积水所需的________之比；测定恩氏黏度时，要求测定水值为________。

7. 石油产品在规定的试验条件下，试验火焰引起________着火，并使火焰蔓延至________的________温度，修正到101.3kPa大气压下后，称为该石油产品的闪点。试验火焰引起试样蒸气着火且至少持续燃烧________的________温度，修正到101.3kPa大气压下即为燃点。

8. 用平氏毛细管黏度计测运动黏度时，至少应重复测定________次，取不少于________次的流动时间的算术平均值作平均流动时间。

9. 有机溶剂蒸馏法测定石油产品水分时，所使用的有机溶剂应具备____________、____________、____________三个条件，溶剂使用前要____________。

二、选择题

1. 液体化工产品的沸程测定数据与（　　）无关。

A. 大气压力　　B. 测定装置　　C. 产品纯度　　D. 实验室经度

2. 下列试剂中，不可以用作有机溶剂蒸馏法测石油中水分的是（　　）。

A. 甲苯　　B. 苯　　C. 乙醇　　D. 工业溶剂油

3. 测定运动黏度时在黏度计旁边放置温度计，必须使其水银泡与（　　）。

A. 毛细管中心在同一水平面上　　B. 毛细管上部在同一水平面上

C. 毛细管下部在同一水平面上　　D. 可任意放置

4. 下列选项中不属于测定闪点的常用方法有（　　）。

A. 闭口杯法　　B. 开口杯法

C. 克利夫兰开口杯法　　D. 毛细管法

5. 对于沸程的测定，下列不是必不可少的是（　　）。

A. 冷凝管　　B. 蒸馏烧瓶　　C. 温度计　　D. 冷凝水

6. 测定沸程时，需在常温下量取样品及测量馏出液体积，并采用水冷凝的样品是（　　）。

A. 沸程温度范围下限低于80℃　　B. 沸程温度范围下限低于150℃

C. 沸程温度范围下限高于150℃　　D. 沸程温度范围上限高于150℃

7. 测定闪点之后，以每分钟（　　）的速度继续升温。试样每升高2℃就扫划一次，直到试样着火，并能连续燃烧不少于5s，该温度即为试样的观察燃点。

A. 2～3℃　　B. 7～8℃　　C. 5～6℃　　D. 1～2℃

8. GB/T 6027 中规定一等品工业辛醇的沸程 2.0℃（包括 117℃），但实际测定结果为 116.3～118.6℃，说明（　　）。

A. 产品纯度很高　　B. 产品纯度不高　　C. 与纯度无关　　D. 没什么意义

9. 测定开口闪点时，从预期闪点以下至少 23℃±5℃开始点火，试样每升高（　　）点火一次。

A. 1℃　　B. 2℃　　C. 3℃　　D. 4℃

10. 测定油品运动黏度时，（　　）。

A. 无须脱水和滤出油中机械杂质即可测定

B. 应先滤出油中机械杂质再脱去其中水分后进行测定

C. 应先脱水再滤出油中机械杂质后进行测定

D. 必须脱水和滤出油中机械杂质，但先后顺序无影响

11. 下列物理常数的测定中，不需要进行大气压力校正的是（　　）。

A. 恩氏黏度　　B. 开口闪点　　C. 闭口闪点　　D. 沸程

三、判断题

1. 对沸程温度高于 100℃的样品，应使自加热起至第一滴冷凝液滴入接收器的时间为 5～10min，然后将蒸馏速度控制在 3～4mL/min。（　　）

2. 毛细管黏度计测定的是动力黏度。（　　）

3. 开口杯法测定闪点，试样的弯月面顶部应恰好位于试验杯的装样刻线。（　　）

4. 测定石油产品馏程时，接收器量取试样后必须干燥后，才可接取馏出液。（　　）

5. 测定沸程时，测量温度计上的水银球上端应与支管蒸馏的瓶颈和支管接合部的下沿保持水平。（　　）

6. 毛细管黏度计测定黏度时，试样中不能存在气泡，否则会使结果偏低，造成误差。（　　）

7. 温度越高，黏度越小。（　　）

8. 沸程是指测定达到规定馏出温度时的馏出量。（　　）

9. 闪点是油品贮运使用时的一项重要的安全指标。（　　）

10. 测定闭口闪点时，观察闪点与最初点火温度的差值应在 18～28℃范围之内。（　　）

四、问答题

1. 简述测定石油产品馏程的意义。何谓初馏点、干点、终馏点、馏分、残留物、蒸馏损失量？

2. 石油产品黏度有几种表示方法？

3. 测定石油产品的闪点有哪两种方法？一般情况下，哪些石油产品测开口杯法闪点？如同一试油分别用开口杯法和闭口杯法测定闪点的数值是否一样？

五、计算题

1. 20℃时运动黏度为 $4.0\times10^{-5}\ m^2/s$ 的标准油，在平氏毛细管黏度计中的流动时间为 375.6s。在 100℃的恒温浴液中，某种油料试样在同一支毛细管黏度计中的流动时间为 135.2s，求该试样的运动黏度。

2. 在 80℃时测得某石油产品从恩氏黏度计中流出 200mL 所需要的时间为 465.4s，20℃时测定该黏度计的水值为 51.5s，计算该石油产品的黏度。

3. 在大气压力为 98.0kPa 时用开口杯法测得某车用机油的闪点为 210℃，问该机油在 101.3kPa 大气压力下的开口闪点是多少摄氏度？

4. 用闭口闪点测定器测得某高速机油的闪点为 128℃。如果测定时的大气压力为 95.5kPa，

问该机油的标准闭口闪点是多少摄氏度？

5. 苯胺沸点的校正：

观测的沸点/℃	184.0	辅助温度计读数/℃	45
室温/℃	20.0	测量温度计露出塞外处的刻度/℃	142.0
气压(室温下的气压)/hPa	1020.35	温度计示值校正值/℃	−0.1
测量处的纬度/(°)	32		

试求：试样的沸点。

6. 通过实验测得某样品的沸程，得到如下数据：

测定项目	初馏点	终馏点
主温度计读数/℃	85.4	86.5
辅助温度计读数/℃	35	35
温度计刚露出塞外刻度值/℃	55	
测定时气压(25.8℃)/hPa	1005	
测量处纬度/℃	38.8	

求准确沸程温度。

7. 某样品沸程测定数据如下：

样品的沸程温度(t_0)/℃	137～140	室温/℃	25
气压(室温下的气压)/hPa	999.92	测量处纬度/(°)	30.0
辅助温度计读数(t_a)/℃	35.0	胶塞上沿处温度计读数(t_b)/℃	109.0

计算：该样品的沸程观测温度。

第九章　气体分析

学习目标

1. 了解工业气体的种类及特点。
2. 学习气体试样的采样方法。
3. 掌握气体化学分析方法的基本原理及基本计算。
4. 学会使用气体分析仪对气体成分进行化学分析。

第一节　概　　述

工业生产中，经常会有一些气体状态的物料，气体分析是工业上经常进行的分析项目。本章将重点学习气体化学分析的一般方法、测定原理及奥氏气体分析仪法和气相色谱法测定混合气体（煤气）中各组分含量的分析方法。

一、工业气体

工业气体种类很多，根据它们在工业上的用途大致可分为气体燃料、化工原料气、气体产品、废气及车间环境空气等。

1. 气体燃料

气体燃料主要有天然气、焦炉煤气、石油气、水煤气等。

(1) 天然气　是煤与石油的组成物质分解的产物，存在于含煤或石油的地层中。主要成分是甲烷。

(2) 焦炉煤气　是煤在800℃以上炼焦的副产物。主要成分是氢和甲烷。

(3) 石油气　石油进行冶炼的产物。主要成分是甲烷、烯烃及其他烃类化合物。

(4) 水煤气　由水蒸气作用于赤热的煤而制得。主要成分是一氧化碳和氢气。

2. 化工原料气

化工原料气除上述的天然气、焦炉煤气、石油气、水煤气外还有其他几种，黄铁矿焙烧炉气（主要成分是二氧化硫，用于合成硫酸）、石灰焙烧窑气（主要成分是二氧化碳，用于制碱工业），以及 H_2、Cl_2、乙炔等。

(1) 黄铁矿焙烧炉气　主要成分是二氧化硫，用于合成硫酸。

$$4FeS+7O_2 \longrightarrow 2Fe_2O_3+4SO_2\uparrow$$

(2) 石灰焙烧窑气　主要成分是二氧化碳，用于制碱工业。

$$CaCO_3 \xrightarrow{\triangle} CaO+CO_2\uparrow$$

3. 气体产品

常见的气体产品主要是氢气、氮气、氧气、乙炔气、氨气等。

4. 废气

废气是指各种工业用炉的烟道气，即燃料燃烧后的产物，主要成分为 N_2、O_2、CO、CO_2、水蒸气及少量的其他气体，以及在化工生产中排放出来的大量尾气，情况各异，组成较为复杂。

5. 车间环境空气

车间厂房的空气多少含有些生产用的气体。这些气体中有些对身体有害，有些能够引起爆炸燃烧。车间环境空气的分析是指车间环境空气中这些有害气体的分析。

二、气体分析的意义及其特点

气体分析的目的在于了解气体的组成及含量，正确地判断这些气体所参与的生产过程进行的情况，并根据分析结果了解生产是否正常，及时指导生产；根据燃料气的成分计算出燃料的发热量；根据烟道气的成分，了解燃料的组成，计算燃料的发热量；根据烟道气的成分，了解燃烧是否正常。进行原料气分析可以掌握原料成分，以利于正确配料，及时进行工艺调节，保证生产出优质产品；在环境监测方面，通过对车间环境空气质量的分析，可以检查通风及设备漏气情况，确定有无有害气体及含量是否对安全生产、保护环境和工人的身体健康有危害。在讨论污染和采取必要的措施之前，必须准确地知道来自不同污染源的各种污染物的种类和浓度。为此，必须进行大气分析后才能进行准确的判断，同时通过气体分析能及时发现生产中存在的问题，及时采取各种措施，确保生产顺利进行。

气体分析与固体、液体物质的分析方法有所不同，首先是因为气体密度小、质轻，流动性大，其体积随环境温度和压力的变化而变化，不易准确称取质量，所以气体分析中常用测量体积的方法代替称取质量，并按体积分数进行计算。又因为气体的体积随温度、压力的变化而有所变化，所以计量气体的体积的同时，记录环境的温度和压力，以便将气体的体积校正到起始状态（或标准状态）温度和压力下的体积。

在气体混合物中各部分的温度和压力是均匀的，因此气体混合物中各组分的百分数不随温度和压力的变化而改变。一般进行气体混合物的分析时，如果只根据气体体积的测量来进行气体分析，那么只要在同一温度和压力下测量全部气体及其组成部分的体积就可以了。通常一切测量是在当时的大气压力和温度下进行的。

三、气体分析方法

气体分析方法可分为化学分析法、物理分析法及物理化学分析法。

化学分析法是根据气体的某一化学特性进行测定的，如吸收法、燃烧法。

物理分析法是根据气体的物理特性，如密度、热导率、折射率、电导率、热值等来进行测定的。

物理化学分析法是根据气体的物理化学特性（吸附或溶解特性以及光吸收特性）来进行测定的，如电导法、色谱法、红外光谱法等。

近年来，以物理及物理化学分析方法为基础的各种分析仪器已越来越多地应用于生产控制分析和环境监测，尤其是气相色谱法能同时测定气体混合物中的各种组分，已广泛应用于生产实际。但是，由于化学法所需仪器设备简单，容易实施，某些以物理及物理化学分析方法分析气体尚需用化学法加以标定，因此化学法分析气体目前仍具有实用意义。

第二节　气体化学吸收法

在气体分析工作中，特别是对复杂气体混合物的分析中，必须随时注意到混合物中气体的相容性和不相容性。空气的组分氮气、氧气、二氧化碳等是气体混合物中的相容组分，因为它们在普通温度和压力条件下彼此并不反应，这种相容气体的混合物在保存时非常稳定。混合物中不相容的气体，为气体混合物中一般情况下能够相互化合的那些组分，如氨气和氯化氢气体，这样的组分相遇时，很容易相互作用而形成新的化合物。所以，在分析复杂的气体混合物时，必须注意气体不相容的可能性。这样就可以避免不必要的工作，并使在混合物分析中意外组分的存在能够获得解释。

一、吸收体积法

吸收体积法是利用气体的化学特性，使气体混合物和特定的吸收剂接触，吸收剂对混合气体中所测定的气体定量地发生化学吸收作用（而不与其他组分发生任何作用）。如果在吸收前、后的温度及压力保持一致，则吸收前、后的气体体积之差，即为待测气体的体积。

例如，CO_2、O_2、N_2 的混合气体，当与氢氧化钾溶液接触时，CO_2 被吸收，而吸收产物为 K_2CO_3，其他组分不被吸收。

$$CO_2+2KOH \longrightarrow K_2CO_3+H_2O$$

对于液态或固态的物料，也可以利用同样的原理来进行分析测定。只要使各种物料中的待测组分，经过化学反应转化为气体，然后用特定的吸收剂吸收，根据气体的体积变化，进行定量测定。如钢铁分析中，用气体体积法测定总碳含量就是一个很好的实例。

1. 常见的气体吸收剂

用来吸收气体的化学试剂称为气体吸收剂。由于各种气体具有不同的化学特性，所选用的吸收剂也不相同。吸收剂可分为液态和固态两种，在大多数情况下，都以液态吸收剂为主。吸收剂应具备较好的选择性，吸收后的产物能很好地溶解在吸收剂中，吸收剂不易挥发。下面简单介绍几种常见的气体吸收剂。

（1）氢氧化钾溶液　是 CO_2 和 NO_2 气体的吸收剂，反应式如下：

$$CO_2+2KOH \longrightarrow K_2CO_3+H_2O$$

$$2NO_2+2KOH \longrightarrow KNO_3+KNO_2+H_2O$$

一般使用 33%的 KOH 溶液，1mL 此溶液能吸收 40mL 的 CO_2。它适用于中等浓度及高浓度（2%～3%）CO_2 的测定。另外，氢氧化钾溶液也能吸收 H_2S、SO_2 和 NO_2 等酸性气体，在测定时必须预先除去。

注意：吸收 CO_2 时常用 KOH 而不用 NaOH，因为浓的 NaOH 溶液易起泡沫，且产生的 Na_2CO_3 在 NaOH 中的溶解度较小，容易堵塞管路。

（2）焦性没食子酸碱溶液　焦性没食子酸（1,2,3-三羟基苯）的碱溶液是 O_2 的吸收剂。

焦性没食子酸与氢氧化钾作用生成焦性没食子酸钾，反应式如下：

$$C_6H_3(OH)_3+3KOH \longrightarrow C_6H_3(OK)_3+3H_2O$$

焦性没食子酸钾与 O_2 反应被氧化生成六氧基联苯钾，反应式如下：

$$2C_6H_3(OK)_3+\frac{1}{2}O_2 \longrightarrow (KO)_3H_2C_6\text{-}C_6H_2(OK)_3+H_2O$$

按通用配方制备的焦性没食子酸碱溶液，1mL 能吸收 8～12mL 氧。该试剂的吸收效率随温度降低而减弱，0℃时几乎不吸收氧，用它来测定氧时，温度最好不要低于15℃，气体中含氧量在25%以下时，吸收效率最高。因为吸收剂是碱性溶液，酸性气体和氧化性气体对测定有干扰，在测定前应除去。

(3) 亚铜盐溶液　亚铜盐的盐酸溶液或亚铜盐的氨溶液是CO的吸收剂。

CO与氯化亚铜作用生成不稳定的配合物$Cu_2Cl_2 \cdot 2CO$。反应式如下：

$$Cu_2Cl_2 + 2CO \longrightarrow Cu_2Cl_2 \cdot 2CO$$

若在氨性溶液中，则进一步发生反应：

$$Cu_2Cl_2 \cdot 2CO + 4NH_3 + 2H_2O \longrightarrow Cu_2(COONH_4)_2 + 2NH_4Cl$$

二者之中，以亚铜盐的氨溶液吸收效率最好，1mL亚铜盐的氨溶液可以吸收16mL一氧化碳。对于一氧化碳含量较高的气体，应使用两次吸收装置。

因氨水的挥发性较大，用亚铜盐氨溶液吸收CO后的剩余气体中常混有氨气，影响气体的体积，故在测量剩余气体体积之前，应先将剩余气体通过硫酸溶液以除去氨（即进行第二次吸收）。亚铜盐氨溶液也能吸收氧、乙炔、乙烯及许多不饱和烃类化合物和酸性气体。故在测定CO之前均应加以除去，也可以用亚铜盐的盐酸溶液吸收一氧化碳，但吸收效率较差。

(4) 饱和溴水　饱和溴水是不饱和烃的吸收剂。在气体分析中，不饱和烃通常是指C_nH_{2n}（如乙烯、丙烯）；C_nH_{2n-2}（如乙炔）；苯及甲苯等。

溴能和不饱和烃（乙烯、丙烯、丁烯、乙炔等）发生加成反应并生成液态的饱和溴化物。反应式如下：

$$CH_2 = CH_2 + Br_2 \longrightarrow CH_2BrCH_2Br$$

$$CH \equiv CH + 2Br_2 \longrightarrow CHBr_2CHBr_2$$

在实验条件下，苯不能与溴反应，但能缓慢地溶解于溴水中，所以苯也可以一起被测定出来。

用饱和溴水吸收C_nH_{2n}以后，应该用KOH溶液除去气体中夹带的溴蒸气。

(5) 硫酸汞、硫酸银的硫酸溶液　硫酸在有硫酸银（或硫酸汞）作为催化剂时，能与不饱和烃作用生成烃基磺酸、亚烃基磺酸、芳烃磺酸等。反应式如下：

$$CH_2 = CH_2 + H_2SO_4 \longrightarrow CH_3CH_2OSO_2OH$$

$$CH \equiv CH + 2H_2SO_4 \longrightarrow CH_3CH(OSO_2OH)_2$$

$$C_6H_6 + H_2SO_4 \longrightarrow C_6H_5SO_3H + H_2O$$

(6) 硫酸-高锰酸钾溶液-氢氧化钾　硫酸-高锰酸钾溶液-氢氧化钾是二氧化氮的吸收剂。反应式如下：

$$2NO_2 + H_2SO_4 \longrightarrow OH(ONO)SO_2 + HNO_3$$

$$10NO_2 + 2KMnO_4 + 3H_2SO_4 + 2H_2O \longrightarrow 10HNO_3 + K_2SO_4 + 2MnSO_4$$

$$2NO_2 + 2KOH \longrightarrow KNO_3 + KNO_2 + H_2O$$

(7) 碘溶液　碘溶液是SO_2的常用吸收剂。由于碘能氧化还原气体，因此分析前应将试样中的还原性气体如H_2S除去。

2. 混合气体的吸收顺序

在混合气体中，每一种成分并没有一种专一的吸收剂，一种吸收剂往往能吸收几种气体。因此，在吸收过程中，必须根据实际情况，除了选择适当的吸收剂之外，合理安排吸收顺序，才能消除气体组分间的相互干扰，得到准确的结果。

例如，水煤气和半水煤气的全分析：水煤气是水蒸气与赤热的煤作用的产物，主要成分是CO和H_2。如果用水蒸气和空气与赤热的煤作用，则生成半水煤气，其中含有一定量的

N_2，可作为合成氨的原料气。水煤气和半水煤气中的主要成分是 CO_2、O_2、CO、CH_4、C_nH_{2n}、H_2、N_2 等，其中各组分与各种吸收剂的作用情况见表 9-1。

表 9-1 水煤气和半水煤气中各组分与吸收剂的作用

吸 收 剂	CO_2	C_nH_{2n}	O_2	CO	CH_4	H_2	N_2
KOH 溶液	√	×	×	×	×	×	×
饱和溴水	√	√	×	×	×	×	×
焦性没食子酸碱溶液	√	×	√	×	×	×	×
氯化亚铜的氨溶液	√	√	√	√	×	×	×

注：√表示有作用或干扰；×表示无干扰。

根据所选用的吸收剂性质，在进行煤气分析时，应按如下吸收顺序进行：氢氧化钾溶液→饱和溴水→焦性没食子酸的碱性溶液→氯化亚铜的氨性溶液。

① 由于氢氧化钾溶液只吸收组分中的 CO_2，其他组分没有干扰，因此应排在第一。

② 饱和溴水吸收 C_nH_{2n}，但吸收后用碱溶液除去混入的溴蒸气时，CO_2 也能被吸收，故吸收 C_nH_{2n} 应排在 KOH 溶液吸收 CO_2 之后。

③ 焦性没食子酸的碱性溶液不仅能吸收 O_2，又因为是碱性溶液，也能吸收酸性 CO_2 气体。因此，应排在氢氧化钾吸收液之后。

④ 氯化亚铜的氨性溶液不但能吸收 CO，同时还能吸收 CO_2、O_2 及 C_nH_{2n}，只能在这些气体除去后使用，故排在第四位。

以上各气体组分吸收完毕后，可用燃烧法测定甲烷和氢，最后剩余的气体为氮。

3. 吸收仪器——吸收瓶

吸收瓶如图 9-1 所示，是供气体进行吸收作用的设备，瓶中装有吸收剂，气体分析时吸收作用就在此部分进行。吸收瓶分为两部分：一部分是作用部分；另一部分是承受部分。每一部分的体积应比量气管大，约为 120～150mL，二者可以并列，也可以上下排列，还可以一部分置于另一部分之内。作用部分经活塞与梳形管相连，承受部分与大气相通。使用时，将吸收液压至作用部分的顶端，当气体由量气管进入吸收瓶中，吸收液由作用部分流入承受部分，气体与吸收液发生吸收作用。为了增大气体与吸收液的接触面积以提高吸收效率，在吸收部分内部装有许多直立的玻璃管-接触式吸收瓶［见图 9-1(a)、(c)］。另一种名为鼓泡式吸收瓶如图 9-1(b) 所示。气体经过几乎伸至瓶底的气泡发生细管而进入吸收瓶中，由细管出来的气体被分散成细小的气泡，不断地经过吸收液上升，然后集中在作用部分的上部，此种装置吸收效果最好。

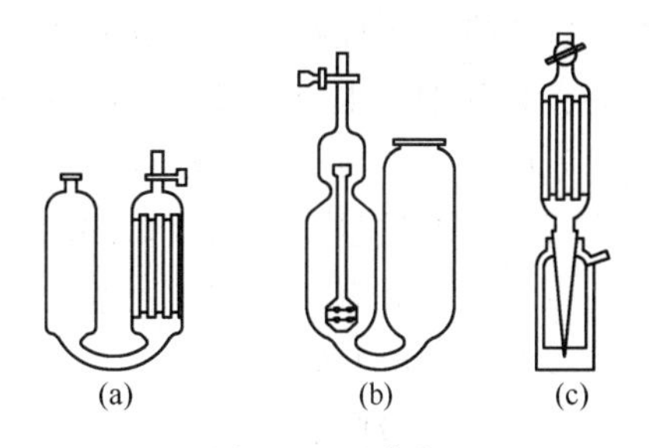

图 9-1 吸收瓶

(a)(b) 接触式吸收瓶；(c) 鼓泡式吸收瓶

二、其他吸收方法

1. 吸收-滴定法

综合应用吸收法和滴定分析法测定气体（或可以转化为气体的物质）含量的分析方法称为吸收滴定法。吸收滴定法的原理是使混合气体通过特定的吸收剂，待测组分与吸收剂发生反应而被吸收，然后在一定的条件下，用特定的标准溶液滴定，根据消耗标准溶液的体积，计算出待测气体的含量。吸收滴定法广泛地应用于气体分析中。

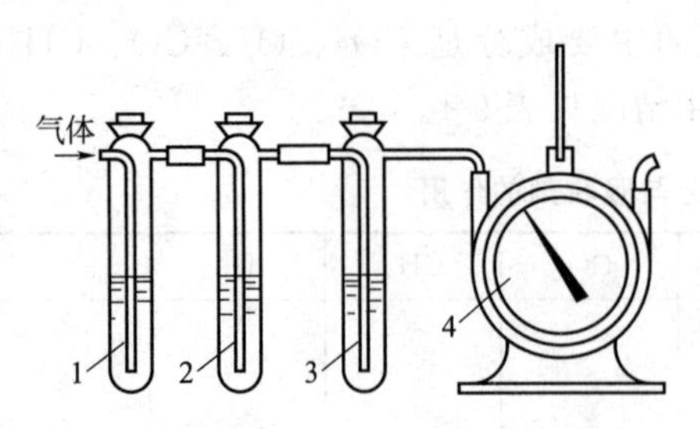

图 9-2 焦炉煤气中 H_2S 测定装置

1，2—乙酸镉溶液吸收管；3—蒸馏水吸收管；4—湿式气量表

例如，焦炉煤气中少量硫化氢的测定（见图9-2），就是使一定量的气体试样通过乙酸镉溶液。硫化氢被吸收生成黄色的硫化镉沉淀，然后将溶液酸化，加入过量的碘标准溶液，S^{2-} 被氧化为 S，剩余的碘用硫代硫酸钠标准溶液滴定，由碘的消耗量计算出硫化氢的含量。反应式如下：

$$H_2S+Cd(CH_3COO)_2 \longrightarrow CdS\downarrow+2CH_3COOH$$

$$CdS+2HCl+I_2 \longrightarrow 2HI+CdCl_2+S\downarrow$$

$$I_2+2Na_2S_2O_3 \longrightarrow Na_2S_4O_6+2NaI$$

2. 吸收-称量法

综合应用吸收法和称量分析法测定气体（或可以转化为气体的物质）含量的分析方法称为吸收称量法。吸收称量法的原理是将混合气体通过液体（或固体）吸收剂，使待测气体与吸收剂发生化学反应（或物理吸附），使吸收剂增加一定的质量，根据吸收剂增加的质量，计算出待测气体的含量。

例如，测定混合气体中微量的二氧化碳时，使混合气体通过固体的碱石灰（一份氢氧化钠和两份氧化钙的混合物，常加一点酚酞而显粉红色，也称钠石灰）或碱石棉（50%氢氧化钠溶液中加入石棉，搅拌成糊状，在 150～160℃下烘干，冷却研磨成小块即为碱石棉），二氧化碳被吸收。精确称量吸收剂吸收气体前、后的质量，根据吸收剂前、后质量之差，即可计算出二氧化碳的含量。

$$2NaOH+CO_2 \longrightarrow Na_2CO_3+H_2O$$

$$CaO+CO_2 \longrightarrow CaCO_3\downarrow$$

吸收称量法还常用于有机化合物中碳、氢等元素含量的测定。将有机物在管式炉内燃烧后，氢燃烧后生成水蒸气，碳则生成二氧化碳。将生成的气体导入已准确称重的装有高氯酸镁的吸收管中，水蒸气被高氯酸镁吸收，质量增加，称取高氯酸镁吸收管增加的质量，可计算出氢的含量。将从高氯酸镁吸收管中流出的剩余气体导入装有碱石棉的吸收管中，吸收二氧化碳后称取质量，根据质量的增加，可计算出碳的含量。实际实验过程中，将装有高氯酸镁的吸收管和装有碱石棉的吸收管串联，高氯酸镁吸收管在前，碱石棉吸收管在后。

3. 吸收-比色法

综合应用吸收法和比色分析法测定气体（或可以转化为气体的物质）含量的分析方法称为吸收比色法。吸收比色法的原理是使混合气体通过吸收剂（固体或液体），待测气体被吸收后与吸收剂作用产生不同的颜色，或吸收后再进行显色反应，其颜色的深浅与待测气体的含量成正比。用分光光度计测定溶液的吸光度，根据标准曲线或线性回归方程求出待测气体的含量。

例如，测定混合气体中微量的乙炔时，使混合气体通过亚铜盐的氨溶液，乙炔被吸收，生成紫红色的乙炔亚铜胶体溶液。反应式如下：

$$2C_2H_2+Cu_2Cl_2 \longrightarrow 2CH\equiv CCu+2HCl$$

由于生成的紫红色的乙炔亚铜胶体溶液颜色的深浅与乙炔的含量成正比，因此可进行比色测定，从而得出乙炔的含量。

另外，废气中的二氧化硫、氮氧化物等均可采用吸收比色法进行测定。

在吸收比色法中还常用检气管法，其特点是仪器简单，操作容易，携带方便，对微量气体能迅速检出，有一定的准确度，气体的选择性也相当高，但一般不适用于高浓度气体组分的定量测定。

检测管是一根内径为2～4mm的玻璃管，以多孔性固体（如硅胶、氧化铝、瓷粉、玻璃等）颗粒为载体，吸附了化学试剂所制成的检气剂填充于该玻璃管中，管两端封口，如图9-3所示。使用时，在现场将检气管的两端锯断，一端连接气体采样器，使气体以一定速度通过检气管，在管内检气剂即与待测气体发生反应而形成一着色层，根据色层的深浅或色层的长度，与标准检气管相比来进行含量测定。

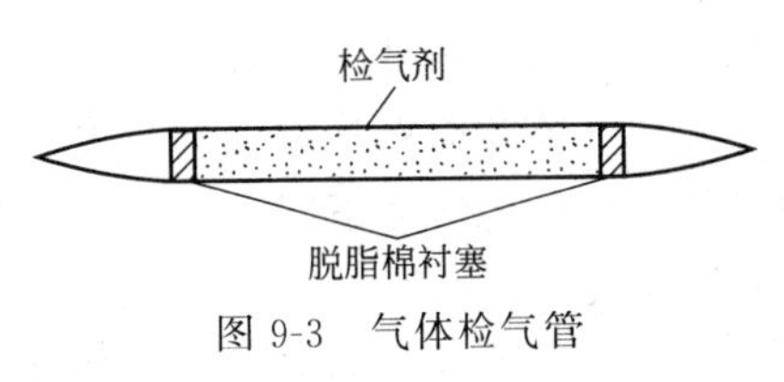

图9-3　气体检气管

例如，空气中的硫化氢含量测定，用40～60目的硅胶作载体，吸附一定量的乙酸铅试剂制成检气剂填充于检气管中，当待测空气通过检气管时，空气中的硫化氢被吸收，生成黑色层。

$$Pb(Ac)_2 + H_2S \longrightarrow PbS\downarrow + 2HAc$$

其变色的长度与空气中的硫化氢含量成正比，再与标准检气管进行比较，就可以获得空气中硫化氢的含量。

第三节　气体燃烧法

燃烧法是使混合气体中一个或几个可燃组分燃烧，生成一定量的CO_2和H_2O。由于生成的H_2O（气态）在常温下冷凝为液体，其体积相对于气体来讲是很小的，可以忽略不计，因此，气体燃烧后体积便缩减。测量出燃烧后缩减的气体体积、生成CO_2的体积或耗用O_2的体积，根据这些数据就可计算出被测组分的含量。

燃烧法主要用于氢、甲烷及其同系物等可燃气体的测定，也适用于一氧化碳。

一、燃烧方法

按照燃烧方式的不同，燃烧法又分为氧化铜燃烧法、爆炸燃烧法和铂丝燃烧法。

1．氧化铜燃烧法

氧化铜燃烧法的特点在于被分析的气体中不必加入燃烧所需的氧气，所用的氧气可自氧化铜被还原放出，因此，测定后的计算也因不加入氧气而简化。

利用燃烧温度的不同，可以分别测定CO、H_2和CH_4的含量。例如，对高于280℃的H_2和CO可在氧化铜上燃烧，CH_4在此温度下不能燃烧，高于290℃时才开始燃烧，一般浓度的CH_4在600℃以上时在氧化铜上可以燃烧完全。其燃烧反应如下：

$$CO + CuO \xrightarrow{>280℃} CO_2 + Cu$$

$$H_2 + CuO \xrightarrow{>280℃} H_2O + Cu$$

$$CH_4 + 4CuO \xrightarrow{>600℃} CO_2 + 2H_2O + 4Cu$$

可以将混合气体通过300～400℃的CuO，这时CO生成等体积的CO_2，缩减的体积相当于H_2的体积。测量出燃烧前后体积之差，并将剩余气体用KOH溶液吸收CO_2，再测量体积，即可分别求出H_2和CO的含量。然后，升高温度使CH_4燃烧，根据后者生成的CO_2体积便可求出CH_4的含量。

氧化铜被还原以后，还可在400℃的空气流中氧化，再生后继续使用。

2. 爆炸燃烧法

可燃性气体与空气（或氧）混合，当二者浓度达到一定比例时，遇火即能爆炸。爆炸是燃烧的一种方式，其特点是在很短时间内完成全部反应。

每种气体能够爆炸燃烧的浓度有一定的范围，这个范围称为爆炸极限。可燃性气体起爆的最低浓度称为爆炸下限，最高浓度称为爆炸上限。在常温常压下，部分气体在空气中的爆炸极限见表 9-2。

对于可燃性气体的混合物，按其中各组分的含量可用式（9-1）估算其爆炸极限。

$$L=\frac{100}{\frac{P_1}{N_1}+\frac{P_2}{N_2}+\frac{P_3}{N_3}+\cdots} \tag{9-1}$$

式中　L——可燃气体混合物在空气中的爆炸极限；

P_1、P_2、P_3——各组分占混合气体的体积分数，%；

N_1、N_2、N_3——各组分单独存在时在空气中的爆炸极限。

表 9-2　常温常压下可燃性气体或蒸气在空气中的爆炸极限（体积分数）/%

气体名称	化学式	下限	上限	气体名称	化学式	下限	上限
甲烷	CH_4	5.0	15.0	丁烯	C_4H_8	1.7	9.0
一氧化碳	CO	12.5	74.2	戊烷	C_5H_{12}	1.4	8.0
甲醇	CH_3OH	6.0	37.0	戊烯	C_5H_{10}	1.6	—
二硫化碳	CS_2	1.0	—	己烷	C_6H_{14}	1.3	—
乙烷	C_2H_6	3.2	12.5	苯	C_6H_6	1.4	8.0
乙烯	C_2H_4	2.8	28.6	庚烷	C_7H_{16}	1.1	—
乙炔	C_2H_2	2.6	80.5	甲苯	C_7H_8	1.2	7.0
乙醇	C_2H_5OH	3.5	19.0	辛烷	C_8H_{18}	1.0	—
丙烷	C_3H_8	2.4	9.5	氢气	H_2	4.1	74.2
丙烯	C_3H_6	2.0	11.1	硫化氢	H_2S	4.3	45.5
丁烷	C_4H_{10}	1.9	8.5	氨	NH_3	17.1	26.4

【例题 9-1】 已知天然气的组成（体积分数）：甲烷 80.0%，乙烷 15.0%，丙烷 4.0%，丁烷 1.0%，计算此天然气在空气中的爆炸下限。

解　由表 9-2 查出各组分在空气中的爆炸下限，代入求混合气体爆炸极限的公式中：

$$L=\frac{100}{\frac{80.0}{5.0}+\frac{15.0}{3.2}+\frac{4.0}{2.4}+\frac{1.0}{1.9}}=4.4$$

采用爆炸燃烧法测定可燃组分时，需加入过量空气（或氧），使它们的比例在爆炸极限内（通常靠近爆炸下限），并在特殊仪器中引爆燃烧，由爆炸前后气体体积的变化来测定气体中可燃组分的含量。爆炸燃烧法分析速度快，适用于生产控制分析。

3. 铂丝燃烧法

这种方法是让可燃性气体与空气（或氧）混合，经过炽热的铂丝，进行缓慢燃烧。要求加入空气或氧气后的气体组成在爆炸极限以外，否则可能造成破损仪器甚至伤人。一般控制在可燃气体的爆炸下限以下。如在爆炸上限以上，则氧气量往往不足以使可燃气体完全燃烧。

铂丝燃烧法适用于可燃气体组分浓度较低的混合气体，或空气中可燃组分的测定。

二、可燃性气体燃烧后的计算

在某一可燃气体内通入氧气，使之燃烧，测量其体积的缩减量、消耗氧气的体积及在燃烧反应中所生成的二氧化碳体积，就可以计算出原可燃性气体的体积，并可进一步计算出所在混合气体中的体积分数。

1. 一元可燃性气体燃烧后的计算

如果气体混合物中只含有一种可燃性气体时，测定过程和计算都比较简单。先用吸收法除去其他组分（如二氧化碳、氧），再取一定量的剩余气体（或全部），加入一定量的空气使之进行燃烧。经燃烧后，测出其体积的缩减量及生成的二氧化碳体积。根据燃烧法的原理，计算出可燃性气体的含量。常见可燃性气体的燃烧反应和各种气体的体积之间的关系见表 9-3。

表 9-3　常见可燃性气体燃烧反应与各种气体的体积关系

气体名称	燃烧反应	可燃气体体积	消耗 O_2 体积	缩减体积	生成 CO_2 体积
氢气	$2H_2+O_2 \longrightarrow 2H_2O$	V_{H2}	$\frac{1}{2}V_{H_2}$	$\frac{3}{2}V_{H_2}$	0
一氧化碳	$2CO+O_2 \longrightarrow 2CO_2$	V_{CO}	$\frac{1}{2}V_{CO}$	$\frac{1}{2}V_{CO}$	V_{CO}
甲烷	$CH_4+2O_2 \longrightarrow CO_2+2H_2O$	V_{CH_4}	$2V_{CH_4}$	$2V_{CH_4}$	V_{CH_4}
乙烷	$2C_2H_6+7O_2 \longrightarrow 4CO_2+6H_2O$	$V_{C_2H_6}$	$\frac{7}{2}V_{C_2H_6}$	$\frac{5}{2}V_{C_2H_6}$	$2V_{C_2H_6}$
乙烯	$C_2H_4+3O_2 \longrightarrow 2CO_2+2H_2O$	$V_{C_2H_4}$	$3V_{C_2H_4}$	$2V_{C_2H_4}$	$2V_{C_2H_4}$

【例题 9-2】 有 O_2、CO_2、CH_4、N_2 的混合气体 80.00mL，向用吸收法测定 O_2、CO_2 后的剩余气体中加入空气，使之燃烧，经燃烧后的气体用氢氧化钾溶液吸收，测得生成的 CO_2 的体积为 35.00mL，计算混合气体中甲烷的体积分数。

解

$$CH_4+2O_2 \longrightarrow CO_2+2H_2O$$

甲烷燃烧时所生成的 CO_2 体积等于混合气体中甲烷的体积。

$$V_{CH_4}=V_{CO_2}=35.00\text{mL}$$

$$\varphi(CH_4)=\frac{35.00}{80.00}\times 100\%=43.75\%$$

【例题 9-3】 有 H_2 和 N_2 的混合气体 50.00mL，加空气经燃烧后，测得其总体积减小 18.00mL，求 H_2 在混合气体中的体积分数。

解

$$2H_2+O_2 \longrightarrow 2H_2O$$

当 H_2 燃烧时，体积的缩减量为 H_2 体积的 $\frac{3}{2}$。

$$V_{缩}=\frac{3}{2}V_{H_2},V_{H_2}=\frac{2}{3}V_{缩}=\frac{2}{3}\times 18.00=12.00(\text{mL})$$

$$\varphi(H_2)=\frac{12.00}{50.00}\times 100\%=24.0\%$$

2. 二元可燃性气体混合物燃烧后的计算

如果气体混合物中含有两种可燃性气体组分，先用吸收法除去干扰组分，再取一定量的剩余气体（或全部），加入过量的空气，使之进行燃烧。经燃烧后，测量其体积缩减量、生成二氧化碳的体积、消耗氧的体积等，列出二元一次方程组，即可求出可燃性气体的体积，并计算出混合气体中的可燃性气体的体积分数。

【例题 9-4】 有 CO、CH_4、N_2 的混合气体 50.00mL，加入过量的空气。经燃烧后，测得其体积缩减 42.00mL，生成 CO_2 36.00mL。计算混合气体中各组分的体积分数。

解 根据可燃性气体的体积与缩减体积和生成 CO_2 体积的关系，得到：

$$\begin{cases} V_{缩}=\frac{1}{2}V_{CO}+2V_{CH_4}=42.00\text{mL} \\ V_{CO_2}=V_{CO}+V_{CH_4}=36.00\text{mL} \end{cases}$$

解方程组得：

$$V_{CH_4}=16.00\text{mL}$$

$$V_{CO}=20.00\text{mL}$$

$$V_{N_2}=50.00-(16.00+20.00)=14.00\text{mL}$$

于是混合气体中的各组分的体积分数为：

$$\varphi(CO)=\frac{20.00}{50.00}\times100\%=40.0\%$$

$$\varphi(CH_4)=\frac{16.00}{50.00}\times100\%=32.00\%$$

$$\varphi(N_2)=\frac{14.00}{50.00}\times100\%=28.0\%$$

【例题 9-5】 由 H_2、CH_4、N_2 组成的气体混合物 30.00mL，加入空气 80.00mL，混合燃烧后，测量体积为 90.00mL，经氢氧化钾溶液吸收后，测量体积为 86.00mL。求各种气体在原混合气体中的体积分数。

解 混合气体的总体积应为：80.00+30.00=110.00(mL)

总体积缩减量应为：110.00−90.00=20.00(mL)

生成 CO_2 的体积应为：90.00−86.00=4.00(mL)

根据可燃性气体的体积与缩减体积和生成 CO_2 体积的关系，得：

$$\begin{cases} V_{缩}=\frac{3}{2}V_{H_2}+2V_{CH_4}=20.00\text{mL} \\ V_{CO_2}=V_{CH_4}=4.00\text{mL} \end{cases}$$

解方程组得：

$$V_{CH_4}=4.00\text{mL}$$

$$V_{H_2}=8.00\text{mL}$$

$$V_{N_2}=30.00-(4.00+8.00)=18.00\text{mL}$$

于是原混合气体中各气体的体积分数为：

$$\varphi(H_2)=\frac{8.00}{30.00}\times100\%=26.67\%$$

$$\varphi(CH_4)=\frac{4.00}{30.00}\times100\%=13.33\%$$

$$\varphi(N_2)=\frac{18.00}{30.00}\times100\%=60.0\%$$

3. 三元可燃性气体混合物燃烧后的计算

如果气体混合物中含有三种可燃性气体组分，先用吸收法除去干扰组分，再取一定量的剩余气体（或全部），加入过量的空气，进行燃烧。经燃烧后，测量其体积的缩减量、耗氧量、生成二氧化碳的体积。列出三元一次方程组，解方程组可求得可燃性气体的体积，并计算出混合气体中可燃性气体的体积分数。

【例题 9-6】 含有 O_2、CO_2、CH_4、CO、H_2 的混合气体 100.0mL。用吸收法测得 CO_2 为 6.00mL，O_2 为 4.00mL，用吸收后的剩余气体 20.00mL，加入氧气 75.00mL 进行燃烧，燃烧后其体积缩减量为 10.11mL，后用吸收法测得 CO_2 为 6.22mL，O_2 为 65.31mL。求混合气体中各组分的体积分数。

解　混合气体 O_2、CO_2、CH_4、CO、H_2 中的 CO_2 和 O_2 被吸收后，混合气体的组成为 CH_4、CO、H_2，其中 CH_4、CO、H_2 为可燃性组分。

由吸收法测得：

$$\varphi(CO_2)=\frac{6.00}{100.0}\times100\%=6.00\%$$

$$\varphi(O_2)=\frac{4.00}{100.0}\times100\%=4.00\%$$

燃烧后所消耗的氧气体积为：75.00－65.31＝9.69mL，根据可燃性气体的体积与缩减体积、生成 CO_2 体积、耗氧体积的关系，得：

$$\begin{cases}V_{缩}=\frac{1}{2}V_{CO}+2V_{CH_4}+\frac{3}{2}V_{H_2}=10.11\\V_{CO_2}=V_{CO}+V_{CH_4}=6.22\\V_{耗氧}=\frac{1}{2}V_{CO}+2V_{CH_4}+\frac{1}{2}V_{H_2}=9.69\end{cases}$$

吸收法吸收 CO_2 和 O_2 后的剩余气体体积为：100.0－6.00－4.00＝90.00（mL）

燃烧法是取其中的 20.00mL 进行测定的，于是在 90.00mL 的剩余气体中的体积应为：

$$V_{CH_4}=\frac{3\times9.69-6.22-10.11}{3}\times\frac{90.00}{20.00}=19.1(\text{mL})$$

$$V_{CO}=\frac{4\times6.22-3\times9.69+10.11}{3}\times\frac{90.00}{20.00}=8.90(\text{mL})$$

$$V_{H_2}=(10.11-9.69)\times\frac{90.00}{20.00}=1.90(\text{mL})$$

于是混合气体中可燃性气体的体积分数为：

$$\varphi(H_2)=\frac{1.90}{100.0}\times100\%=1.90\%$$

$$\varphi(CH_4)=\frac{19.1}{100.0}\times100\%=19.1\%$$

$$\varphi(CO)=\frac{8.90}{100.0}\times100\%=8.90\%$$

4. 气体体积的校正公式

① 在气体分析过程中，温度和压力应保持恒定。若分析前后，温度和压力发生变化时，应将测量时的体积校正到初始温度和压力下的体积，按式(9-2) 换算：

$$V_0=V_t\times\frac{p_t(273+t_0)}{p_0(273+t)}\tag{9-2}$$

式中　V_0——校正到初始温度和压力下的体积，mL；

V_t——在温度 t℃、压力 p_t 下的气体体积，mL；

t_0——初始温度，℃；

t——变化后的温度，℃；

p_0——初始压力，kPa；

p_t——变化后的压力，kPa。

② 在精确的分析中，应将测量的体积换算为标准状态下（0℃、101.3kPa）的体积 $V_标$，按式(9-3) 换算：

$$V_{标}=V_t\times\frac{p_t T_0}{p_0 T_t} \tag{9-3}$$

式中 $V_标$——0℃、101.3kPa 下的气体体积，mL；

V_t——温度 t℃、压力 p_t 下的气体体积，mL；

T_0——0℃的热力学温度，$T_0=273$K；

T_t——t℃的热力学温度，$T_t=273+t$℃，K；

p_0——标准大气压，101.3kPa；

p_t——t℃时大气压，kPa。

三、燃烧所用仪器

燃烧管（瓶）是供气体进行燃烧反应的部件，随着燃烧方式不同，燃烧管也各异。

1. 氧化铜燃烧管

通常为 U 形石英管（见图 9-4），低温燃烧时，也可以用石英玻璃管。在管的中部长约 10cm，直径约 6mm 的一段填有棒状或粒状氧化铜。燃烧管用电炉加热，可燃性气体往复流过，在管内与氧化铜发生缓慢燃烧反应。

2. 爆炸球（爆炸燃烧瓶）

爆炸球是一个球形厚壁的玻璃容器，如图 9-5 所示。在球的上端熔封两条铂丝，铂丝的外端经导线与电源连接。球的下端管口用橡皮管连接水准瓶。使用前封闭液充满至球的顶端，引入气体后封闭液流至水准瓶中，用感应线圈在铂丝间得到火花，以点燃混合气体。

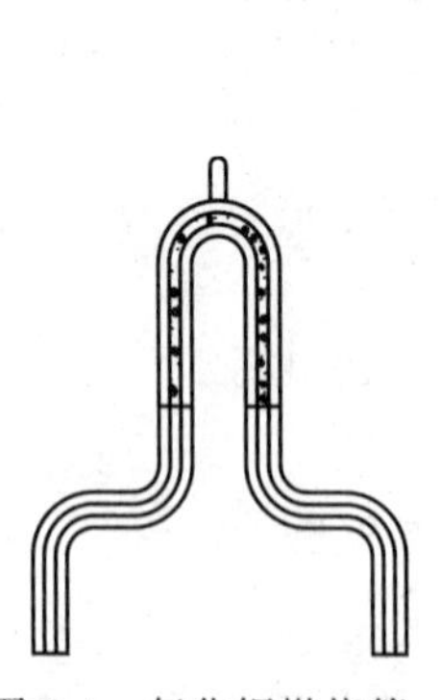
图 9-4 氧化铜燃烧管

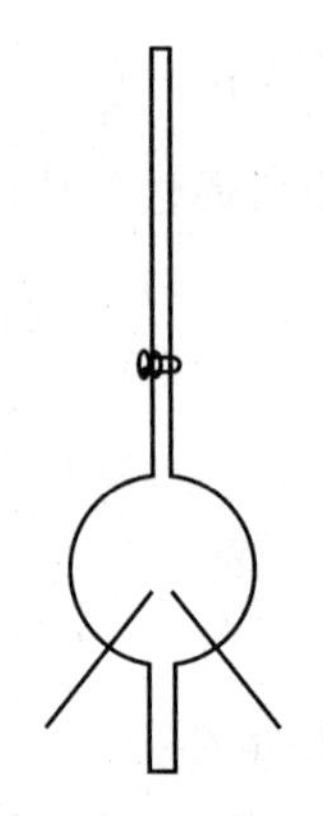
图 9-5 爆炸球

注意：目前使用较为方便的是压电陶瓷火花发生器，其原理是借助两只圆柱形特殊陶瓷受到相对冲击后产生 10000V 以上高压脉冲电流，火花发生率高，可达 100%，不用电源，安全可靠，发火次数可达 50000 次以上。

3. 缓燃管（铂丝燃烧管）

缓燃管的样式与吸收瓶相似，也分作用部分与承受部分，上下排列，如图 9-6 所示。可燃性气体在作用部分中燃烧，承受部分用以承受从作用部分排出的封闭液。管中作为加热用的是一段螺旋状铂丝，铂丝的两端与熔封在玻璃管中的两条铜丝相连，铜丝的另一端通过一个适当的变压器及变阻器与电源相连，通入 6V 的低压电源，使铂丝炽热，混合气体引入作用部分则可使气体缓慢燃烧。

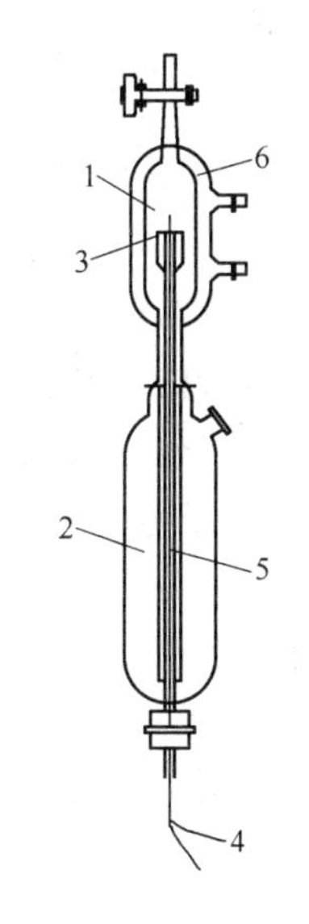

图 9-6 缓燃管
1—作用部分；2—承受部分；3—铂丝；4—导线；5—玻璃管；6—水套

可燃性气体与空气或氧气混合，经过炽热的铂制螺旋丝而引起缓慢燃烧，所以称为缓燃法。可燃性气体与空气或氧气的混合比例应在可燃性气体的爆炸下限以下，故可避免爆炸的危险。如在上限以上，则氧气量不足，可燃性气体不能完全燃烧。缓燃法所需时间较长。

四、量热法

量热法是测定微量可燃组分的一种物理方法，适用于厂区大气中微量可燃气体的测定。

可燃性气体燃烧时，要放出一定的热量。将含有少量可燃组分的混合气体通过一根电加热的金属丝，由于可燃组分的燃烧将使金属丝的温度升高，而金属丝的电阻大小又与温度有关。利用电桥测定金属丝电阻的变化，可以间接测量出可燃气体燃烧时放出的热量，进而确定混合气体中可燃组分的含量。目前化工厂安全动火分析中常用的“可燃气体测定仪”（简称测爆仪）就是根据这一原理制成的。

测爆仪的电路原理如图 9-7 所示。热敏元件用直径 0.025～0.04mm 的铂丝绕制。为了防止尘埃及燃烧蔓延，外面加一个金属丝网式保护罩。挤压并放松吸气球，待测空间的气体就被吸入仪器，其中可燃组分在铂丝上燃烧，铂丝电阻值的变化通过惠斯登电桥加以测量。图中铂丝热敏电阻 R_1 与电阻 R_2、R_3、R_4 组成电桥的四个臂，在吸入不含可燃气体的新鲜空气情况下，将电桥调成平衡，微安表指示零点。当吸入被测气体时，其中可燃组分燃烧，温度升高，R_1 阻值增大，电桥产生不平衡电压，此电压大小与被测气体中可燃组分含量成正比。由微安表指针的偏转程度，即可获知样气中可燃组分的含量，从而判断在取样地点动用明火时有无燃烧爆炸的可能。

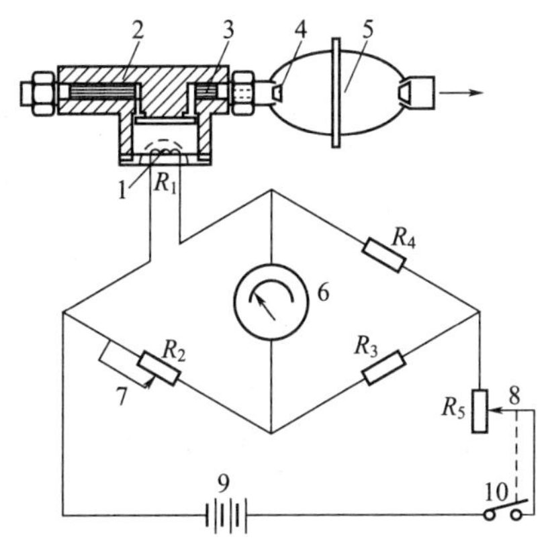

图 9-7 测爆仪电路图
1—热敏元件；2—过滤器；3—反冲防止装置；4—单向阀；5—吸气球；6—微安表；7—调零电阻；8—标定电阻；9—电池；10—开关

为了从微安表的指示直接判断爆炸的可能性，表头刻度是以可燃气体爆炸下限浓度来标定的。当被测气体中可燃组分含量接近爆炸下限时，微安表指针将发生较大偏转，指向表盘另一侧标记红色的区域，这表明被测空间的气体遇火有燃烧爆炸的危险。

使用测爆仪时，首先要熟悉仪器性能。各种类型测爆仪测定对象可能不同，如果被测气体不是仪器上指明的测定对象，则应根据实验结果重新标定微安表刻度盘。仪器使用完毕后，须用吸气球在新鲜空气处吹洗几次。这类仪器不能用来测定含有砷化氢、硫化氢等腐蚀性气体的试样。

第四节 气体分析仪器

气体的化学分析法所使用的仪器，一般由下列基本部件组成。由于用途和仪器的型号不同，其结构或形状也不相同，但是它们的基本原理却是一致的。

一、仪器的基本部件

1. 量气管与水准瓶

(1) 单臂量气管 最简单的量气管是一支容积为100mL有刻度的玻璃管，量气管下端通过橡皮管与水准瓶相连。水准瓶中注入封闭液。通过提高或降低水准瓶，可以将气体排出或吸入量气管。如图9-8(a) 所示，它的下端细长部分的分度值为0.1mL，末端用橡皮管与水准瓶相连，顶端是引入气体与赶出气体的出口，可与取样管相通。当水准瓶升高时液面上升，将气体赶出。当水准瓶放低时液面下降，将气体吸入。收集足够的气体以后，关闭气体分析器上的进样阀门。将量气管的液面与水准瓶的液面对齐（处在同一个水平面上），读出量气管上的读数，即为气体的体积。

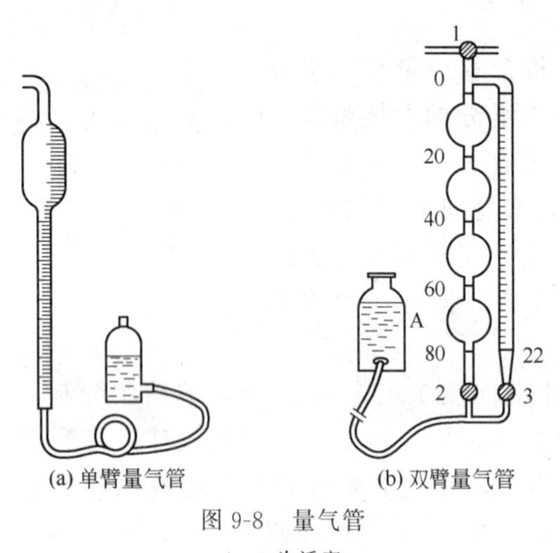

图 9-8 量气管

1～3为活塞

(2) 双臂量气管 如图9-8(b) 所示，总体积也是100mL，左臂由4个20mL的玻璃球组成，右臂是具有分度值为0.05mL体积为20mL的细管（连备用部分共22mL）。可以测量100mL以内的气体体积。量气管顶端通过活塞1与取样器、吸收瓶等相连，下端有活塞2、3，用以分别量取气体体积，末端用橡皮管与水准瓶相连。当打开活塞2、3并使活塞1与大气相通，升高水准瓶时，液面上升，将量气管中原有气体赶出，然后旋转活塞1使之与取试样器或气体贮存器相连，先关上活塞3，放下水准瓶，将气体自活塞1引入左臂球形管中，测量一部分气体体积，然后关上活塞2，打开活塞3气体流入细管中，关上活塞1，测量出细管中气体的体积，两部分体积之和即为所取气体的体积。如测量44.65mL气体时，用左臂量取40mL，右臂量取4.65mL，总体积即为44.65mL。

2. 吸收瓶（见第三节吸收所用仪器）

3. 燃烧管（见第四节燃烧所用仪器）

4. 梳形管和活塞

梳形管如图9-9所示，是连接量气管、各吸收瓶及燃烧管的部件，是气体流动的通路。气体分析仪中的活塞视不同用途可分为普通活塞和三通活塞。借助活塞的作用可以控制气体在分析仪中的流动路线。

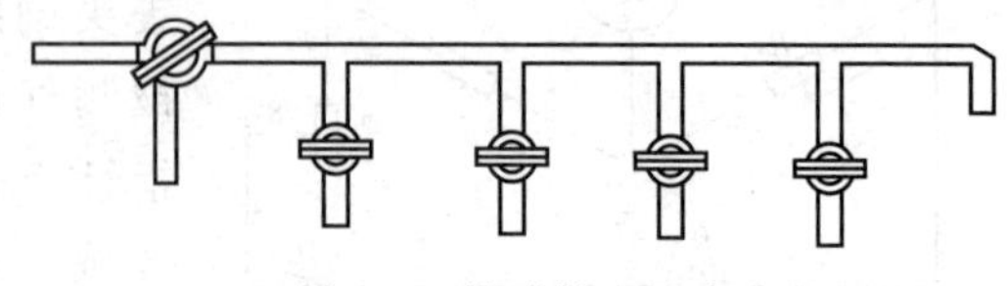
图 9-9 梳形管和活塞

将上述基本部件组合起来，可以构成各种形式的气体分析器。

二、气体分析成套仪器

1. 改良奥氏气体分析仪

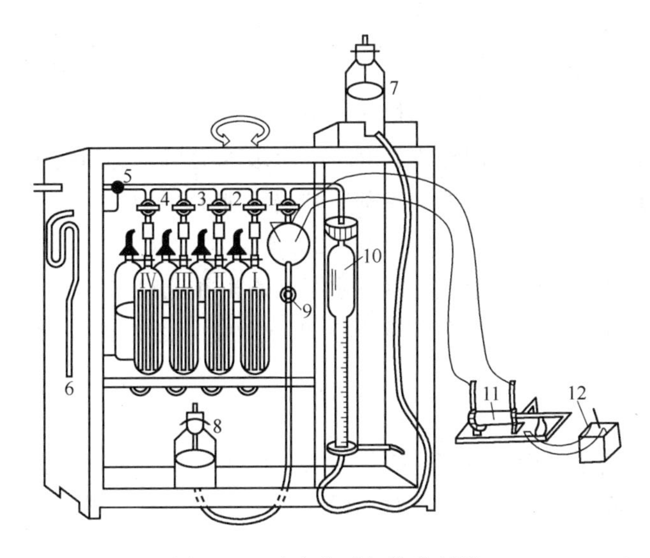

图 9-10　改良奥氏气体分析器

Ⅰ、Ⅱ、Ⅲ、Ⅳ—吸收瓶；1,2,3,4,9—活塞；5—三通活塞；
6—取样口；7,8—水准瓶；10—量气管；11—感应线圈；12—电源

图 9-10 所示为改良奥氏气体分析器，它装有五个吸收瓶，同时备有爆炸燃烧管，适用于合成氨厂分析半水煤气的成分。由量气管计量过的气体，依次通过盛不同吸收剂的吸收瓶，用吸收法分别测出其中 CO_2、O_2、CO 的含量。剩余的气体可取其一部分，加入适量空气，送入爆炸燃烧瓶，由爆炸后缩减的体积和生成 CO_2 的体积，即可求出试样中 H_2 和 CH_4 的含量。

2. 苏式气体分析仪

对于多组分气体混合物的分析，还可以采用苏式气体分析器或德式气体分析器。苏式气体分析器如图 9-11 所示，它由双臂量气管、多个吸收瓶、铂丝燃烧管及氧化铜燃烧管等部件构成。它可进行煤气全分析或更复杂的混合气体分析。仪器构造复杂，分析速度较慢，但精度较高，实用性较广。德式气体分析器和苏式气体分析器构造基本相同，只是在吸收瓶上口处装有液体逆止阀，以防止抽吸气体时吸收剂溢入梳形管。

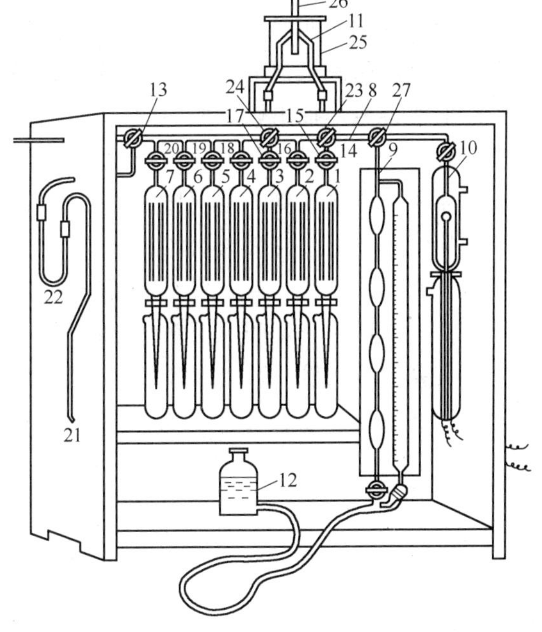

图 9-11　苏式气体分析仪

1～7—吸收瓶；8—梳形管；9—量气管；10—燃烧管；
11—氧化铜燃烧管；12—水准瓶；13,24,27—三通活塞；
14～20,23—活塞；21—进样口；22—过滤管；
25—加热器；26—热电偶

三、气体分析仪的组装与调试

1. 洗涤与干燥

新购置的气体分析仪各部件，应先用温热的稀碱液洗涤，以清水冲洗后，再用铬酸洗液洗涤，用自来水、蒸馏水依次冲洗洁净，直至器壁润湿后不挂水珠为止，

然后将各部件置于无尘处自然风干。

2．量气管体积的校正

量气管上虽然有刻度，但不一定与标明的体积相等。对于精确的测量必须进行校正。

在需要校正的量气管下端，用橡皮管套上一个玻璃尖嘴，再用夹子夹住橡皮管。在量气管中充满水至刻度的零点（注意玻璃尖嘴部分应充满水），然后放水于洁净、干燥并已知质量的100mL具塞的5个锥形瓶中，各为0～20mL、20～40mL、40～60mL、60～80mL、80～100mL，精确称量出水的质量，并测量水温，查出在此温度下水的密度。通过计算得出准确的体积。若干毫升水的真实体积与实际体积（刻度）之差即为此段间隔（体积）的校正值。

3．组装成套

将洁净、干燥的气体分析仪各部件按仪器装置图用橡皮管依次连接，各旋塞应涂抹凡士林。凡士林的用量以旋塞不漏气，转动时润滑、气路畅通为宜。然后将各旋塞插入相应配套的套管中，同时接好起爆系统线路。

4．注入吸收剂和封闭液

由各吸收瓶的承受部分注入相应的吸收剂，吸收剂的注入量应以充满吸收瓶的作用部分且承受部分液面应在其高度的1/3处。若注入的吸收剂过少时，测定中容易产生漏气现象而使空气进入。吸收剂过多时，又会在吸收时由于吸收剂从作用部分排入承受部分而溢出。

同时，向燃烧瓶、水准瓶中注入封闭液，量气管水套中注入水。

5．检查气密性

转动量气管上部四通旋塞，使量气管与大气相通，提高水准瓶，排出量气管中的空气，直至管内充满封闭液至顶端标线时，关闭四通旋塞。再使量气管与梳形管相通，同时打开燃烧瓶，降低水准瓶，抽出燃烧瓶中的空气，直至封闭液充至燃烧瓶作用部分顶端标线时，即刻关闭燃烧瓶。再使量气管与大气相通，提高水准瓶，排出量气管中抽入的燃烧瓶中的空气，使封闭液充满量气管。用同样的方法排出各吸收瓶中的空气，吸收剂充满各吸收瓶作用部分顶端标线，再关闭各吸收瓶的旋塞。

使量气管与梳形管相通，置水准瓶于实验台桌面，观察吸收瓶、燃烧瓶、量气管中液面是否下降。不下降时，证明仪器系统不漏气。液面下降时，往往是哪个瓶中的液面下降，哪个瓶上部旋塞（或胶管）可能漏气；量气管中液面下降时，除以上原因外，还要重点查看量气管上部四通旋塞（或胶管）是否漏气。直至找出漏气位置，并处理到不漏气为止，才能使用。

习　　题

一、填空题

1．工业气体按其用途大致可分为________、________、________、________和________。

2．根据气体化学吸收后定量方法的不同，气体吸收分析法又分为________法、________法、________法和________法。

3．气体分析时，由于气体的体积随温度和压力的改变而改变，所以测量气体体积的同时，必须记录________和________的变化。

4. 气体分析中，对二氧化碳的吸收要用________，而不能用 NaOH 代替，这是因为____________和______________________________的原因。

5. 燃烧分析法分为________燃烧法、________燃烧法、________燃烧法。

6. 氧化铜燃烧法的优点是不需要加入________或________。

7. 用氧化铜燃烧法测定可燃气体含量，当氧化铜温度达到________℃时，氢气和一氧化碳燃烧，当氧化铜温度达到________℃时，甲烷才能燃烧。

8. 爆炸极限是指____________________________。

9. 气体分析仪的吸收器一般有________和________两种。

10. 气体吸收器由作用部分和承受部分组成，吸收剂由________部分注入，为防止吸收剂吸收空气失效，常在承受部分吸收剂液面上放一层________。承受部分吸收剂的液面应在其高度的________处。

11. 气体分析仪主要由________、________、________、________和旋塞组成。

二、选择题

1. 煤气中的主要成分是 O_2、CO_2、CH_4、CO、H_2，根据吸收剂性质，在进行煤气分析时，正确的吸收顺序是（　　）。

A. 焦性没食子酸的碱性溶液→氯化亚铜的氨性溶液→氢氧化钾溶液

B. 氯化亚铜的氨性溶液→氢氧化钾溶液→焦性没食子酸的碱性溶液

C. 氢氧化钾溶液→氯化亚铜的氨性溶液→焦性没食子酸的碱性溶液

D. 氢氧化钾溶液→焦性没食子酸的碱性溶液→氯化亚铜的氨性溶液

2. 吸收高浓度（2%～3%）的 CO_2时，常采用的吸收剂是（　　）。

A. 浓 KOH 溶液　　B. 浓 NaOH 溶液

C. 硫酸-高锰酸钾溶液　　D. 碘溶液

3. 用化学分析法测定半水煤气中各成分的含量时，可用燃烧法测定的气体组分是（　　）。

A. CO 和 CO_2　　B. CO 和 O_2　　C. CH_4 和 H_2　　D. CH_4 和 O_2

4. 焦性没食子酸的碱性溶液一般用于（　　）的吸收。

A. 二氧化碳　　B. 一氧化碳　　C. 氧气　　D. 不饱和烃类

5. 气体吸收完毕，读取体积时，应使水准瓶与量气管内液面（　　）。

A. 稍高　　B. 稍低　　C. 一样高　　D. 不确定

6. 半水煤气中不被吸收不能燃烧的部分视为（　　）。

A. 氯气　　B. 硫化氢气体　　C. 氮气　　D. 惰性气体

7. 计量气体体积时，将水准瓶液面与量气管液面对齐的目的是（　　）。

A. 提高分析结果的正确度　　B. 使量气的压力与大气平衡

C. 省去量气体积的压力换算　　D. 便于正确读数

8. 采用缓燃法测定可燃组分时，加入的空气量应使其混合气体组成最好处于（　　）。

A. 爆炸极限内（靠近上限）　　B. 爆炸极限内（靠近下限）

C. 爆炸上限以上　　D. 爆炸下限以下

9. 吸收瓶内装有许多细玻璃管或一支气泡喷管是为了（　　）。

A. 增大气体的通路　　B. 延长吸收时间

C. 加快吸收速度　　D. 减小吸收面积

10. 使用奥氏气体分析仪时，（　　）水准瓶，可排出量气管中气体。

A. 先提高后降低　　B. 先降低后提高

C. 提高　　D. 降低

11. 不能用于分析气体的仪器是（　　）。

A. 折光仪　　B. 奥氏仪

C. 电导仪　　D. 色谱仪

三、判断题

1. 在气体分析中一般测量的是气体体积。（　　）
2. 气体分析与温度和压力无关。（　　）
3. 量气管的体积应与滴定管一样予以校正。（　　）
4. 氯化亚铜的氨性溶液主要用来吸收混合气体中的一氧化碳。（　　）
5. 可燃性气体与空气或氧气的混合比例达到爆炸极限即可发生爆炸燃烧。（　　）
6. 气体分析中，混合气体中各组分的含量不随温度及压力的变化而变化。（　　）
7. 气体吸收法一般采用碱性饱和溶液作封闭液。（　　）
8. 封闭液中一般应加入甲基红或甲基橙指示液，以便观察液位。（　　）
9. 鼓泡式吸收器适于黏度较大的吸收剂。（　　）
10. 饱和溴水吸收完气体后，在测量剩余气体体积之前，应通过硫酸溶液。（　　）

四、问答题

1. 简述气体分析的特点。

2. 简述气体吸收剂应具备哪些条件。

3. CO_2、O_2、CO、C_nH_{2n}常用什么吸收剂？如气体试样中含有这四种成分应如何安排吸收顺序？为什么？

4. 测定可燃气体的燃烧法有哪几种？它们各有什么特点？

5. CO、CH_4和H_2燃烧后，各自的体积缩减、生成CO_2体积、消耗O_2的体积与原气体体积有何关系？

五、计算题

1. 25.0mL CH_4 在过量的氧气中燃烧，体积的缩减是多少？生成的 CO_2 体积是多少？如另有一含有 CH_4 的气体在氧气中燃烧后的体积缩减 9.0mL，求原 CH_4 的体积。

2. 含有 CO_2、O_2、CO 的混合气体 98.7mL，依次用氢氧化钾溶液、焦性没食子酸碱性溶液、氯化亚铜氨性吸收液吸收后，其体积读数依次减少至 95.5mL、83.7mL、80.2mL，求以上各组分在原混合气体中的百分含量。

3. 某组分中含有一定量的氢气，经加入过量的氧气燃烧后，气体体积由 100.0mL 减少至 87.9mL，求氢气的原体积。

4. 含有 H_2、CH_4 的混合气体 25.0mL，加入过量的氧气燃烧，体积缩减了 35.0mL，生成的 CO_2 体积为 17.0mL。求各组分在原试样中的体积百分含量。

5. 含有 O_2、CO_2、CH_4、N_2、CO、H_2 等组分的混合气体 99.6mL，用吸收法吸收 CO_2、O_2、CO 后体积依次减少至 96.3mL、89.4mL、75.8mL；取剩余气体 25.0mL，加入过量的氧气进行燃烧，体积缩减了 12.0mL，生成 5.00mL CO_2，求气体中各组分的体积分数。

6. 含有 H_2、CH_4、CO 的混合气体 25.0mL，加入过量的氧气燃烧，体积缩减了 25.0mL，生成的 CO_2 体积为 17.0mL。求各组分在原试样中的体积分数。

7. 煤气的分析结果如下：取试样100.5mL，用KOH溶液吸收后体积是98.5mL，用饱和溴水吸收后体积是94.2mL，用焦性没食子酸的碱性溶液吸收后体积是93.7mL，用氯化亚铜氨溶液吸收后体积是85.2mL，自剩余气体中取出10.5mL，加入空气87.5mL，燃烧后测得体积是80.1mL，用KOH溶液吸收后体积是74.9mL，求煤气中各成分的分数。

第十章　生活热点项目分析

学习目标

1. 掌握乳制品中三聚氰胺含量测定的方法原理。
2. 掌握动物食品中瘦肉精检测的方法及原理。
3. 掌握白酒中塑化剂检测的方法。
4. 掌握明胶医用胶囊壳中铬检验的基本方法及基本原理。
5. 掌握空气中 $PM_{2.5}$ 含量的测定方法。
6. 了解甲醛的危害，掌握室内甲醛的测定方法。

第一节　乳制品中三聚氰胺含量的测定

目前国际上通常采用凯氏定氮法测定食品中粗蛋白质的含量，即以含氮量乘以 6.25 得出蛋白质含量。三聚氰胺并没有实际作用，更没有任何营养价值。三聚氰胺进入体内后几乎不能被代谢，而是从尿液中原样排出，但是，科学家研究发现动物长期摄入三聚氰胺会造成生殖、泌尿系统的损害，如膀胱、肾部结石，并可进一步诱发膀胱癌。牛奶和奶粉添加三聚氰胺，主要是因为其能冒充蛋白质。每 1kg 牛奶中添加 0.1g 三聚氰胺，就能“提高”0.4%的蛋白质含量。食品都要按规定检测蛋白质含量，如果蛋白质含量不够，说明牛奶兑水兑得太多，用全氮测定法测蛋白质含量时根本不会区分这种伪蛋白氮。本节学习乳制品中三聚氰胺含量的测定。

一、方法原理（高效液相色谱法 GB/T 22388—2008）

试样用三氯乙酸溶液-乙腈提取，经阳离子交换固相萃取柱净化后，用高效液相色谱法测定，外标法定量。

二、仪器与试剂

1. 仪器

① 高效液相色谱（HPLC）仪。配有紫外检测器。

② 分析天平。感量为 0.0001g 和 0.01g。

③ 离心机。转速不低于 4000r/min。

④ 超声波水浴。

⑤ 固相萃取装置。

⑥ 氮气吹干仪。

⑦ 螺旋混合器。

⑧ 具塞塑料离心管。50mL。

⑨ 研钵。

2. 试剂与材料

① 甲醇。色谱纯。

② 乙腈。色谱纯。

③ 氨水。含量为25%～28%。

④ 三氯乙酸。

⑤ 柠檬酸。

⑥ 辛烷磺酸钠。色谱纯。

⑦ 甲醇水溶液。准确量取50mL甲醇和50mL水，混匀后备用。

⑧ 三氯乙酸溶液（1%）。准确称取10g三氯乙酸于1L容量瓶中，用水溶解并定容至刻度，混匀后备用。

⑨ 氨化甲醇溶液（5%）。准确量取5mL氨水和95mL甲醇，混匀后备用。

⑩ 离子对试剂缓冲液。准确称取2.10g柠檬酸和2.16g辛烷磺酸钠，加入约980mL水溶解，调节pH至3.0后，定容至1L备用。

⑪ 三聚氰胺标准品。CAS 108-78-01，纯度大于99.0%。

⑫ 三聚氰胺标准贮备液。准确称取100mg（精确到0.1mg）三聚氰胺标准品于100mL容量瓶中，用甲醇水溶液溶解并定容至刻度，配制成浓度为1mg/mL的标准贮备液，于4℃避光保存。

⑬ 阳离子交换固相萃取柱。混合型阳离子交换固相萃取柱，基质为苯磺酸化的聚苯乙烯-二乙烯基苯高聚物，填料质量为60mg，体积为3mL，或相当者。使用前依次用3mL甲醇、5mL水活化。

⑭ 定性滤纸。

⑮ 海砂。化学纯，粒度0.65～0.85mm，二氧化硅（SiO_2）含量为99%。

⑯ 微孔滤膜。0.2μm，有机相。

⑰ 氮气。纯度大于等于99.999%。

三、测定步骤

1. 提取

（1）液态奶、奶粉、酸奶、冰淇淋和奶糖等　称取2g（精确至0.01g）试样于50mL具塞塑料离心管中，加入15mL三氯乙酸溶液和5mL乙腈，超声提取10min，再振荡提取10min后，以不低于4000r/min离心10min。上清液经三氯乙酸溶液润湿的滤纸过滤后，用三氯乙酸溶液定容至25mL，移取5mL滤液，加入5mL水混匀后做待净化液。

（2）奶酪、奶油和巧克力等　称取2g（精确至0.01g）试样于研钵中，加入适量海砂（试样质量的4～6倍）研磨成干粉状，转移至50mL具塞塑料离心管中，用15mL三氯乙酸溶液分数次清洗研钵，清洗液转入离心管中，再往离心管中加入5mL乙腈，超声提取10min，再振荡提取10min后，以不低于4000r/min离心10min。上清液经三氯乙酸溶液润湿的滤纸过滤后，用三氯乙酸溶液定容至25mL，移取5mL滤液，加入5mL水混匀后做待净化液。

2. 净化

将提取的待净化液转移至固相萃取柱中。依次用3mL水和3mL甲醇洗涤，抽至近干后，用6mL氨化甲醇溶液洗脱。整个固相萃取过程流速不超过1mL/min。洗脱液于50℃下用氮气吹干，残留物（相当于0.4g样品）用1mL流动相定容，涡旋混合1min，过微孔滤膜后，供 HPLC 测定。

3. HPLC 参考条件

（1）色谱柱　C_8 柱，250mm×4.6mm［内径（i.d.）］，5μm，或相当者；C_{18} 柱，250mm×4.6mm［内径（i.d.）］，5μm，或相当者。

（2）流动相　C_8 柱，离子对试剂缓冲液-乙腈（85＋15，体积比），混匀；C_{18} 柱，离子对试剂缓冲液-乙腈（90＋10，体积比），混匀。

（3）流速　1.0mL/min。

（4）柱温　40℃。

（5）波长　240nm。

（6）进样量　20μL。

4. 标准曲线的绘制

用流动相将三聚氰胺标准贮备液逐级稀释得到的浓度为 0.8μg/mL、2μg/mL、20μg/mL、40μg/mL、80μg/mL 的标准工作液，浓度由低到高进样检测，以峰面积-浓度作图，得到标准曲线回归方程。

5. 定量测定

待测样液中三聚氰胺的响应值应在标准曲线线性范围内，超过线性范围则应稀释后再进样分析。

四、结果计算

试样中三聚氰胺的含量用 X 表示，按式(10-1) 计算：

$$X=\frac{AcV\times 1000}{A_s m\times 1000}\times f \tag{10-1}$$

式中　X——试样中三聚氰胺的含量，mg/kg；

A——样液中三聚氰胺的峰面积；

c——标准溶液中三聚氰胺的浓度，μg/mL；

V——样液最终定容体积，mL；

A_s——标准溶液中三聚氰胺的峰面积；

m——试样的质量，g；

f——稀释倍数。

五、方法讨论

① 除不称取样品外，空白实验均按上述测定条件和步骤进行。

② 本方法的定量限为 2mg/kg。

③ 在添加浓度 2～10mg/kg 范围内，回收率在 80%～110%之间，相对标准偏差小于 10%。

④ 在重复性条件下获得的两次独立测定结果的绝对差值不得超过算术平均值的 10%。

第二节　动物食品中瘦肉精的检测

通常所说的“瘦肉精”是指克伦特罗，呈白色或类白色的结晶粉末，无臭、味苦，熔点 161℃，溶于水、乙醇，微溶于丙酮，不溶于乙醚。克伦特罗是一种平喘药。该药物既不是兽药，也不是饲料添加剂，而是肾上腺类神经兴奋剂。它可以增加动物的瘦肉量、减少饲料使用、使肉品提早上市、降低成本。在20世纪90年代，国内错误地把其作为饲料添加剂使用在猪饲料中，因此叫做“瘦肉精”。但随着其明显的副作用显现，轻则导致心律不齐，严重的则会导致心脏病，国际上已经禁止其使用在饲料中。我国也于1997年开始全面禁止使用。本节我们将学习动物食品中瘦肉精的检测方法。

一、方法原理（高效液相色谱法GB/T 5009.192—2003）

固体试样剪碎，用高氯酸溶液匀浆，液体试样加入高氯酸溶液，进行超声加热提取后，用异丙醇＋乙酸乙酯（40＋60）萃取，有机相浓缩，经弱阳离子交换柱进行分离，用乙醇＋氨（98＋2）溶液洗脱，洗脱液经浓缩，流动相定容后在高效液相色谱仪上进行测定，外标法定量。

二、仪器与试剂

1. 仪器

① 水浴超声清洗器。

② 磨口玻璃离心管：11.5cm（长）×3.5cm（内径），具塞。

③ 5mL玻璃离心管。

④ 酸度计。

⑤ 离心机。

⑥ 振荡器。

⑦ 旋转蒸发器。

⑧ 涡旋式混合器。

⑨ 针筒式微孔过滤膜（0.45μm，水相）。

⑩ 氮气蒸发器。

⑪ 匀浆器。

⑫ 高效液相色谱仪。

2. 试剂

① 克伦特罗，纯度≥99.5%。

② 磷酸二氢钠。

③ 磷酸二氢钠缓冲液（0.1mol/L，pH＝6.0）。

④ 氢氧化钠溶液（1mol/L）。

⑤ 异丙醇＋乙酸乙酯（40＋60）。

⑥ 乙酸乙酯。

⑦ 乙醇＋浓氨水（98＋2）。

⑧ 弱阳离子交换柱（LC-WCX，3mL）。

⑨ 氯化钠。

⑩ 甲醇＋水（45＋55）。

⑪ 高氯酸溶液（0.1mol/L）。

⑫ 克伦特罗标准溶液。准确称取克伦特罗标准品，用甲醇配成浓度为250mg/L的标准贮备液，贮于冰箱中，使用时用甲醇稀释成0.5mg/L的克伦特罗标准使用液，进一步用甲醇＋水（45＋55）适当稀释。

三、测定步骤

1. 提取

称取肌肉、肝脏或肾脏试样10g（精确到0.01g），用20mL 0.1mol/L高氯酸溶液匀浆，置于磨口玻璃离心管中；超声20min，取出置于80℃水浴中加热30min。取出冷却后，离心15min（4500r/min）。倾出上清液，沉淀用5mL 0.1mol/L高氯酸溶液洗涤，再离心，将两次上清液合并。用1mol/L氢氧化钠溶液调pH=9.5±0.1，加入8g氯化钠，混匀，加入25mL异丙醇+乙酸乙酯（40+60），置于振荡器上振荡提取20min。提取完毕，放置5min。用吸管小心将上层有机相转移至旋转蒸发瓶中，用20mL异丙醇+乙酸乙酯（40+60）重复萃取一次，合并有机相，于60℃在旋转蒸发器上蒸干，用1mL 0.1mol/L磷酸二氢钠缓冲液（pH=6.0）充分溶解残留物，经针筒式微孔过滤膜过滤，转移至5mL玻璃离心管中，用0.1mol/L磷酸二氢钠缓冲液（pH=6.0）定容至刻度。

2. 净化

依次用10mL乙醇、3mL水、3mL 0.1mol/L磷酸二氢钠溶液（pH 6.0）、3mL水冲洗弱阳离子交换柱，取适量上述提取液至弱阳离子交换柱上，弃去流出液，分别用4mL水和4mL乙醇冲洗柱子，弃去流出液，用6mL乙醇+浓氨水（98+2）冲洗柱，收集流出液，将流出液在氮气蒸发器上浓缩至干。

于净化、吹干的试样残渣中加入100～500μL流动相，在涡旋式混合器上充分振摇，使残渣溶解，溶液过针筒式微孔滤膜（0.45μm）后，上清液进HPLC分析。

3. 测定

① 液相色谱测定参考条件

色谱柱：BDS或ODS柱，250mm×4.6mm，5μm。

流动相：乙醇+水（45+55）。

流速：1mL/min。

波长：244nm。

进样量：20～50μL。

柱箱温度：25℃。

② 分别吸取20～50μL标准系列溶液，依次注入液相色谱仪，以保留时间定性，外标法定量。样品净化液同样操作。

四、结果计算

试样中克伦特罗的含量用X表示，按式(10-2)计算：

$$X=\frac{Af}{m} \tag{10-2}$$

式中 X——试样中克伦特罗的含量，μg/kg或μg/L；

A——试样色谱峰与标准色谱峰的峰面积比值对应的克伦特罗的质量，ng；

f——试样的稀释倍数；

m——试样的取样量，g或mL。

五、方法讨论

① 计算结果保留到小数点后两位。

② 在重复性条件下获得的两次独立测定结果的绝对差值不得超过算术平均值的20%。

第三节　白酒中塑化剂的检测

塑化剂又名邻苯二甲酸酯类，常作为工业增塑剂广泛用于食品接触材料、化妆品、玩具等产品中。邻苯二甲酸酯类作为一类环境激素，会损伤动物机体，影响生殖和发育，致癌致畸。

近年来，食品安全越来越被人们所重视。白酒行业是食品行业的重要组成部分，2013年全国白酒产量达到1.2262×10^{10}L，足见其巨大的生产量与消费量，其质量安全必然会受到越来越广泛的关注。白酒中乙醇含量（体积分数）在30%～60%之间，且邻苯二甲酸酯类易溶于乙醇。白酒在生产、运输和贮存过程中接触含有塑化剂的酿酒器具、运输管线和包装材料等，可能导致白酒被塑化剂污染。因此，白酒中塑化剂的准确定量成为白酒行业尤为重视的问题。而白酒中的塑化剂主要来自于塑料接酒桶、塑料输酒管、酒泵进出乳胶管、封酒缸塑料布、成品酒塑料内盖、成品酒塑料袋包装、成品酒塑料瓶包装、成品酒塑料桶包装等。塑料袋、瓶装的成品酒，随着时间的推移，产品中的塑化剂含量会逐渐增高。

同时，酒业协会曝出，溶进白酒产品塑化剂最高值是酒泵进出乳胶管，目前所有白酒企业都在使用该设备。每10m乳胶管可在白酒中增加塑化剂含量0.1mg/kg，有的企业用一次酒泵，还有的企业多达4～5次。为此，白酒中塑化剂的检测十分重要，我们将在本节学习。

一、方法原理（GC-MS法 GB/T 21911—2008）

各类食品提取、净化后经气相色谱-质谱联用仪进行测定，采用特征选择离子检测扫描模式（SIM），以碎片的丰度比定性，标准样品定量离子外标法定量。

二、仪器与试剂

1. 仪器

① 气相色谱-质谱联用仪（GC-MS）。

② 凝胶渗透色谱分离系统（GPC）。玉米油与邻苯二甲酸二（2-乙基）己酯的分离度不低于85%（或可进行脱脂的等效分离装置）。

③ 分析天平。

④ 离心机。

⑤ 旋转蒸发仪。

⑥ 振荡器。

⑦ 涡旋混合器。

⑧ 粉碎机。

⑨ 玻璃器皿。

2. 试剂

除另有说明外，本实验所用水均为全玻璃重蒸馏水，试剂均为色谱纯。

① 正己烷。

② 乙酸乙酯。

③ 环己烷。

④ 石油醚。沸程30～60℃。

⑤ 丙酮。

⑥ 无水硫酸钠。优级纯，于650℃灼烧4h，冷却后贮于密闭干燥器中备用。

⑦ 15种邻苯二甲酸酯标准品（纯度均在95%以上）。邻苯二甲酸二甲酯（DMP）、邻苯二甲酸二乙酯（DEP）、邻苯二甲酸二异丁酯（DIBP）、邻苯二甲酸二丁酯（DBP）、邻苯二甲酸二（2-甲氧基）乙酯（DMEP）、邻苯二甲酸二（4-甲基-2-戊基）酯（BMPP）、邻苯二甲酸二（2-乙氧基）乙酯（DEEP）、邻苯二甲酸二戊酯（DPP）、邻苯二甲酸二己酯

(DHXP)、邻苯二甲酸苄基丁基酯（BBP)、邻苯二甲酸二（2-丁氧基）乙酯（DBEP)、邻苯二甲酸二环己酯（DCHP)、邻苯二甲酸二（2-乙基）己酯（DEHP)、邻苯二甲酸二正辛酯（DNOP)、邻苯二甲酸二壬酯（DNP)。

⑧ 标准贮备液。称取上述各种标准品（精确至 0.1mg），用正己烷配制成 1000mg/L 的贮备液，于 4℃冰箱中避光保存。

⑨ 标准使用液。将标准贮备液用正己烷稀释至浓度为 0.5mg/L、1.0mg/L、2.0mg/L、4.0mg/L、8.0mg/L 的标准系列溶液待用。

三、测定步骤

1. 试样制备

取同一批次 3 个完整独立包装样品，不少于 500mL，置于硬质全玻璃器皿中，混合均匀，待用。

2. 试样处理

量取混合均匀液体试样 5.0mL，加入正己烷 2.0mL，振荡 1min，静置分层（如有必要时盐析或于 4000r/min 离心 5min)，取上层清液进行 GC-MS 分析。

3. 测定

(1) 色谱条件

① 色谱柱。HP-5 MS 石英毛细管柱（30m×0.25mm i.d. ×0.25μm)。

② 进样口温度 250℃。

③ 升温程序。初始温度 60℃，保持 1min，以 20℃/min 升至 220℃，保持 1min，再以 5℃/min 升至 280℃，保持 4min。

④ 载气。氦气（纯度≥99.999%)，流速 1mL/min。

⑤ 进样量 1μL。

⑥ 进样方式为不分流进样。

(2) 质谱条件

① 色谱与质谱接口温度 280℃。

② 电离模式为电子轰击源（EI)。

③ 电离能量 70eV。

④ 扫描方式。采用选择离子扫描（SIM）采集，检测离子参考国家标准。

⑤ 溶剂延迟 5min。

4. 定性分析

在上述仪器条件下，试样待测液和标准品的选择离子色谱峰在相同保留时间处（±0.5%）出现，并且对应质谱碎片离子的质荷比与标准品一致，其丰度比与标准品相比应符合：相对丰度>50%时，允许±10%偏差；相对丰度 20%～50%时，允许±15%偏差；相对丰度 10%～20%时，允许±20%偏差；相对丰度≤10%时，允许±50%偏差，此时可定性确证目标分析物。各邻苯二甲酸酯类化合物的保留时间、定性离子和定量离子参见国家标准。各邻苯二甲酸酯类化合物标准物质的气相色谱-质谱选择离子色谱图参见国家标准。

5. 定量分析

本标准采用外标校准曲线法定量测定。以各邻苯二甲酸酯化合物的标准溶液浓度为横坐标，各自的定量离子的峰面积为纵坐标，做标准曲线线性回归方程，以试样的峰面积与标准曲线比较定量。

四、结果计算

试样中某种邻苯二甲酸酯的含量用 X 表示，按式(10-3) 计算：

$$X=\frac{(c_i-c_0)VK}{m} \tag{10-3}$$

式中 X——试样某种邻苯二甲酸酯的含量，mg/kg 或 mg/L；

c_i——试样中某种邻苯二甲酸酯峰面积对应的浓度，mg/L；

c_0——空白试样中某种邻苯二甲酸酯的浓度，mg/L；

V——试样定容体积，mL；

K——稀释倍数；

m——试样质量，g 或 mL。

五、方法讨论

① 本标准检出限：不含油脂样品中各邻苯二甲酸酯化合物的检出限为 0.05mg/kg。

② 计算结果保留三位有效数字。

③ 试样中邻苯二甲酸酯的含量在 0.05～0.2mg/kg 范围时，本标准在重复性条件下获得两次独立测定结果的绝对差值不得超过算术平均值的 30%；在 0.2～20mg/kg 范围时，本标准在重复性条件下获得两次独立测定结果的绝对差值不得超过算术平均值的 15%。

第四节 明胶药用空心胶囊中铬的测定

药用胶囊是一种药品辅料，主要是供给药厂用于生产各种胶囊类药品。某些黑心企业用生石灰浸渍膨胀、工业强酸强碱中和脱色等手段清洗处理皮革废料，熬制成工业明胶，卖给药用胶囊生产企业，制成毒胶囊，流向药品企业。

那么，这种胶囊会对人体产生怎样的危害呢？它到底有多大毒性？经检测，这种药品胶囊中的铬含量严重超标。胶囊中之所以会发生铬超标，是因为黑心企业在制作胶囊时，用工业明胶代替了药用明胶。合格的药用明胶所用的猪皮和牛皮应是未经铬盐鞣制或未经有害金属污染的制革生皮或新鲜皮、冷冻皮。而制革厂的边角料只能用来生产工业明胶。

铬是一种化学元素，在元素周期表中属ⅥB 族，常见化合价为＋3、＋6 和＋2，其中三价和六价化合物较常见。鞣制使用的是三价铬，它是阳离子，带三个正电荷。而六价铬和氧原子结合在一起形成原子团，以铬酸根的形式存在。六价铬有很强的生物毒性，长期接触有致癌性，急性毒性剂量范围在 50～150μg/kg。即使在皮革行业中，六价铬也是人见人厌的化学物质。各国对皮革中的六价铬含量都有明确要求，最严格的是德国，201 法令规定，皮革中不得含有六价铬。

准确评估工业明胶的健康风险比较困难。原因有两个：第一，鞣制虽然使用的是三价铬，但是工业用鞣制试剂并不纯，不可避免地含有六价铬；第二，三价铬和毒性剧烈的六价铬在使用和保存中可以互相转化。2010 年，河北大学科研人员的市场调查结果表明，15 个添加了明胶的食品样品中，有 13 个六价铬含量超过 2mg/kg 的标准，其中 10 个超过了 100mg/kg。毫无疑问，这些市场上的食品样品中添加的都是工业明胶。

本节我们学习原子吸收分光光度法测定明胶药用空心胶囊中铬的方法。

一、方法原理（原子吸收分光光度法，《中国药典》2015 年版）

试样经硝酸分解后，取供试品溶液与对照品溶液，以石墨炉为原子化器，照原子吸收分光光度法，在 357.9nm 的波长处测定，计算出试样中铬的含量。

二、仪器与试剂

1. 仪器

① 原子吸收分光光度计（含石墨炉原子化装置）。

② 电子天平。

③ 微波消解仪。

④ 恒温消解仪。

⑤ 赶酸器。

2. 试剂

① 硝酸（优级纯）。

② 铬单元素标准溶液（1000μg/mL，国家标准物质）。

三、测定步骤

1. 空心胶囊壳的制备

倾出胶囊剂的内容物，胶囊壳用棉棒或小刷擦拭干净（不得损坏囊壳），放置，待用。

2. 胶囊剂明胶空心胶囊壳中总铬测定方法

（1）铬标准贮备液的制备　取铬单元素标准溶液（1000μg/mL），用 2％硝酸稀释制成每 1mL 含铬 1.0μg 的铬标准贮备液。

（2）标准溶液的制备　分别精密量取铬标准贮备液适量，用 2％硝酸溶液稀释制成每 1mL 含铬 0～80ng 的对照品溶液。临用时现配。

（3）供试品溶液的制备　精密称取本品 0.5g，置聚四氟乙烯消解罐内，加硝酸 5～10mL，混匀，浸泡过夜，盖上内盖，旋紧外套，置适宜的微波消解炉内，进行消解。消解完全后，取消解内罐置电热板上缓缓加热至红棕色蒸气挥尽并近干，用 2％硝酸转移至 50mL 量瓶中，并加 2％硝酸稀释至刻度，摇匀，作为供试品溶液；同法制备试剂空白溶液，作为空白校正。

（4）测定　取供试品溶液与对照品溶液适量，以石墨炉为原子化器，照原子吸收分光光度法（《中国药典》2015 年版，通则 0406 第一法），在 357.9nm 的波长处测定，计算，即得。

3. 方法验证

（1）线性　制备含铬的对照品溶液至少 5 份，浓度依次递增，最高浓度吸收值应在 0.8 以下，保证具有较好的线性范围，相关系数（r）≥0.99。

（2）准确性　应进行整个实验过程的（包括前处理）方法学回收率验证，暂定回收率应为 80％～120％的范围内。每次测定需进行随行回收试验。

（3）重复性　取限度浓度的标准品溶液重复测定 5 次，吸收度（测定值）的变化范围（RSD）不得超过 5％。

（4）定量限　本方法定量限应不低于 0.5mg/kg。

四、结果计算

试样中铬的含量用 X 表示，按式(10-4) 计算：

$$X=\frac{\rho_x \times 50 \times 10^{-3}}{m} \tag{10-4}$$

式中　X——试样中铬的含量，mg/kg；

ρ_x——试样质量浓度，ng/mL；

m——试样质量，g。

五、方法讨论

① 消解。样品前处理是试验中的关键步骤，既要保证消解完全，又要保证消解过程样品中的铬不损失，因此试验中建议加入10mL硝酸（优级纯），并需要浸泡过夜后消解。参考消解程序为：5min由室温升至120℃，维持3min；6min由120℃升至150℃，维持2min；6min由150℃升至180℃，维持20min。

② 为避免玻璃容器的干扰，试验中宜采用塑料容量瓶（聚乙烯材质）定容。

③ 不同原子吸收仪试验参数可能不同，可根据原子吸收仪说明书中推荐程序设定测定参数（参考石墨炉升温程序如下：5s升温至100℃，保持10s；5s升温至500℃，保持10s；0s升温至2100℃，保持3s；0s升温至2200℃，保持2s）。

④ 含钛白粉的胶囊壳（不透明胶囊）建议在微波消解时，样品中除加硝酸外可另加0.5mL氢氟酸，其他同供试品溶液制备。

⑤ 实验用水应采用纯化水，贮藏水的容器宜用聚乙烯塑料材料制成，不宜选用玻璃容器长期贮存。

⑥ 试剂应采用优级纯及以上级别试剂。

⑦ 试验中所用容器及器皿均需在每次使用前用盐酸溶液（浓盐酸：水＝1：1）浸泡1h，再用硝酸溶液（浓硝酸：水＝1：1）浸泡1h，再用纯化水冲洗干净后使用。微波消解容器应采用仪器清洗程序清洗，不得采用铬酸清洗液洗涤容器。

⑧ 结果判断：标准规定不得过百万分之二（2mg/kg）。由于微量测定，结果的偏差会较大，一般两份样品的相对偏差≤10%，取平均值即可。

⑨ 样品检测应严格遵守《中国药典》2015年版（四部）“明胶空心胶囊”铬项下方法试验，如因试验需要改变样品前处理方法及检测波长，应按照实验室有关质量管理程序（偏离）进行。

⑩ 若试剂空白溶液测定值过高（宜不超过标准曲线最低浓度点吸光度值的50%），应换用空白干扰小的溶液重新试验。

⑪ 若供试品溶液浓度过高，可稀释到标准曲线范围内进行测定。

第五节　空气中$PM_{2.5}$的采集和测定

$PM_{2.5}$是悬浮在空气中，空气动力学直径≤2.5μm的颗粒物，也称为可入肺颗粒物。虽然$PM_{2.5}$只是地球大气成分中含量很少的组分，但它对空气质量和能见度等有重要的影响。与较粗的大气颗粒物相比，$PM_{2.5}$粒径小，富含大量的有毒有害物质且在大气中的停留时间长、输送距离远，因而对人体健康和大气环境质量的影响更大。《环境空气质量标准》（GB 3095—2012）于2016年1月1日全面实施。

气象专家和医学专家认为，由细颗粒物造成的灰霾天气对人体健康的危害甚至要比沙尘暴更大。粒径10μm以上的颗粒物，会被挡在人的鼻子外面；粒径在2.5～10μm之间的颗粒物，能够进入上呼吸道，但部分可通过痰液等排出体外，另外也会被鼻腔内部的绒毛阻挡，对人体健康危害相对较小；而粒径在2.50μm以下的细颗粒物，直径相当于人类头发的1/10大小，不易被阻挡。被吸入人体后会直接进入支气管，干扰肺部的气体交换，引发包括哮喘、支气管炎和心血管病等方面的疾病。这些颗粒还可以通过支气管和肺泡进入血液，其中的有害气体、重金属等溶解在血液中，对人体健康的伤害更大。在欧盟国家中，$PM_{2.5}$导致人们的平均寿命减少8.6个月。而$PM_{2.5}$还可成为病毒和细菌的载体，为呼吸道传染病的传播推波助澜。

本节我们就来学习空气中$PM_{2.5}$的采集和测定。

一、方法原理（重量法 HJ 618—2011）

通过具有一定切割特性的采样器，以恒速抽取定量体积空气，使环境空气中$PM_{2.5}$被截留在已知质量的滤膜上，根据采样前后滤膜的重量差和采样体积，计算出$PM_{2.5}$浓度。

二、仪器与设备

（1）$PM_{2.5}$切割器、采样系统　切割粒径$D_{a50}=(2.5\pm0.2)\mu m$；捕集效率的几何标准差为$\sigma_g=(1.2\pm0.1)\mu m$。

（2）采样器孔口流量计或其他符合本标准技术指标要求的流量计

① 大流量流量计：量程0.8～1.4m^3/min；误差≤2%。

② 中流量流量计：量程60～125L/min；误差≤2%。

③ 小流量流量计：量程<30L/min；误差≤2%。

（3）滤膜　根据样品采集目的可选用玻璃纤维滤膜、石英滤膜等无机滤膜或聚氯乙烯、聚丙烯、混合纤维素等有机滤膜。滤膜对0.3μm标准粒子的截留效率不低于99%。空白滤膜进行平衡处理至恒重，称量后，放入干燥器中备用。

（4）分析天平　感量0.1mg或0.01mg。

（5）恒温恒湿箱　箱内空气温度在15～30℃范围内可调，控温精度±1℃。箱内空气相对湿度应控制在50%±5%。恒温恒湿箱可连续工作。

（6）干燥器内盛变色硅胶。

三、测定步骤

1. 样品采集

① 采样时，采样器入口距地面高度不得低于1.5m。采样不宜在风速大于8m/s等天气条件下进行。采样点应避开污染源及障碍物。如果测定交通枢纽处$PM_{2.5}$，采样点应布置在距人行道边缘外侧1m处。

② 采用间断采样方式测定日平均浓度时，其次数不应少于4次，累积采样时间不应少于18h。

③ 采样时，将已称重的滤膜用镊子放入洁净采样夹内的滤网上，滤膜毛面应朝进气方向。将滤膜牢固压紧至不漏气。如果测定任何一次浓度，每次需更换滤膜；如测日平均浓度，样品可采集在一张滤膜上。采样结束后，用镊子取出。将有尘面两次对折，放入样品盒或纸袋，并做好采样记录。

2. 样品保存

滤膜采集后，如不能立即称重，应在4℃条件下冷藏保存。

3. 分析步骤

将滤膜放在恒温恒湿箱中平衡24h，平衡条件为：温度取15～30℃中任何一点，相对湿度控制在45%～55%范围内，记录平衡温度与湿度。在上述平衡条件下，用感量为0.1mg或0.01mg的分析天平称量滤膜，记录滤膜重量。同一滤膜在恒温恒湿箱中相同条件下再平衡1h后称重。对于$PM_{2.5}$颗粒物样品滤膜，两次重量之差分别小于0.4mg或0.04mg为满足恒重要求。

四、结果计算

试样中 $PM_{2.5}$ 浓度用 ρ 表示，按式(10-5) 计算：

$$\rho = \frac{w_2 - w_1}{V} \times 1000 \tag{10-5}$$

式中　ρ——$PM_{2.5}$ 浓度，mg/m^3；

w_2——采样后滤膜的重量，g；

w_1——采样前滤膜的重量，g；

V——已换算成标准状况（101.325kPa，273K）下的采样体积，m^3。

五、方法讨论

① 采样器每次使用前需进行流量校准。

② 滤膜使用前均需进行检查，不得有针孔或任何缺陷。滤膜称量时要消除静电的影响。

③ 取清洁滤膜若干张，在恒温恒湿箱，按平衡条件平衡 24h，称重。每张滤膜非连续称量 10 次以上，求每张滤膜的平均值为该张滤膜的原始质量。以上述滤膜作为“标准滤膜”。每次称滤膜的同时，称量两张“标准滤膜”。若标准滤膜称出的重量在原始质量±5mg（大流量），±0.5mg（中流量和小流量）范围内，则认为该批样品滤膜称量合格，数据可用。否则应检查称量条件是否符合要求并重新称量该批样品滤膜。

④ 要经常检查采样头是否漏气。当滤膜安放正确，采样系统无漏气时，采样后滤膜上颗粒物与四周白边之间界限应清晰，如出现界线模糊时，则表明应更换滤膜密封垫。

⑤ 当 PM_{10} 或 $PM_{2.5}$ 含量很低时，采样时间不能过短。对于感量为 0.1mg 和 0.01mg 的分析天平，滤膜上颗粒物负载量应分别大于 1mg 和 0.1mg，以减少称量误差。

⑥ 采样前后，滤膜称量应使用同一台分析天平。

第六节　室内空气中甲醛含量的测定

甲醛（又名蚁醛）是一种无色的刺激性气体，其 40%的水溶液俗称福尔马林，在医学上作防腐剂和消毒剂。甲醛具有活泼的化学性质及生物活性。甲醛自 20 世纪 60 年代中期起随大量新型建筑材料、涂料、合成树脂及黏结剂的使用，进入人们的生产和生活中。如装修过的房间总飘荡着刺鼻气味，待的时间稍长，就会出现头昏、刺眼、喉痛、胸闷等不良反应，甚至产生皮疹、发烧、呼吸道感染等症状，其实这多半是甲醛惹的祸。

室内空气中的甲醛来源主要包括：护墙板、天花板等装饰材料的各类脲醛树脂胶人造板，比如胶合板、细木工板、中密度纤维板和刨花板等；含有甲醛成分并有可能向外界散发的各类装饰材料，如墙布、墙纸、涂料等；有可能散发甲醛的室内陈列及生活用品，如家具、化纤地毯和泡沫塑料等。甲醛的散发，在盛夏高温时节往往达到最高值。世界各国都根据自己的情况制定了室内甲醛浓度指导限制与最大容许浓度，GB/T 18883—2002《室内空气质量标准》中规定甲醛的限量是 0.08mg/m^3。

甲醛对人体的急性毒作用，主要表现为对眼睛、皮肤、黏膜的刺激作用，引起眼痛、流泪、皮炎等症状。有报道显示，长期低浓度甲醛蒸气仍可损害作业工人的眼及上呼吸道黏膜。

本节我们就来学习室内空气中甲醛含量的测定。

一、方法原理（分光光度法 GB/T 16129—1995）

空气中甲醛与 4-氨基-3-联氨-5-巯基-1,2,4-三氮杂茂（Ⅰ）在碱性条件下缩合（Ⅱ），然后经高碘酸钾氧化成 6-巯基-5-三氮杂茂[4,3-*b*]-*S*-四氮杂苯（Ⅲ）紫红色化合物，其色泽深浅与甲醛含量成正比。

二、仪器与试剂

1. 仪器

① 气泡吸收管。有 5mL 和 10mL 刻度线。

② 空气采样器。流量范围 0～2L/min。

③ 10mL 具塞比色管。

④ 分光光度计。具有 550nm 波长，并配有 10mm 光程的比色皿。

2. 试剂

本法所用试剂除注明外，均为分析纯；所用水均为蒸馏水。

① 吸收液。称取 1g 三乙醇胺，0.25g 偏重亚硫酸钠和 0.25g 乙二胺四乙酸二钠溶于水中并稀释至 1000mL。

② 0.5% 4-氨基-3-联氨-5-巯基-1,2,4-三氮杂茂（简称 AHMT）溶液。称取 0.25g AHMT 溶于 0.5mol/L 盐酸中，并稀释至 50mL，此试剂置于棕色瓶中，可保存半年。

③ 5mol/L 氢氧化钾溶液。称取 28.0g 氢氧化钾溶于 100mL 水中。

④ 15g/L 高碘酸钾溶液。称取 1.5g 高碘酸钾溶于 0.2mol/L 氢氧化钾溶液中，并稀释至 100mL，于水浴上加热溶解，备用。

⑤ 硫酸（ρ=1.84g/mL）。

⑥ 30%氢氧化钠溶液。

⑦ 1mol/L 硫酸溶液。

⑧ 0.5%淀粉溶液。

⑨ 0.1000mol/L 硫代硫酸钠标准溶液。

⑩ 0.0500mol/L 碘溶液。

⑪ 甲醛标准贮备溶液。取 2.8mL 甲醛溶液（含甲醛 36%～38%）于 1L 容量瓶中，加 0.5mL 硫酸并用水稀释至刻度，摇匀。其准确浓度用下述碘量法标定。

甲醛标准贮备溶液的标定：精确量取 20.00mL 甲醛标准贮备溶液，置于 250mL 碘量瓶中。加入 20.00mL 0.0500mol/L 碘溶液和 15mL 1mol/L 氢氧化钠溶液，放置 15min。加入 20mL 0.5mol/L 硫酸溶液，再放置 15min，用 0.05mol/L 硫代硫酸钠溶液滴定，至溶液呈现淡黄色时，加入 1mL 0.5%淀粉溶液，继续滴定至刚使蓝色消失为终点，记录所用硫代硫酸钠溶液体积。同时用水作试剂空白滴定。

甲醛溶液的浓度用式(10-6) 计算。

$$c=\frac{(V_1-V_2)M\times 15}{20} \tag{10-6}$$

式中　c——甲醛标准贮备溶液中甲醛浓度，mg/mL；

V_1——滴定空白时所用硫代硫酸钠标准溶液体积，mL；

V_2——滴定甲醛溶液时所用硫代硫酸钠标准溶液体积，mL；

M——硫代硫酸钠标准溶液的浓度，mol/L；

15——甲醛的换算值。

取上述标准溶液稀释10倍作为贮备液，此溶液置于室温下可使用1个月。

⑫ 甲醛标准溶液。用时取上述甲醛贮备液，用吸收液稀释成1.00mL含2.00μg甲醛。

三、测定步骤

1. 样品采集

用一个内装5mL吸收液的气泡吸收管，以1.0L/min流量，采气20L。并记录采样时的温度和大气压力。

2. 标准曲线的绘制

用标准溶液绘制标准曲线：取7支10mL具塞比色管，按表10-1制备标准色列管。

表10-1　甲醛标准色列管

管号	0	1	2	3	4	5	6
标准溶液/mL	0.0	0.1	0.2	0.4	0.8	1.2	1.6
吸收溶液/mL	2.0	1.9	1.8	1.6	1.2	0.8	0.4
甲醛含量/μg	0.0	0.2	0.4	0.8	1.6	2.4	3.2

各管加入1.0mL 5mol/L氢氧化钾溶液，1.0mL 0.5%AHMT溶液，盖上管塞，轻轻颠倒混匀三次，放置20min。加入0.3mL 15g/L高碘酸钾溶液，充分振摇，放置5min。用10mm比色皿，在波长550nm下，以水作参比，测定各管吸光度。以甲醛含量为横坐标，吸光度为纵坐标，绘制标准曲线，并计算回归线的斜率，以斜率的倒数作为样品测定计算因子B_S（μg/吸光度）。

3. 样品测定

采样后，补充吸收液到采样前的体积。准确吸取2mL样品溶液于10mL比色管中，按制作标准曲线的操作步骤测定吸光度。

在每批样品测定的同时，用2mL未采样的吸收液，按相同步骤作试剂空白值测定。

四、结果计算

(1) 将采样体积按式(10-7)换算成标准状况下的采样体积

$$V_0=V_t\times\frac{T_0}{273\times t}\times\frac{p}{p_0} \tag{10-7}$$

式中　V_0——标准状况下的采样体积，L；

V_t——采样体积，L；

t——采样时的空气温度，℃；

T_0——标准状况下的热力学温度，273K；

p——采样时的大气压，kPa；

p_0——标准状况下的大气压力，101.3kPa。

(2) 空气中甲醛浓度按式(10-8)计算

$$c=\frac{(A-A_0)\times B_S}{V_0}\times\frac{V_1}{V_2} \tag{10-8}$$

式中　c——空气中甲醛浓度，mg/m³；

A——样品溶液的吸光度；

A_0——试剂空白溶液的吸光度；

B_S——计算因子，μg/吸光度；

V_0——标准状况下的采样体积，L；

V_1——采样时吸收液体积，mL；

V_2——分析时取样品体积，mL。

五、方法讨论

（1）灵敏度　本法标准曲线的直线回归后的斜率（b）为0.175吸光度。

（2）检出限　本法检出限平均值为0.13μg。

（3）回收率　回收率范围为93%～99%，平均回收率为97%。

习　题

一、填空题

1. 常采用________测定饲料中粗蛋白质的含量，即以含氮量的多少乘以________得出蛋白质含量。

2. 在三聚氰胺的检测中，试样用________提取，经阳离子交换固相萃取柱净化后，用高效液相色谱法测定，外标法定量。

3. 通常所说的“瘦肉精”是指________，呈白色或类白色的________，无臭、味苦，熔点________，溶于水、乙醇，微溶于丙酮，不溶于________。

4. 瘦肉精的测定原理是：固体试样剪碎，用________溶液匀浆，液体试样加入高氯酸溶液，进行超声加热提取后，用________萃取，有机相浓缩，经弱阳离子交换柱进行分离，用________溶液洗脱，洗脱液经浓缩，流动相定容后在高效液相色谱仪上进行测定，外标法定量。

5. 塑化剂又名________，常作为工业________广泛用于食品接触材料、化妆品、玩具等产品中。

6. 铬是一种化学元素，在元素周期表中属ⅥB族，常见化合价为________，其中三价和六价化合物较常见。________价铬有很强的生物毒性，长期接触有致癌性。

7. 在铬含量测定中，为避免玻璃容器的干扰，试验中宜采用________定容。

8. $PM_{2.5}$是悬浮在空气中，空气动力学直径≤2.5μm的颗粒物，也称为________。$PM_{2.5}$还可成为病毒和细菌的载体，为呼吸道传染病的传播推波助澜。

9. ________（又名蚁醛）是一种无色的刺激性气体，其40%的水溶液俗称________，在医学上作防腐剂和消毒剂。我国的室内空气质量标准中规定甲醛的限量是________。

二、选择题

1. 准确称取100mg三聚氰胺标准品于100mL容量瓶中，用（　　）水溶液溶解并定容至刻度，配制成浓度为1mg/mL的标准贮备液，于4℃避光保存。

A. 甲醇　　B. 乙醇　　C. 乙醚　　D. 甲酸

2. 液态奶提取中，称取2g（精确至0.01g）试样于50mL具塞塑料离心管中，加入（　　），超声提取10min，再振荡提取10min后，以不低于4000r/min转速离心10min。

A. 15mL三氯甲烷、5mL甲醇　　B. 15mL三氯乙酸、5mL乙腈

C. 15mL水、5mL乙醇　　D. 15mL四氯化碳、5mL乙腈

3. 准确称取克伦特罗标准品，用（　　）配成浓度为250mg/L的标准贮备液，贮于冰箱中，使用时用（　　）稀释成0.5mg/L的克伦特罗标准使用液。

A. 甲醇，甲醇　　B. 乙醇，甲醇　　C. 乙醚，乙醇　　D. 甲酸，甲醇

4. 在测定塑化剂含量的试样处理中，量取混合均匀液体试样5.0mL，加入2.0mL（　　），

振荡 1min，静置分层（如有必要时盐析或于 4000r/min 离心 5min），取上层清液进行 GC-MS 分析。

A. 甲醇　　B. 正戊烷　　C. 正己烷　　D. 正辛烷

5. 在塑化剂含量测定中，试样待测液和标准品的选择离子色谱峰在相同保留时间处（±0.5%）出现，并且对应质谱碎片离子的质荷比与标准品一致，其丰度比与标准品相比应符合：相对丰度>50%时，允许（　　）偏差。

A. ±20%　　B. ±10%　　C. ±5%　　D. ±15%

6. 含钛白粉的胶囊壳（不透明胶囊）建议在微波消解时，样品中除加硝酸外可另加 0.5mL（　　），其他同供试品溶液制备。

A. 乙酸　　B. 氢氯酸　　C. 硫酸　　D. 氢氟酸

7. 测定 $PM_{2.5}$ 采样时，采样器入口距地面高度不得低于（　　）。采样不宜在风速大于（　　）等天气条件下进行。

A. 2m，10m/s　　B. 1.5m，8m/s　　C. 1m，8m/s　　D. 1.5m，10m/s

三、判断题

1. 阳离子交换固相萃取柱，使用前依次用 3mL 甲醇、5mL 水活化。（　　）

2. 测定乳制品三聚氰胺前处理中，对于奶酪、奶油和巧克力等，称取 2g（精确至 0.01g）试样于研钵中，加入适量海砂（试样质量的 4～6 倍）研磨成干粉状。（　　）

3. 用流动相将三聚氰胺标准贮备液逐级稀释得到浓度为 0.8μg/mL、2μg/mL、20μg/mL、40μg/mL、80μg/mL 的标准工作液，浓度由高到低进样检测，以峰面积-浓度作图，得到标准曲线回归方程。（　　）

4. 在测定瘦肉精含量的样品净化过程中，依次用 10mL 乙醇、3mL 水、3mL 0.1mol/L 磷酸二氢钠溶液（pH 6.0）、3mL 水冲洗弱阳离子交换柱，取适量提取液至弱阳离子交换柱上。（　　）

5. 测定塑化剂的样品制备中，取同一批次 3 个完整独立包装样品，不少于 500mL，置于塑料器皿中，混合均匀，待用。（　　）

6. 在测定某种邻苯二甲酸酯含量中，采用外标校准曲线法定量测定。以各邻苯二甲酸酯化合物的标准溶液浓度为纵坐标，各自的定量离子的峰面积为横坐标。（　　）

7. 三价铬和毒性剧烈的六价铬在使用和保存中可以互相转化。（　　）

8. 在铬含量的测定中，为避免玻璃容器的干扰，试验中宜采用塑料容量瓶（聚乙烯材质）定容。（　　）

9. 测定 $PM_{2.5}$ 采用间断采样方式测定日平均浓度时，其次数不应少于 2 次，累积采样时间不应少于 10h。（　　）

四、问答题

1. 简述乳制品中测定三聚氰胺的步骤。

2. 简述高效液相色谱法测定动物制品中瘦肉精含量的方法原理。

3. 简述 GC-MS 法测定白酒中塑化剂含量的方法原理。

4. 简述原子吸收分光光度法测定明胶医用空心胶囊中铬含量的方法原理。

5. 简述 $PM_{2.5}$ 测定原理。

五、计算题

在一次测定某地空气中 $PM_{2.5}$ 的实验中，采样前滤膜质量为 200g，采样后滤膜质量为 200.1275g，采样体积为 1500m^3，求 $PM_{2.5}$ 的浓度。

习题答案

第一章

一、填空题

1. 标准规定；具有代表性的；采取能代表原始物料平均组成。
2. 界限的；采样单元中；一定量物料；采样单元；一个或几个；一个或几个份样。
3. 三次重复检测；备考样品；加工处理；少；好。
4. 越大；越大。
5. 通道；照明；通风。
6. 留取；贮存；备考样品；检测及备考；6 个月。
7. 采样铲；采样探子；采样钻；自动采样器。
8. 子样数目；顶；腰；底；0.5m。
9. 斜线三点法；斜线五点法；18 点采样法。
10. 加工处理；缩减；组成均匀；分解；破碎；过筛；混合；缩分。
11. 采样勺；采样管；采样瓶。
12. 严禁转移液体；气体成分；易被空气氧化的成分。
13. 桶装；不易搅拌均匀的。
14. 不同部位；不同时间；平均试样。
15. 采样瓶；金属采样管；顶部；部位样品；一定比例；采样瓶；部位样品；等体积。
16. 采样阀；一定时间；阀门；放弃。
17. 混匀；生产厂交货灌装过程中；交货容器中。
18. 耐热材料；慢慢；温度平衡。
19. 双链球；球胆；橡胶气囊；洗气瓶；吸气管。
20. 钢管；铜管。

二、选择题

1. A 2. B 3. A 4. A 5. C 6. C 7. B 8. A 9. B 10. D 11. A 12. C 13. D

三、判断题

1. × 2. √ 3. √ 4. √ 5. √ 6. √ 7. √ 8. √ 9. × 10. × 11. × 12. × 13. × 14. × 15. √ 16. × 17. × 18. √ 19. × 20. √ 21. × 22. √ 23. √

四、问答题（略）

五、计算题

1. 30 桶 2. 8kg，可以缩分，1 次 3. 7.2kg，1 次，5 次 4. 9min

第二章

一、填空题

1. 有机物；矿物质；水；碳；氢；矿物质；水。

2. 褐煤；烟煤；无烟煤。
3. 水分；灰分；挥发分；固定碳。
4. 外在水；干燥。
5. 内部直径小于 10^{-5}cm 毛细孔中。
6. 100；500；815。
7. 920；7；3；900±10。
8. WO_3；双氧水溶液；Hg(OH)CN。
9. WO_3；<1。
10. 恒容高位发热量；高位发热量；水的汽化热。

二、选择题

1. D 2. D 3. C 4. D 5. C 6. B 7. C 8. A 9. C 10. A

三、判断题

1. × 2. √ 3. √ 4. √ 5. × 6. √ 7. × 8. × 9. √ 10. ×

四、问答题（略）

五、计算题

1. 7.76%；9.34%；78.90% 2. 8.25%；8.46%
3. *V*：25.92%；26.58%；29.29%；25.14%；*FC*：62.58%；64.18%；70.71%；60.72%
4. 6.54%；6.77% 5. 3.97% 6. 3.88%

第三章

一、填空题

1. 食品营养成分分析；食品添加剂分析；食品中有害物质分析。
2. 酸碱滴定法；酚酞。
3. 荧光光度法；草酸；硼酸-乙酸钠；乙酸钠；丙酮酸。
4. 盐酸萘乙二胺分光光度；弱酸性；对氨基苯磺酸；紫红色。
5. 薄层色谱
6. 高效液相色谱；反相高效液相色谱-紫外可见光检测器。
7. 乙酸-乙酸钠缓冲溶液；铬天青 S；溴化十六烷基三甲铵；蓝绿色。

二、选择题

1. A 2. B 3. A 4. B 5. AB 6. D 7. C

三、判断题

1. × 2. √ 3. × 4. × 5. × 6. × 7. √ 8. √

四、问答题（略）

五、计算题

1. 4.22% 2. 24.62mg/kg 3. 0.70mg/kg 4. 85.00mg/kg

第四章

一、填空题

1. 铂；加速脱水；减少硅酸胶体吸附其他阳离子；糊状；氯化铵过早加入会使溶液沸点增高，蒸发困难。

2. 硅钼蓝分光光度法；维生素 C。
3. 磺基水杨酸钠；亮黄色。
4. 维生素 C；Fe^{3+}；Fe^{2+}；0.5～3mol/L；盐酸。
5. 亮紫色。
6. 氢氟酸-高氯酸；熔融氢氧化钠-盐酸；锶盐；空气-乙炔。

二、选择题

1. A 2. C 3. C 4. C 5. A 6. D 7. C 8. D 9. A 10. D

三、判断题

1. √ 2. × 3. √ 4. √ 5. √ 6. × 7. × 8. √

四、问答题（略）

五、计算题

1. 48.18% 2. 12.09；8.30% 3. 66.39；25.76% 4. 81.00% 5. 5.43%；5.01%；61.88%；2.90%

第五章

一、填空题

1. 碳、硅、锰、磷、硫；含碳量；含碳量高于 1.7%；0.04%～1.7%。
2. 去除表面的氧化物；刨取法；钻取法。
3. $AgNO_3$；氧化不完全；$AgNO_3$失去催化作用。
4. 磷和砷；抗坏血酸溶液；硅钼杂多酸；低。

二、选择题

1. B 2. D 3. B 4. C 5. D 6. AD

三、判断题

1. × 2. × 3. × 4. × 5. √ 6. √ 7. √

四、问答题（略）

五、计算题

1. 0.982；1.15% 2. 0.25% 3. 0.32% 4. 0.00042g/mL

第六章

一、填空题

1. N；P；K。
2. 铵态氮；硝态氮；有机态氮。
3. 新配制；偏高；棕色试剂瓶。
4. 喹啉；钼酸盐；柠檬酸；丙酮。
5. 磷钼酸喹啉重量法；磷钼酸喹啉容量法；钒钼酸铵分光光度法；磷钼酸喹啉重量法。
6. 总磷；有效磷。
7. 水溶性磷；柠檬酸溶性磷；难溶性磷。
8. 四苯硼酸钠称量法；四苯硼酸钠容量法；火焰光度法。
9. 甲醛；EDTA。

二、选择题

1. B 2. D 3. C 4. D 5. C 6. D 7. A 8. C 9. A 10. B

三、判断题

1. × 2. × 3. × 4. √ 5. × 6. √ 7. × 8. × 9. √ 10. ×

四、问答题（略）

五、计算题

1. 14.70%；17.85% 2. 14.00% 3. 15.87%

第七章

一、填空题

1. 杂质；综合指标。
2. 种类；成分；数量。
3. 物质含量低；物质不稳定；分析对象成分复杂。
4. 消解法；挥发和蒸馏法；溶剂萃取法。
5. 硝酸消解；硝酸-高氯酸消解；硫酸-高锰酸钾消解。
6. 在适当温度；硫酸肼；六亚甲基四胺。
7. 硫酸肼；六亚甲基四胺。
8. 0.2μm。
9. 返滴定。
10. 强酸；100；碱性；OH^-；酸式碳酸盐碱度；碳酸盐碱度；氢氧化物碱度；双指示剂。
11. COD。
12. 沸点；挥发性；能否与水蒸气一起蒸出。
13. NaOH；pH大于12以上。
14. 氨水-氯化铵缓冲溶液；4-氨基安替比林显色溶液；最后加入铁氰化钾溶液。
15. 干燥。
16. 全磨口的玻璃；4。
17. 三价；六价；六价铬。
18. 大量锡存在。

二、选择题

1. A 2. A 3. B 4. C 5. C 6. A 7. D 8. D 9. B 10. C 11. A

三、判断题

1. × 2. √ 3. √ 4. √ 5. √ 6. × 7. × 8. √ 9. × 10. √

四、问答题（略）

五、计算题

1. 80mg/L 2. 7.68mg/L 3. 80mg/L 4. 0.38mg/L

第八章

一、填空题

1. 黏稠油状；可燃性；多种烃类。
2. 第一滴冷凝液；蒸馏温度计指示；最后一滴液体；最低点蒸发；初馏点；干点。
3. 吸附过滤脱水；脱水剂脱水；常压下加热脱水；蒸馏脱水。
4. $1m^2$；1m；1m/s；η_t。

5. 绝对黏度；运动黏度；条件黏度；平氏毛细管黏度计法；恩氏黏度计法。

6. 200；20℃；时间；50～52s。

7. 试样蒸气；液体表面；最低；5s；最低。

8. 4；3。

9. 与水互不相溶；常温下密度小于1g/mL；与被测物质不发生任何化学反应；脱除水分和过滤。

二、选择题

1. D 2. C 3. A 4. D 5. D 6. C 7. C 8. B 9. B 10. C 11. A

三、判断题

1. × 2. × 3. √ 4. × 5. √ 6. × 7. √ 8. √ 9. √ 10. √

四、问答题（略）

五、计算题

1. $1.440\times10^{-5}m^2/s$ 2. 9.0（恩氏度） 3. 211.5℃ 4. 129.5℃

5. 184.7℃ 6. 84.7～85.8℃ 7. 135.9～138.8℃

第九章

一、填空题

1. 气体燃料气；化工原料气；气体产品；废气；厂房空气。

2. 吸收体积；吸收滴定；吸收比色；吸收称量。

3. 温度；压力。

4. KOH；浓的氢氧化钠溶液易产生泡沫；与二氧化碳生成的碳酸钠在氢氧化钠中的溶解度较小易堵塞管路。

5. 爆炸；缓慢；氧化铜。

6. 空气；氧气。

7. 280；600。

8. 每种气体能够爆炸燃烧的浓度。

9. 列管式；鼓泡式。

10. 承受；液体石蜡；1/3。

11. 量气管；吸收器；燃烧管；梳形管。

二、选择题

1. D 2. A 3. C 4. C 5. C 6. C 7. C 8. D 9. C 10. C 11. A

三、判断题

1. √ 2. × 3. √ 4. √ 5. × 6. √ 7. × 8. √ 9. × 10. √

四、问答题（略）

五、计算题

1. $V_{缩}=50.00mL$；$V_{CO_2(生)}=25.00mL$；$V_{CH_4(原)}=4.5mL$

2. $\varphi(CO_2)=3.24\%$；$\varphi(O_2)=11.96\%$；$\varphi(CO)=3.55\%$

3. 8.07mL

4. $\varphi(H_2)=2.67\%$；$\varphi(CH_4)=68.00\%$

5. $\varphi(CO_2)=3.31\%$；$\varphi(O_2)=6.93\%$；$\varphi(CO)=13.65\%$；$\varphi(H_2)=19.27\%$；$\varphi(CH_4)=15.22\%$；$\varphi(N_2)=41.62\%$

6. $\varphi(CO)=56.00\%$；$\varphi(H_2)=32.00\%$；$\varphi(CH_4)=12.00\%$

7. $\varphi(CO_2)=1.99\%$；$\varphi(C_nH_{2n})=4.28\%$；$\varphi(O_2)=0.500\%$；$\varphi(CO)=8.46\%$；$\varphi(H_2)=40.37\%$；$\varphi(CH_4)=41.98\%$

第十章

一、填空题

1. 凯氏定氮法；6.25。
2. 三氯乙酸溶液-乙腈。
3. 克伦特罗；结晶粉末；161℃；乙醚。
4. 高氯酸；异丙醇＋乙酸乙酯（40＋60）；乙醇＋氨（98＋2）。
5. 邻苯二甲酸酯类；增塑剂。
6. ＋3、＋6 和＋2；六。
7. 塑料容量瓶（聚乙烯材质）。
8. 可入肺颗粒物。
9. 甲醛，福尔马林，0.08mg/m^3。

二、选择题

1. A 2. B 3. A 4. C 5. B 6. D 7. B

三、判断题

1. √ 2. √ 3. × 4. √ 5. × 6. × 7. √ 8. √ 9. ×

四、问答题（略）

五、计算题

0.085mg/m^3

参 考 文 献

[1] GB/T 6678—2003. 化工产品采样总则.
[2] GB/T 6679—2003. 固体化工产品采样通则.
[3] GB/T 6680—2003. 液体化工产品采样通则.
[4] GB/T 6681—2003. 气体化工产品采样通则.
[5] GB/T 214—2007. 煤中全硫的测定方法.
[6] GB/T 211—2007. 煤中全水分的测定方法.
[7] GB/T 212—2008. 煤的工业分析方法.
[8] GB/T 213—2003. 煤的发热量测定方法.
[9] GB/T 176—2008. 水泥化学分析方法.
[10] GB/T 223.69—2008. 钢铁及合金 碳含量的测定 管式炉内燃烧后气体容量法.
[11] GB/T 223.68—1997. 钢铁及合金化学分析方法 管式炉内燃烧后碘酸钾滴定法 测定硫含量.
[12] GB/T 223.58—1987. 钢铁及合金化学分析方法 亚砷酸钠-亚硝酸钠滴定法测定锰量.
[13] GB/T 223.5—2008. 钢铁 酸溶硅和全硅含量的测定 还原型硅钼酸盐分光光度法.
[14] GB/T 223.59—2008. 钢铁及合金 磷含量的测定 铋磷钼蓝分光光度法和锑磷钼蓝分光光度法.
[15] SN/T 0869—2000. 进出口饮料中维生素C的测定方法.
[16] GB/T 5009.33—2010. 食品中亚硝酸盐与硝酸盐的测定.
[17] GB/T 5009.22—2003. 食品中黄曲霉毒素 B_1 的测定.
[18] GB/T 19681—2005. 食品中苏丹红染料的检测方法. 高效液相色谱法.
[19] GB/T 5009.182—2003. 面制食品中铝的测定.
[20] GB/T 8571—2008. 复混肥料 实验室样品制备.
[21] GB/T 8572—2001. 复混肥料中总氮含量的测定 蒸馏后滴定法.
[22] GB/T 8574—2002. 复混肥料中钾含量的测定 四苯硼酸钾重量法.
[23] GB 3559—2001. 农业用碳酸氢铵.
[24] GB 3597—2002. 肥料中硝态氮含量的测定 氮试剂重量法
[25] GB/T 2441—2010. 尿素的测定方法 第1部分：总氮含量.
[26] SN/T 0736.7—2010. 进出口化肥检验方法 第7部分：钾含量的测定.
[27] GB 615—2006. 化学试剂 沸程测定通用方法.
[28] GB/T 3536—2008. 石油产品闪点和燃点的测定 克利夫兰开口杯法.
[29] GB/T 261—2008. 闪点的测定 宾斯基-马丁闭口杯法.
[30] GB/T 22388—2008. 原料乳与乳制品中三聚氰胺检测方法.
[31] GB/T 5009.192—2003. 动物性食品中克伦特罗残留量的测定.
[32] GB/T 21911—2008. 食品中邻苯二甲酸酯的测定.
[33] GB 3095—2012. 环境空气质量标准.
[34] GB/T 16129—1995. 居住区大气中甲醛卫生检验标准方法.
[35] 陈必友，李启华主编. 工厂分析化验手册. 北京：化学工业出版社，2002.
[36] 张燮主编. 工业分析化学. 北京：化学工业出版社，2003.
[37] 葛庆平主编. 化学检验. 北京：中国计量出版社，2001.
[38] 大连轻工业学院等八大院校编. 食品分析. 北京：中国轻工业出版社，1994.
[39] 张燮主编. 工业分析化学实验. 北京：化学工业出版社，2007.
[40] 张小康，张正兢. 工业分析. 北京：化学工业出版社，2004.
[41] 吉分平. 工业分析. 北京：化学工业出版社，1998.
[42] 李广超. 工业分析. 北京：化学工业出版社，2007.
[43] 周庆余. 工业分析综合实验. 北京：化学工业出版社，1998.
[44] 马玉琴. 环境监测. 武汉：武汉工业大学出版社，1998.
[45] 张锦柱，杨保民，王红，张斌. 工业分析化学. 北京：冶金工业出版社，2008.
[46] 梁红主编. 工业分析. 北京：中国环境科学出版社，2006.
[47] 姜淑敏主编. 化学实验基本操作技术. 北京：化学工业出版社，2008.
[48] 国家药典委员会. 中华人民共和国药典. 北京：中国医药科技出版社，2015.